Whole Territory Design of
Aviation Turboshaft Engine

航空涡轴发动机全疆域设计

包幼林 高洁 等著

国防工业出版社
·北京·

内 容 简 介

本书以航空涡轴发动机为例,系统、全面地介绍了航空发动机全疆域设计的相关知识。首先概述了我国全疆域范围内的复杂地理气候环境,并分析了典型地理气候环境对航空发动机工作的影响;然后给出了全疆域设计的必要性,并提炼了全疆域设计的内涵及技术挑战;之后针对全疆域设计面临的技术挑战,重点阐述了航空发动机全疆域三维度融合设计方法,包括环境空域特性设计、环境使用功能设计和使用经济性设计;最后对全疆域设计的试验验证情况进行了总结,证明了设计方法的有效性和先进性,并进一步对全疆域设计未来发展前景进行了展望。

本书适合从事航空发动机研发的科研人员和工程技术人员阅读,也可供相关高校航空发动机和燃气轮机学科领域的师生参考。

图书在版编目(CIP)数据

航空涡轴发动机全疆域设计/包幼林等著. —北京:
国防工业出版社,2023.2
ISBN 978 – 7 – 118 – 12871 – 0

Ⅰ.①航… Ⅱ.①包… Ⅲ.①航空发动机 – 结构设计
Ⅳ.①V23

中国国家版本馆 CIP 数据核字(2023)第 031085 号

※

国防工业出版社出版发行
(北京市海淀区紫竹院南路 23 号 邮政编码 100048)
北京龙世杰印刷有限公司印刷
新华书店经售

*

开本 710×1000 1/16 印张 17½ 字数 323 千字
2023 年 2 月第 1 版第 1 次印刷 印数 1—1500 册 定价 148.00 元

(本书如有印装错误,我社负责调换)

国防书店:(010)88540777	书店传真:(010)88540776
发行业务:(010)88540717	发行传真:(010)88540762

序 言

自1903年人类首次实现有动力飞行以来，航空事业获得了迅猛发展，极大地促进了人类社会文明的进步，对世界各国的政治、经济和军事都产生了深远的影响。航空发动机作为飞机的心脏，不仅是飞机飞行的动力，也是促进航空事业发展的重要推动力，是航空工业的重要支柱。但航空发动机的发展绝非易事，作为人类科学技术发展的最高端产品之一，航空发动机被誉为现代工业"皇冠上的明珠"，具有技术难度大、涉及学科多、风险高、耗资多、周期长等特点，要求在相关的工程技术领域具备雄厚的基础和丰富的实践经验积累，其发展水平是一个国家工业基础、综合国力和科技水平的集中体现。目前，能够独立研制高性能航空发动机的只有美国、英国、俄罗斯、法国和中国等少数国家。

中华人民共和国成立以来，经过七十余年的发展，我国航空发动机行业取得了长足的发展，但与航空发动机技术先进国家相比，我们仍存在一定差距，飞机"心脏病"仍没有得到彻底根治。党的十八大以来，以习近平同志为核心的党中央高度重视航空发动机发展。习近平总书记亲自决策实施专项工程、组建中国航空发动机集团有限公司，并在中国航空发动机集团有限公司成立时专门作出重要指示，要求"加快实现航空发动机及燃气轮机自主研发和制造生产，为把我国建设成为航空强国而不懈奋斗"。中国航空发动机集团有限公司成立以来，坚决贯彻落实习近平总书记重要指示精神，坚定走自主研发道路不动摇，采取超常举措加速航空发动机自主研发和制造生产，奋力跑出了航空发动机高质量发展的加速度，努力缩小与国际先进水平的差距。

为适应多样化的未来战场，航空装备要求在环境、地理、功能叠加条件下，具备"全疆域作战、全天候作战、高效能作战"能力。例如，某先进涡轴发动机要求在平原、高原、海洋、沙尘等全疆域复杂环境下满意工作，同时配装陆军/海军/武警多型直升机，做到"一机多用、多军种通用"。但我国是一个地理气候环境极其复杂的国家，在地理上，高原海拔高度、高原面积和沙漠面积均是世界之最，同时海洋面积也高达300万km^2；在气候环境上，具有高原高温和高原高寒以及严重的沙尘和盐雾腐蚀环境。这些地理环境和气候特点对航空发动机（尤其是低空飞行器动力）的性能和可靠性影响极其严重。针对我国复杂地理气候环境和全疆域作战的需要,亟需开展满足全疆域环境使用的航空发动机研制,这需要航空发动机科技工作者深入理解全疆域设计理念并掌握其设计方法,而国内目前还没有航空发动机全疆域设计方面的相关书籍,这也是作者撰写本书的主要目的。

本书汇集了包幼林总师所在团队在航空发动机全疆域设计领域十余年科研和工程的宝贵经验。书中从全疆域设计的需求出发,基于全空域性能保持能力、全天候环境适应能力和全寿命经济承受能力的全疆域作战能力要求,分析了全疆域设计面临的主要技术挑战,提出了统筹环境空域特性设计、环境使用功能设计和使用经济性设计的全疆域三维度设计思想,初步形成了航空发动机全疆域自主创新正向设计方法,为航空发动机在环境、地理、功能叠加的条件下具备良好的性能和经济性奠定了基础,实现了航空发动机全疆域设计与运用的重要突破,可为后续设计可适应全疆域环境的航空发动机提供一定指导。

相信本书的出版,会使更多的航空发动机科技工作者从中受益,也希望在一定程度上能助力我国航空发动机自主创新发展,对我国航空发动机的科技进步产生积极影响,解决好我国航空发动机全疆域设计问题,将为我国航空走向世界奠定基础。

曹建国

2022 年 12 月

前言

航空发动机为飞机提供动力,是飞机的心脏,极大程度上决定着飞机的性能、可靠性和成本。作为一种高度复杂和精密的热力机械,航空发动机的研发工作具有技术难度大、周期长和费用高等特点,其历来也是各航空技术大国优先发展、高度垄断、严密封锁的关键技术,是一个国家科技水平、军事实力和综合国力的重要标志。

现代战争对航空装备提出了"全天候,全疆域"的作战使用要求。我国的地理气候环境极其复杂,具有高原高温和高原高寒以及严重的沙尘和盐雾腐蚀环境。这些自然环境气候特点对航空发动机的性能和可靠性影响极大。高原高温环境下,发动机功率迅速下降,性能迅速降低;高原高寒环境下,发动机起动将变得十分困难;沙尘环境下,发动机压气机叶片极易磨损、涡轮冷却气膜孔极易堵塞,导致发动机功率衰减、寿命缩短,甚至灾难;盐雾环境下,发动机极易出现腐蚀。对于低空飞行器动力来说,这些影响尤其严重。

面对我国复杂地理气候环境和全疆域作战的需要,亟需开展满足全疆域环境使用的航空发动机研制。本书作者和所领导的团队于2012年便开始着手开展航空发动机全疆域设计关键技术的研究与工程应用和试验验证工作,首次将我国气候环境和地理环境与航空发动机使用需求进行统筹设计,在国际上率先提出了航空发动机全疆域设计概念,采用环境空域特性设计、环境使用功能设计和使用经济性设计三个维度交互迭代的方法,发明了一套从总体到部件、系统的航空发动机全疆域设计技术,实现了航空发动机全疆域设计与运用零的突破,并成功地应用在产品研制中。本书即是对这些年来相关研究工作的一个总结。值得说明的是,本书提出的相关设计方法可适用于不同类型的航空发动机,但本书是以涡轴发动机为例,对十多年来的工作进行相关介绍和总结。

需要指出的是,航空发动机全疆域设计是一个非常宽泛的领域,涉及多个学科,其基本理论和方法都相当复杂,本书无意也无法对它们进行系统、全面和深入的理论阐述。针对不同类型的飞机发动机尤其是大型固定翼飞机发动机,由于使用环境和需求不同,设计方法也会有自身特点。同时,书中引用其他人完成的工作成果无法在正文中一一说明,在每章后列出参考文献。

本书分为6章。第1章介绍了全疆域典型地理气候环境对航空发动机工作的影响、全疆域设计的必要性和全疆域设计的内涵。第2章提炼了全疆域设计面临的技术挑战，并介绍了全疆域设计循环方案选取思路和全疆域三维度设计方法。第3章从环境空域特性维度出发重点介绍了全疆域关键设计技术，包括全疆域总体性能设计技术、宽广高效区域压气机设计技术、宽广空域燃烧室设计技术、高性能高温无冷却燃气涡轮设计技术和宽广高效区域动力涡轮设计技术。第4章从环境使用功能维度出发重点介绍了全疆域关键设计技术，包括高原高寒环境下发动机起动可靠性设计技术、沙尘环境下发动机自主防沙系统设计技术、结冰环境下发动机高效防冰设计技术、海洋环境下发动机腐蚀防护与控制技术以及强电磁干扰环境下发动机抗战能力提升技术。第5章从使用经济性维度出发重点介绍了全疆域关键设计技术，包括限价设计技术、发动机效费权衡设计以及保证长寿命、低油耗的可靠性设计。第6章介绍了全疆域设计部分相关试验验证结果，并针对全疆域设计进行了展望。

本书是在中国航发湖南动力机械研究所一线设计人员共同努力下完成的。本书第1章由包幼林、张鹏、张立章、刘志执笔，第2章由包幼林、张鹏、张立章、向露宇执笔，第3章由包幼林、高洁、张鹏、曾强、杨华斌、康尧、甘明瑜执笔，第4章由包幼林、高洁、张立章、康尧、王朝晖、费金宝、余索远、廖乃冰、石瑶、陈志豪、仲冰冰、武一冰执笔，第5章由包幼林、张立章、徐凯军、李立新执笔，第6章由包幼林、张立章、张鹏执笔。全书由包幼林编写大纲和统稿。本书的撰写工作得到了中国航发湖南动力机械研究所李荣华副所长的大力支持，并提出了很多宝贵意见。清华大学郑新前教授，西北工业大学刘波教授，南京航空航天大学吉洪湖教授、胡骏教授，北京航空航天大学刘宝杰教授，中国航发湖南动力机械研究所邹学奇研究员、金海良博士、黄生勤博士、曾飞博士、江立军博士、刘元轩研究员等对本书提出了修改意见。此外，书中还引用了国内外同行的研究工作和成果。在此，对所有为本书提供过帮助的专家和学者一并致以诚挚的谢意。

航空发动机全疆域设计技术可以使航空发动机设计理论和方法更加适应自然环境工作需求。唯愿本书的出版能为未来可适应全疆域环境的航空发动机设计提供一定指导；倘若还能进一步抛砖引玉，继而使更多更深入的航空发动机全疆域设计技术方面的研究成果不断涌现，则正是我们的期望所在。

本书涉及专业面广，由于作者水平有限，疏误在所难免，恳请读者批评指正。

作者
2022年11月

目 录

第 1 章　绪论 ········· 1

1.1　全疆域典型地理环境对航空发动机工作的影响 ········· 2
　　1.1.1　高原环境对航空发动机的影响 ········· 2
　　1.1.2　沙漠环境对航空发动机的影响 ········· 3
　　1.1.3　海洋环境对航空发动机的影响 ········· 5
1.2　全疆域设计的必要性 ········· 9
　　1.2.1　未来作战对全疆域设计的需求 ········· 9
　　1.2.2　先进航空发动机对全疆域设计的需求 ········· 9
　　1.2.3　全疆域设计是涡轴发动机的重要发展趋势 ········· 11
1.3　全疆域设计的内涵 ········· 14
　　1.3.1　全疆域设计的定义及特征 ········· 14
　　1.3.2　全疆域设计重要概念及指标 ········· 15
1.4　小结 ········· 17

第 2 章　全疆域航空发动机总体架构设计 ········· 19

2.1　全疆域设计的技术挑战 ········· 19
2.2　全疆域设计循环方案选取 ········· 20
2.3　全疆域三维度设计方法 ········· 24
　　2.3.1　环境空域特性设计 ········· 25
　　2.3.2　环境使用功能设计 ········· 27
　　2.3.3　使用经济性设计 ········· 30
2.4　小结 ········· 32

第 3 章　环境空域特性设计 ……… 34

3.1　全疆域总体性能设计技术 ……… 34
- 3.1.1　传统涡轴发动机热力计算方法 ……… 34
- 3.1.2　全疆域涡轴发动机热力计算方法 ……… 36
- 3.1.3　全疆域涡轴发动机热力计算案例 ……… 40

3.2　宽广高效区域压气机设计技术 ……… 52
- 3.2.1　基于多设计点的压气机气动设计方法 ……… 52
- 3.2.2　基于任意回转面造型的全三维叶片设计技术 ……… 56

3.3　宽广空域燃烧室设计技术 ……… 70
- 3.3.1　宽广空域条件下燃烧室总体性能设计方法 ……… 70
- 3.3.2　宽广空域条件下均匀化火焰筒壁温设计技术 ……… 71
- 3.3.3　宽广空域条件下燃油喷嘴防积炭设计方法 ……… 75
- 3.3.4　宽广空域条件下稳定燃烧设计方法 ……… 78

3.4　高性能高温无冷却燃气涡轮设计技术 ……… 83
- 3.4.1　涡轮低维度设计温度控制技术 ……… 83
- 3.4.2　燃烧室出口温度寻优设计技术 ……… 84
- 3.4.3　工作叶片叶尖凹槽设计技术 ……… 86
- 3.4.4　涡轮导向器设计技术 ……… 94
- 3.4.5　涡轮叶片粗糙度的控制 ……… 104

3.5　宽广高效区域动力涡轮设计技术 ……… 107
- 3.5.1　涡轮设计点的选取方法 ……… 107
- 3.5.2　宽低损失范围叶片设计技术 ……… 110

3.6　小结 ……… 114

第 4 章　环境使用功能设计 ……… 117

4.1　高原高寒环境下发动机起动可靠性设计技术 ……… 117
- 4.1.1　高原高寒环境下燃烧室可靠点火设计 ……… 117
- 4.1.2　面向起动加速性的转子轻量化设计 ……… 132

4.2　沙尘环境下发动机自主防沙系统设计技术 ……… 158
- 4.2.1　压气机自主防沙叶片设计 ……… 158
- 4.2.2　回流燃烧室防沙设计 ……… 161

4.2.3　适应重沙尘环境的燃气涡轮设计 …………………………………… 164
　　4.2.4　空气系统防沙设计 …………………………………………………… 165
4.3　结冰环境下发动机高效防冰设计技术 …………………………………………… 168
　　4.3.1　国内结冰气象条件 …………………………………………………… 169
　　4.3.2　防冰方法 ……………………………………………………………… 170
　　4.3.3　发动机高效防冰设计 ………………………………………………… 171
4.4　海洋环境下发动机腐蚀防护与控制技术 ………………………………………… 180
　　4.4.1　材料选用 ……………………………………………………………… 181
　　4.4.2　结构防腐设计 ………………………………………………………… 183
4.5　强电磁干扰环境下发动机抗战能力提升技术 …………………………………… 184
　　4.5.1　带机械式手动应急备份功能的燃油泵调节器设计 ………………… 185
　　4.5.2　采用双步进电机的燃油泵调节器电控调节设计 …………………… 189
　　4.5.3　耐海洋环境和抗复杂电磁环境的电子控制器设计 ………………… 192
4.6　小结 …………………………………………………………………………………… 195

第5章　使用经济性设计　200

5.1　限价设计技术 ………………………………………………………………………… 201
　　5.1.1　限价设计规划 ………………………………………………………… 201
　　5.1.2　发动机限价设计 ……………………………………………………… 203
　　5.1.3　限价设计应用 ………………………………………………………… 208
5.2　发动机效费权衡设计 ………………………………………………………………… 214
　　5.2.1　效能评估模型 ………………………………………………………… 214
　　5.2.2　费用估算模型 ………………………………………………………… 225
　　5.2.3　效费权衡模型 ………………………………………………………… 230
5.3　保证长寿命、低油耗的可靠性设计 ……………………………………………… 232
　　5.3.1　发动机可靠性设计 …………………………………………………… 232
　　5.3.2　发动机维修性设计 …………………………………………………… 243
5.4　小结 …………………………………………………………………………………… 246

第6章　全疆域设计试验验证与展望　250

6.1　全疆域设计试验验证 ………………………………………………………………… 250

  6.1.1 环境空域特性设计验证 …………………………………… 250
  6.1.2 环境使用功能设计验证 …………………………………… 251
  6.1.3 使用经济性设计验证 ……………………………………… 259
 6.2 全疆域设计展望 …………………………………………………… 259
  6.2.1 深度方面展望 ……………………………………………… 260
  6.2.2 广度方面展望 ……………………………………………… 268

第 1 章 绪 论

我国是一个地理环境极其复杂的国家(图 1.1)。在全疆域地理上,高原海拔高度世界最高,最高超过 8800m;高原面积世界最大,约 250 万 km^2,约占国土面积的 26%;沙漠面积世界最广,约 130 万 km^2,约占国土面积的 13%;同时海洋面积也高达 300 万 km^2。在全疆域气候环境上,存在高原高温和高原高寒以及严重的沙尘和盐雾腐蚀环境,这些自然环境气候特点对飞行器尤其是飞行器动力(航空发动机)的性能和可靠性影响极其严重。在航空发动机设计技术上,目前尚无一款航空发动机在研制时同时考虑平原、高原、高温、高寒、沙尘、海洋等各种复杂环境。为满足我国未来全疆域作战需求,同时实现"一发多机种",降低发动机研发成本,亟需开展在全疆域各种复杂环境下均能高效满意工作的航空动力装置研制,相应的航空发动机全疆域设计是我国必须解决的重大技术问题。

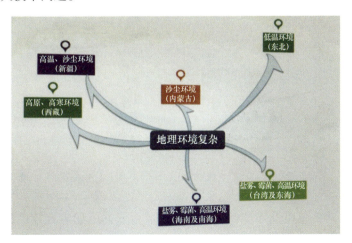

图 1.1 中国复杂地理环境示意图

1.1 全疆域典型地理环境对航空发动机工作的影响

我国全疆域地理环境存在这样的典型特征:高原大面积分布于西南区域,存在高原高温、高原低温气候和沙漠环境;东北区域存在严寒低温气候;沙漠呈一条弧形带绵亘于西北、华北和东北区域,这一弧形沙漠带南北宽 600km,东西长 4000km,再加上藏北高原的荒漠地区,沙漠面积达 149 万 km^2;海洋气候特点尤其以南海最具代表性,与内陆环境相比,高温、高湿及高盐雾的特性十分突出。同时,我国典型海洋大气环境和沙漠环境均具有太阳总辐射量高、日照时数长的特点,例如西沙年日照时数 2675 h、太阳总辐射量 6240MJ/m^2。这些环境气候特点,对飞行器尤其是 6000m 以下低空飞行器及其发动机的性能、寿命和可靠性影响极其严重。

1.1.1 高原环境对航空发动机的影响

高原环境对航空发动机工作的影响主要表现在两方面:一是高原低温下起动困难;二是高原高温下发动机功率或推力下降,如图 1.2 所示。尤其后者更为突出,导致我国在较长一段时间内航空发动机的高原动力成为制约航空器性能发挥的瓶颈。

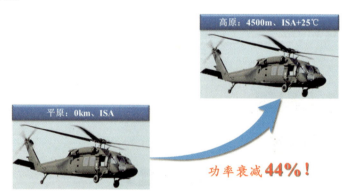

图 1.2 高原环境对航空发动机功率影响示意图(ISA 表示国际标准大气)

涡轴发动机整机及零部件设计点的选取是依据所配装直升机的使用要求确定。多在平原地区使用的涡轴发动机,选择海平面处直升机需求功率最大的状态作为整机设计点,部件设计点选择在经常使用的状态,以保证其高效率,从而提高燃油经济性。但这种发动机在高原使用时,由于功率下降过快,无法满足直升机大载荷使用需求。对于高原型直升机,其发动机必须要有足够的功率及储备,发动机设计点应选择在高原高温条件。例如,米-8直升机最初配装起飞功率1118kW的TV2-117发动机,其在阿富汗高原地区使用时性能下降非常明显。为使米-8高原型直升机在高原地区具有良好的性能,俄罗斯全新研制了TV3-117BM高原型发动机,以高度4000m、ISA+25℃、起飞状态功率1398kW为整机及部件设计点,保证直升机在高原高温环境条件下必要的功率需求。与平原型涡轴发动机相比,按照这种理念设计的发动机重量、尺寸相对更大,在平原地区使用时部件不能在高效率区工作,发动机整体油耗水平会偏高。

根据对部分在研/在役涡轴发动机的统计,目前国内外先进涡轴发动机在典型高原高温(4500m、ISA+25℃)环境中的功率比海平面时下降幅度均超过43%。

1.1.2　沙漠环境对航空发动机的影响

沙漠环境对发动机零部件会产生多种损伤作用。据美军统计,在沙漠地区,直升机的发动机每工作50h可吸入36.3kg的细沙,造成15%的动力损失和10%的燃料损失,维修成本大幅提高,发动机实际使用寿命不足设计值的1/8。沙尘在物理上表现为不同尺寸、硬度的小固体颗粒;在化学上沙尘由不同的矿物质构成,一定条件下会发生酸性或碱性反应。因此,沙尘环境对发动机技术状态造成物理和化学两方面影响,其主要损坏类型包括磨损/腐蚀过程的加剧、堵塞涡轮叶片冷却孔导致叶片烧蚀等。在沙尘环境下,直升机飞行时间和飞行性能都受到严重的影响。对于要在或靠近地面作战环境行动的侦察直升机和攻击直升机而言,情况更是如此,旋翼下吹气流的冲刷和反射,使直升机周围形成恶劣的沙尘环境,如图1.3所示。由于沙尘原因,在伊拉克战争中,美国"支奴干"直升机的大修时间间隔已由平均300个飞行小时缩短到大约50个飞行小时。

图1.3　直升机起飞时的沙尘环境

沙尘对航空发动机性能和可靠性的影响具体体现在以下几个方面：

（1）沙尘冲刷作用引起装备表面的磨蚀和磨损，对材料、表面涂层造成损伤，引起防护漆层以及零件表面的磨蚀和化学腐蚀，导致提前失效。沙漠的高温环境导致沙尘的坚硬程度、颗粒外形、尺寸分布与内陆差距较大，这些都直接影响冲蚀损伤程度。例如，美军针对伊拉克和阿富汗的空军基地等地区沙尘特点，选用不同百分比混合的沙尘颗粒，并在不同冲蚀速度条件下进行冲蚀试验，结果表明，沙尘特性的差异对冲蚀损伤的影响不同。另外，发动机粒子分离器对大颗粒直径的分离效率高，而对小颗粒分离效率低，因此细沙对发动机危害更大。

（2）发动机在沙尘环境中工作时，由于气流高速进入发动机进气道，加上压气机的高速旋转，沙尘与压气机叶片会发生猛烈撞击，致使压气机叶片磨损，并导致压气机受到严重侵蚀损耗，压气机叶片的侵蚀损耗也是引起发动机喘振的主要原因之一。如图1.4所示，T58发动机在沙漠环境中服役时，压气机叶片出现磨损卷曲故障。若发动机积尘进一步严重，还会造成后轴承损坏，致使燃气发生器转子卡滞，发动机空中停车。1989—1996年期间，8台XZ8发动机因上述原因出现空中停车。

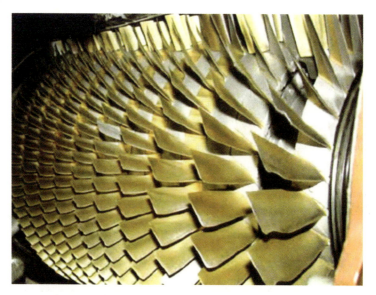

图1.4　T58发动机第一级压气机动叶前缘卷曲故障

（3）发动机在沙尘环境工作时，对于机上一些暴露的轴承、摇臂等转动部件，沙尘将以磨粒形式夹在摩擦副之间，影响正常动作，使磨擦加剧，造成磨损机件损坏。沙尘对于那些无润滑油脂的自润滑轴承、摇臂等部件的危害更为严重。

(4) 仪器仪表进沙后精度下降,动作不灵,最后导致损坏;沙尘沉积在电气触头时,使接触电阻增大、发热增加,甚至烧毁设备。

(5) 盐性沙尘进入燃油和滑油中,会形成腐蚀性的混合液,造成系统加速腐蚀,而沙尘渗过油滤小孔并进入燃油调节机构的精密运动副后,会造成压气机和动力涡轮转速"悬挂"或自行变化,造成发动机喘振。

(6) 沙粒之间及沙粒与直升机之间摩擦而产生的静电效应可使无线电通信和无线电罗盘受到严重干扰。

(7) 沙粒中夹杂大量盐类颗粒附着在发动机部件上,甚至深入到涡轮部件(图1.5),这使得发动机在运转过程中,涡轮表面附着的盐粒在高温作用下发生热盐腐蚀,并堵塞涡轮叶片冷却孔,导致叶片出现烧蚀。

图 1.5　沙尘堵塞涡轮叶片冷却孔后出现的叶片烧蚀

1.1.3　海洋环境对航空发动机的影响

1.1.3.1　高湿的影响

我国典型海洋大气环境常年湿度大,平均相对湿度大于 80%,全年降雨充沛,形成高湿的环境特征。高湿环境经常引起金属的腐蚀、非金属老化、涂层鼓泡、电器件短路,导致发动机出现各种形式的故障,具体体现在以下几个方面:

(1) 对于金属,湿度是影响其大气腐蚀类型和腐蚀速率的一个重要因素。当相对湿度小于 100% 而高于金属的临界湿度时,金属表面可形成连续水膜,腐蚀速率开始急剧增加。例如,铁、钢、铜、锌等金属的临界湿度在 60%~80% 之间。湿度小于临界湿度时,腐蚀速率很慢,几乎不被腐蚀,而大于临界湿度时,腐蚀速率迅速增加,图 1.6 反映了湿度对大气腐蚀的影响。海洋大气环境属于高湿环境,年平均相对湿度为 87%,且全年几乎都处于临界湿度以上,所以为金属的电化学腐蚀提供了充分的条件,极容易发生潮大气腐蚀和湿大气腐蚀,而且更多情况下是潮大气腐蚀。

(2) 对于高分子材料,凝露形成的水膜,能渗入材料内部,加速材料的老化。水是引起漆膜起泡的根本原因。一般来讲,相对湿度大,会加速材料的老化。另外,大多数非金属材料,都具有吸湿性,其吸湿量未达到饱和前,老化将随着湿度增大而增大。沈尔明对航改燃气轮机上典型密封件用丁腈橡胶、氟橡胶与氟硅橡胶三种材料开展了湿热老化研究分析,先经过 1.5 年贮存期老化试验后,再依据 GJB 150.9 方法分别进行 0、5、10、20、60 天的湿热试验。结果表明,湿热环境对丁腈橡胶影响较小,氟橡胶的吸湿量较大,但没有对力学性能产生明显的老化影响,而氟硅橡胶在贮存后期已出现明显的老化迹象,湿热试验后力学性能变化显著。

(3) 此外,环境湿度对发动机中的电子装备也有着极大的影响,湿度过大很容易造成各种元器件和线路板基板的损坏。

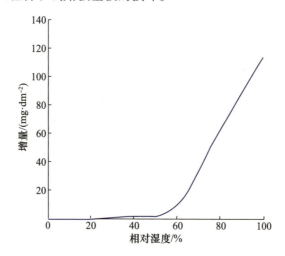

图 1.6　铁在空气(SO_2 的质量分数为 0.01%)中经 55 天后的增重与相对湿度的关系

1.1.3.2　太阳辐射的影响

我国典型海洋大气环境具有太阳总辐射量高、日照时数长的特点,例如西沙年日照时数 2675h、太阳总辐射量 6240MJ/m²,形成高太阳辐射的环境特征。

太阳辐射是以电磁波形式传输到地球上的一种能量,由紫外线、可见光和红外线组成。太阳辐射对材料的影响主要是由加热效应和光化学效应产生的。加热效应主要是由太阳辐射能中红外光谱部分产生的,与高温产生的热效应不同,它具有方向性,且产生温度梯度。光化学效应主要是由太阳辐射能中紫外光谱部分产生的。太阳辐射一方面提高了产品的运行温度,与高的环境温度一起作用,提高了产品的运行温度;另一方面加速材料的老化,受太阳的热和光的影响,大多数的有机材料会粉化、龟裂、变形、变色、失光、剥落,力学性能下降,使用寿命缩短,从而降低发动机的使用寿命。

对于发动机,多数零部件处于短舱内,未受到阳光直射,仅尾喷口等部位会受到太阳辐射作用,暴露的橡胶、有机涂层等非金属材料会受到太阳辐射的影响,此外太阳辐射热效应会增加短舱内的工作温度,从而会提高滑油系统的工作温度,降低发动机工作可靠性。

1.1.3.3 氯化物的影响

海南、西沙群岛等海洋环境海水水温高、盐度高、蒸发量大。在温度、海浪、海风等多种因素的作用下,空气中含有以盐粒或饱和盐水水滴形态存在的氯化物。发动机在沿海驻扎或海洋环境下执行任务的过程中不可避免地受到氯化物的影响。众所周知,沿海空气中的氯化物对发动机的材料、涂层及结构等抗腐蚀性能造成很大的影响,具体体现在以下几个方面:

(1) 对于金属,盐水/盐雾(Cl^-)可以增大表面液膜的电导作用,使腐蚀速率升高。Cl^-半径小,穿透能力强,可形成较深的局部腐蚀,对金属的强度影响较大,而且Cl^-对钝化膜及金属氧化膜的破坏作用相当明显。Cl^-对加快钢材的腐蚀有较大的影响,离海边距离越近,海盐离子浓度越高,钢材的腐蚀速率也越大,如图1.7所示。海盐离子对金属的腐蚀形貌也有较大的影响,Cl^-是引起海洋大气环境中金属发生点蚀的重要因素,如图1.8所示。

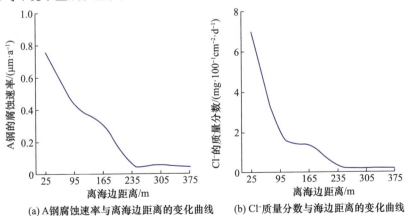

(a) A钢腐蚀速率与离海边距离的变化曲线　　(b) Cl^-质量分数与海边距离的变化曲线

图1.7　A钢腐蚀速率、Cl^-质量分数与离海边距离的变化曲线

(a) 叶片

(b) 机匣

图 1.8　盐雾环境对压气机叶片和机匣的腐蚀

（2）如果发动机在舰船上停放，或在具有污染型工业区域的沿海地区服役，那么大气环境还会受到舰船废气、工业废气中化学物质（SO_2、NO_x）的影响而形成酸性盐雾环境，而 pH 值对腐蚀速率同样有较大影响。

（3）对于有机涂层，氯化物的渗透有严重的破坏作用，造成漆层易脱落。

（4）氯化物（Cl^-）能使电器绝缘材料的绝缘性能降低，导致击穿、短路、漏电、打火等现象发生，介质损耗增大。

由此可见，全疆域典型气候环境对航空发动机性能、寿命和可靠性的影响是非常大的。此外，在结冰环境下，一旦发动机内部存在结冰，将危及飞行安全，需要进行防冰设计，而防冰设计会引起发动机综合性能降低。要克服这些不利影响，保证航空发动机"全天候，全疆域"高效工作，必须从航空发动机设计方法上进行创新。

1.2 全疆域设计的必要性

1.2.1 未来作战对全疆域设计的需求

进入 21 世纪,面临多样化的未来战场,我军按照机动作战、立体攻防的战略要求,正在加快实现区域防卫型向全疆域作战型转变,活动范围将由陆地向海洋延伸,装备应用从单一平台向体系化作战发展。未来的作战需求将会是跨越海峡登陆作战,翻越高原山地战斗运输,纵横沙漠戈壁,驰骋林海雪原,要求在任何作战方向,都可以迅速集中,快速形成最强战斗力。西南高原边界漫长,超高高原的海拔在世界上独一无二,不仅人员,武器装备也会产生"高原"反应,很难大规模固定驻军,陆军作战部队亟需在高原环境中输出功率强的发动机,以实现快速运输兵力和装备,从而解决高原运输"最后一公里"难题。西北内陆地区茫茫戈壁,沙尘环境极其恶劣,特别是直升机起飞或悬停时,易吸入异物,导致发动机功率衰减,甚至会使得发动机叶片损坏,内陆作战部队亟需在重沙尘环境中能安全可靠使用的发动机,从而实现快速支援、火力打击。东部海岸线漫长,南海地区湿热天气居多,高温天气会使得发动机性能衰减,同时空气中含水含盐量大会使得装备腐蚀严重,同时舰载环境是一个强电磁干扰环境,电子设备极易受干扰失效,海洋作战亟需在湿热环境下功率衰减小、抗重盐雾腐蚀、抗强电磁干扰的发动机,实现空中突击、跨海作战及舰队侦察。高寒环境下,发动机润滑油黏度突增,发动机起动将变得十分困难,作战部队亟需能在高寒环境下快速起动的发动机,实现快速出动、快速反击。

同时,现代化战争已经从"单一军种"作战向"多军种"联合作战转变,对于航空发动机而言,实现"一发多机种"是提升多军种联合作战能力的关键因素。"一发多机种"可以减少或消除同一水平上项目的重复研制,缓解资源有限的矛盾,节省国防研制费用,缩短研制周期,降低研制风险,将更多资源用于延长装备寿命、增强装备功能。

因此,面对未来全疆域作战需求,研制满足全疆域环境使用的涡轴发动机十分迫切,全疆域涡轴发动机也势必成为未来作战的主力装备,进一步提高我军全疆域作战能力。

1.2.2 先进航空发动机对全疆域设计的需求

20 世纪末期,先进战斗机对发动机提出了 5S 特性(隐身性、超声速巡航、短距起降、超机动性、维修性)。近年来,战斗机正朝多用途、宽包线方向发展,这促使研究者提出了变循环发动机概念。变循环发动机通过改变发动机部件的几何形状、尺寸或位置来调节热力循环参数(如增压比、涡轮前温度、空气流量、转速和涵道比等),将高、低涵道比发动机的优势合二为一,使发动机可同时具备大推力与低油耗特性,使得发动机在各种工作条件下都具有最佳的热力循环,从而对飞行速度和高度有良好的适应性。因此,变循环发动机受到各航空强国的重视,是目前航空发动机的重要研究方向之一。

  美国为了占据世界航空发动机技术领先地位,在20世纪进行一系列发动机技术研究计划的基础上,21世纪又提出并全面实施多用途、经济可承受的先进涡轮发动机计划和相应的子计划——VAATE(Versatile Affordable Advanced Turbine Engine)。此计划实施后,将大幅提升美国陆军"黑鹰"和"阿帕奇"(UH-60和AH-64)等直升机的性能。这两型直升机的基本型几乎都是20世纪六七十年代研制的,当时设定的作战环境是东北亚亚寒带丘陵、东南亚热带雨林以及欧洲温带丘陵地区,对直升机的高原高温等能力并没有过多要求。这使得UH-60和AH-64等直升机在处于伊拉克、阿富汗等夏季昼间温度高、平均海拔高等作战环境时,直升机运载能力严重不足。为了在未来一段时间内大幅提高陆军现役中型直升机的作战能力,并节省使用成本,美国启动了先进经济可承受涡轮发动机(AATE)计划和改进涡轮发动机(ITEP)计划,研制T700涡轴发动机(图1.9)的替代者。通过研制一型全新的3000马力涡轴发动机(T901发动机(图1.10)或T900发动机(图1.11)),替代UH-60"黑鹰"和AH-64"阿帕奇"直升机配装的现役T700-GE-701D涡轴发动机,在未来30年或更久的时间内保持这些现役直升机的作战能力。值得注意的是,有关该发动机的公开报道特意提到了发动机在1829m、35℃环境中的性能,考虑到美国的全疆域地理环境,可以推测该发动机设计时兼顾了高温高原的性能要求。

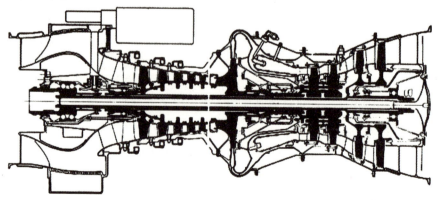

图1.9 T700涡轴发动机

图 1.10　T901 发动机

图 1.11　T900 发动机

由此可见,发达国家对航空发动机技术的追求是多用途和经济性。多用途主要是考虑作战环境,如高原高温、沙尘等,经济性主要是考虑发动机具有高性能同时的经济可承受性。为满足上述作战使用要求,涡扇发动机采用变循环方法,而对于 6000m 以下工作的飞行器动力涡轴发动机而言,其涉及的高原高温性能保持和防沙尘等问题,采用变循环设计就难以有效解决,而必须采用航空发动机全疆域设计技术。

同时,由于我国面临的全疆域环境在世界范围内是最为苛刻的,如果解决了我国的航空发动机全疆域设计问题,则意味着解决了全世界的航空发动机全疆域设计问题。为填补国内在全疆域设计方面的空白,指导未来可适应全疆域环境的航空发动机设计,为我国航空装备走向世界奠定良好基础,急需构建可适应全疆域环境的航空发动机设计体系及方法。

1.2.3　全疆域设计是涡轴发动机的重要发展趋势

现代先进军用直升机采用涡轴发动机作为动力,直升机借助性能良好的涡轴发动机在 20 世纪的越南战争、中东战争、海湾战争、阿富汗战争以及伊拉克战争中大放异彩,先进的直升机也越来越受到世界各国军事部门的高度重视。许多中、小国家竞相谋求获得先进军用直升机,促使西方航空发达国家加速改装现役的直升机或研制更先进的军用直升机。先进军用直升机的不断发展,必然对动力装置提出更多需求和更高要求。自 1953 年莱康明公司(现为霍尼韦尔公司)研制第一台生产型涡轴发动机 T53 以来,在作战和直升机需求的强劲推动下,涡轴发动机不断发展升级,已经发展了四代,而新一代产品也开始登上国际舞台。

第一代涡轴发动机于 20 世纪 50 年代至 60 年代中期研制,以 T58 - GE - 10 等发动机为典型代表。由于该时期涡轴发动机概念还处于初步建立阶段,发动机研制主要来自于工程经验,尚未形成系统的设计理念和设计方法,主要是从涡喷发动机发展而来,主要结构特征与涡喷发动机比较类似,或大多参考涡喷发动机设计。

第二代涡轴发动机于 20 世纪 60 年代中期至 70 年代中期研制,以 T64 - GE - 6 等发动机为典型代表。该时期气动热力学、空气动力学、结构力学、材料和制造技术的迅猛发展,以及多发的全球局部战争和作战体系的发展需求,使得航空发动机设计水平快速发展,并开始形成理论体系。相比第一代涡轴发动机,第二代涡轴发动机的性能有了较大提高,但发动机设计仍仅仅关注发动机性能因素,并未考虑发动机的环境适应性。

第三代涡轴发动机于 20 世纪 70 年代末至 80 年代中期研制,主要代表机型有法国透博梅卡公司研制的 TM333(图 1.12)、美国通用电气公司研制的 T700 - GE - 701A、俄罗斯克里莫夫设计局研制的 TB3 - 117BM 等。随着计算机辅助制造、工业设计软件的应用以及仿真计算的飞速发展,该时期研制的发动机无论在性能上还是结构上都有很大改进,几乎是以全新面貌出现。

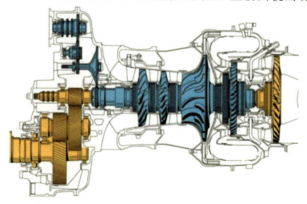

图 1.12　TM333 发动机

第四代涡轴发动机于20世纪80年代末至90年代初期研制,主要代表机型有英、法联合研制的RTM322(图1.13),美国研制的T800,德、法、英联合研制的MTR390(图1.14)以及俄罗斯研制的TVD-1500,开始大量应用先进的设计技术以及钛合金、单晶合金、粉末高温合金、复合材料、热障涂层等新材料和新工艺,发动机零部件数量进一步减少,性能、可靠性、维修性和寿命得到进一步提高。

图1.13 RTM322发动机

图1.14 MTR390发动机

第五代涡轴发动机于21世纪初开始研制,目前处于整机试验阶段,暂未投入批产使用,以T900、T901等发动机为代表,发动机单位功率进一步提高,耗油率进一步降低。

随着全球战略的概念深入人心,大国之间博弈开始向世界各地蔓延,为满足日益严苛的直升机动力需求和作战需求,从第三代涡轴发动机开始,涡轴发动机设计在提高性能的同时,朝着更好的环境适应性(特别是沙尘、高温高原、湿热等)方向发展。例如,为提高海洋环境适应性,T700 海军型发动机进行了腐蚀防护和结构防腐设计;为提高沙漠环境适应性,普遍在发动机进口采用粒子分离器(如 T800 发动机(图 1.15)采用的整体且可分开进气粒子分离器);为更好适应高温高原环境,T901 发动机设计时兼顾了高温高原的性能要求。但值得说明的是,目前的发动机设计尽管会考虑环境适应性,但没有全方位考虑全疆域环境因素,导致为适应不同环境,依然需要研制多型发动机,这无疑大幅增加了国防研发成本。为满足全疆域作战需求,实现"一发多机种"的目标,降低发动机研发成本,在涡轴发动机研制过程全面考虑全疆域环境因素必将是未来重要发展趋势。

图 1.15 T800 发动机结构示意图

1.3 全疆域设计的内涵

1.3.1 全疆域设计的定义及特征

与单点设计+多工况分析的传统设计不同,全疆域设计方法统筹考虑平原、高原、高温、高寒、结冰、沙漠和海洋等多种复杂环境叠加影响,从环境空域特性、环境使用功能、使用经济性三个维度交互耦合设计,运用经典的气动热力学循环分析,形成循环设计空间,并创新采用总体/部件多层面多设计点设计的热力结构框架,借助多学科设计优化等技术,使得航空发动机满足设计指标要求,从而使航空发动机设计理论和方法更加适应复杂环境工作需求。

因此,与航空发动机传统设计不同,航空发动机全疆域设计应具备以下特征:

(1) 设计需求方面,需同时考虑平原、高原、结冰、沙漠和海洋等各种复杂环境,并满足环境空域特性、环境使用功能、使用经济性三个维度设计要求,进而使

得航空发动机全面满足设计要求;

(2) 技术特征方面,在高原高温环境下发动机具备优异的功率保持性能,在高原高寒环境下发动机起动可靠性高,在沙尘环境下发动机依靠自主防沙系统可以满意工作,在结冰环境下发动机依靠高效防冰系统大幅提高综合性能,在强电磁干扰环境下发动机抗战能力有效提升,在海洋环境下发动机具备较强的腐蚀防护能力;

(3) 综合能力方面,在环境、地理、功能叠加的条件下,全疆域发动机应具有良好的性能、经济可承受性、可靠性、维修性和保障性,可实现"一发多用、多军种通用"目标,具备全空域性能保持能力、全天候环境适应能力、全寿命经济承受能力。

1.3.2 全疆域设计重要概念及指标

航空发动机全疆域设计中,为兼顾不同典型工况下发动机的性能,需要建立循环设计空间概念;同时,在全疆域设计的前提下,需要重点关注的发动机指标有:高原高温条件下功率衰减率、海平面条件下功重比、发动机先进性指标。相关概念及指标介绍如下:

1. 循环设计空间

航空发动机的气动热力学循环是通过设计点循环分析建立起来的。传统的设计点循环分析为对某个单一设计点气动热力学循环的计算,通过选取在设计点处的设计参数值,可以进行设计点循环分析计算,生成一个单一的发动机循环。设计变量是独立的循环参数,设计者设置这些参数以获取所需的发动机性能,每组设计参数组合将产生不同的候选发动机循环和发动机几何结构。设计点循环分析可以根据多个设计变量组合重复进行,从而形成所有符合某一应用平台性能要求的发动机循环设计方案的数据集合,即构成循环设计空间(图1.16)。基于循环设计空间概念,结合总体多设计点设计方法,可获得满足全疆域使用需求的"最优发动机"热力学循环总体方案。

2. 高原高温条件下功率衰减率

发动机全疆域设计时需考虑高原高温性能,而高原高温条件下功率衰减率是衡量发动机高原高温性能的一个重要指标,其定义为

功率衰减率 = [发动机海平面标准状态(H = 0m, ISA)功率 − 高原高温状态(H = 4500m, ISA + 25℃)功率]/发动机海平面标准状态(H = 0m, ISA)功率

功率衰减率越大说明在相同的高原高温条件下,发动机功率下降越快,高原高温性能越差;反之越好。全疆域发动机需具备优异的高原高温性能,即高原高

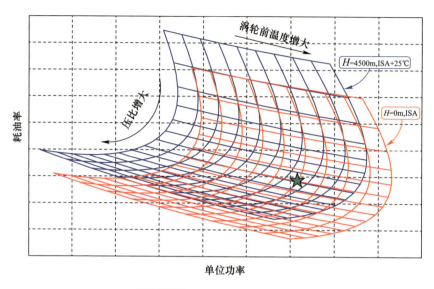

图1.16 循环设计空间示图

温条件下功率衰减率具有较低的水平。

3. 海平面条件下功重比

海平面条件下功重比是衡量发动机综合性能的一个重要指标。采用传统单点设计方法,选择海平面标准状态进行设计时会难以兼顾高原高温特性,而选择高原高温状态进行设计时会难以兼顾海平面标准状态性能,而且还会增加发动机重量,导致功重比降低。发动机全疆域设计需兼顾各种复杂环境下的性能和功能,因此采用全疆域设计方法得到的航空发动机尤其需关注海平面条件下功重比这个指标,即不能过于牺牲该指标以满足发动机在全疆域环境下的性能和功能要求。海平面条件下功重比具体的定义为:对于涡轴发动机,在输出转速相同的条件下,功重比 = 海平面标准状态最大功率/发动机重量。它是衡量全疆域发动机在多约束设计条件下品质好坏的重要指标,且该指标越大越好。

4. 发动机先进性指标

航空发动机是一种知识密集、技术密集、多学科集成的高科技产品。它的先进性绝对不是追求单方面的高指标,而必须是多用途、技术先进、经济适用性好的集中组合体,这对于全疆域发动机尤其如此。

在选定基准发动机的情况下,军用发动机的先进性(advanced design index, ADI)可定量表达为能力与寿命周期费用之比。其中,能力以海平面单位油耗下功重比和寿命的乘积与高原高温条件下功率衰减率的比值来表示;寿命周期费用则包括了研制成本、生产成本和使用保障成本的相对值。我国军用发动机的成本是体现在采购价格上的,它的寿命周期费用可以用发动机定价

时的万元/kW(kN)表示。因此,航空发动机的先进性指标可以表达为

ADI = 功重比×寿命/(耗油率×高原高温条件下的功率衰减率×寿命周期费用)

该定义有两方面的含义:一是性能再好的发动机,如果没有人能买得起,那也是没有价值的;二是经济可承受性并不意味着价格最低,而是对用户来说最有价值。ADI 值越大说明发动机的先进性越好,在平原和高原都具备良好能力的同时,也具有良好的经济性。

1.4 小　　结

本章首先介绍了我国全疆域范围内的复杂地理和气候环境,并分析了这些自然环境气候特点对航空发动机的性能和可靠性的影响;然后,给出了全疆域设计的必要性,回答了"为什么要设计全疆域航空发动机"的问题,包括未来作战对全疆域设计的需求、先进航空发动机对全疆域设计的需求和全疆域设计是涡轴发动机的重要发展趋势;最后,给出了全疆域设计的内涵,回答了"全疆域航空发动机设计是什么"的问题,包括全疆域设计的定义及特征、相关重要概念和指标。

参考文献

[1] 尹泽勇,米栋,吴立强,等. 航空发动机多学科设计优化技术研究[J]. 中国工程科学,2007,9(6):1-10.
[2] 甘晓华,薛洪涛,雷友锋. 航空发动机工程通论[M]. 北京:北京理工大学出版社,2021.
[3] 李立君,尹泽勇,乔渭阳. 基于多目标遗传算法的航空发动机总体性能优化设计[J]. 航空动力学报,2006,21(1):13-18.
[4] 何光宇,李应红,柴艳,等. 航空发动机压气机叶片沙尘冲蚀防护涂层关键问题综述[J]. 航空学报,2015,36(6):1733-1743.
[5] 张少锋,陈玉春,甘晓华. 基于难度系数平衡的涡轴发动机总体设计方法[J]. 航空动力学报,2022,33(10):2465-2475.
[6] 程荣辉,张志舒,陈仲光. 第四代战斗机动力技术特征和实现途径[J]. 航空学报,2019,40(3):6-15.
[7] 邹望之,郑新前. 航空涡轴发动机发展趋势[J]. 航空动力学报,2019,34(12):2577-2588.
[8] 方昌德. 航空发动机的发展历程[M]. 北京:航空工业出版社,2007.
[9] 彭慧兰,舒杰,葛宁. 涡桨发动机总体性能优化设计[J]. 航空动力学报,2018,44(5):31-36.
[10] HENDRICKS E. Development of an open rotor cycle model in NPSS using a multi-design point approach[R]. ASME,GT2011-46694,2011.
[11] SCHUTTE J,TAI J,SANDS J. Cycle Design Exploration Using Multi-Design Point Approach[R]. ASME,

GT2012 - 69334, 2012.

[12] HUGHES M, PERULLOC, MAVRIS D. Common core engine design for multiple applications using a concurrent multi - design point approach[R]. AIAA, AIAA2014 - 3443, 2014.

[13] SCHUTTE J. Simultaneous Multi - Design Point Approach to Gas Turbine On - Design Cycle Analysis for Aircraft Engines[D]. Georgia: Georgia Institute of Technology, 2009.

[14] 郑华雷, 苏志敏, 黄兴等. 基于多设计点方法的陶瓷基材料涡桨发动机热力循环分析[J]. 推进技术, 2021, 42(1): 1 - 9.

[15] 周红. 变循环发动机及其与飞机一体化设计研究[D]. 西安: 西北工业大学, 2016.

[16] 肖蔓. AATE和ITEP计划下的涡轴发动机分阶段研发综述[J]. 航空发动机, 2016, 42(2): 98 - 102.

[17] JAMES F, WILLIAM T. Affordability development approach of advanced gas turbine engines for UAV applications[R]. AIAA - 2003 - 6526, 2003.

[18] 刘博维. T901赢得美国陆军主役直升机换发项目[J]. 航空动力, 2019(2): 17 - 19.

[19] 葛宁. 涡轴发动机发展与技术趋势[J]. 南京航空航天大学学报, 2018, 50(2): 145 - 156.

[20] SIMPSON T W, MAUERY T M, KORTE J J, et al. KrigingMetamodels for Global Approximation in Simulation - based Multidisciplinary Design Optimization [J]. AIAA Journal, 2001, 39(12): 2233 - 2241.

[21] 李洁琼, 王锁芳, 董伟林, 等. 整体式粒子分离器性能的试验研究[J]. 推进技术, 2016, 37(9): 1617 - 1623.

[22] 邢洋, 李兆红, 郭海红, 等. 舰载机发动机高温条件下起动试验研究[J]. 推进技术, 2018, 39(6): 1234 - 1239.

[23] 高强, 庞志兵, 魏赫. 高原高寒环境对武器装备的影响研究[J]. 装备环境工程, 2013, 12(6): 118 - 121.

[24] 包幼林, 张立章, 赵艳云, 等. 面向全疆域设计需求的某涡轴发动机核心机转子减重优化[J]. 推进技术, 2022, 43(2): 212 - 221.

[25] 郭昕, 杨志军. 航空发动机高、低温起动及高原起动试验技术探讨[J]. 航空学报, 2003, 18(3): 327 - 330.

[26] 金帅, 张振兴. 海军用航空发动机的腐蚀与防护[J]. 内燃机与配件, 2019(2): 121 - 122.

[27] 李发国, 杨丽, 周益春. 航空发动机高温涂层耐海洋大气腐蚀研究进展[J]. 热喷涂技术, 2019, 11(4): 1 - 9.

[28] 李楠, 王标, 底明曦, 等. 海战场复杂电磁环境构建研究[J]. 舰船电子对抗, 2021, 44(02): 11 - 17.

[29] 李静. 发动机进口静止/旋转部件结冰及结冰试验的相似研究[D]. 西安: 西北工业大学, 2015.

[30] 袁庆浩, 樊江, 白广忱. 航空发动机内部冰晶结冰研究综述[J]. 推进技术, 2018, 39(12): 2641 - 2650.

[31] 陈岭, 刘知理, 刘引峰. 某型航空涡轴发动机吞沙试验研究[J]. 航空发动机, 2018, 44(6): 79 - 82.

[32] 王卓健, 周宜斌, 刘晓东. 可承受性——控制寿命周期费用的革命[J]. 航空计算技术, 2003, 33(1): 129 - 132.

[33] 李文华, 梁春华. 航空发动机研制降低费用、缩短周期技术综述[J]. 航空发动机, 2006, 32(4): 54 - 58.

[34] 沈尔明, 李晓欣, 王志宏, 等. 长期储存后橡胶材料湿热老化分析[J]. 材料工程, 2013, 7: 87 - 91.

第 2 章
全疆域航空发动机总体架构设计

第 1 章介绍了全疆域设计的必要性和全疆域设计的内涵,分别回答了"为什么要设计全疆域航空发动机"和"全疆域航空发动机设计是什么"的问题。本章将进一步介绍全疆域航空发动机总体架构设计,回答"全疆域航空发动机如何设计"的问题。本章首先分析提炼全疆域航空发动机设计面临的主要技术挑战,然后基于这些技术挑战的综合考虑,介绍全疆域设计循环方案的选取原则,最后为实现发动机在平原、高原、高温、高寒、沙尘、海洋等各种复杂环境下满意工作,解决全疆域航空发动机设计面临的技术挑战,介绍全疆域发动机三维度(环境空域特性、环境使用功能、使用经济性)设计方法。

2.1 全疆域设计的技术挑战

通过第 1 章介绍可知,在我国全疆域气候环境上,存在高原高温、高原高寒以及严重的沙尘和盐雾腐蚀等复杂环境,这些自然环境气候特点对航空发动机的性能和可靠性影响极其严重。在高原高温环境下,发动机功率迅速下降,性能大幅降低;在高原高寒环境下,发动机起动将变得十分困难;在结冰环境下,一旦发动机内部存在结冰,将危及飞行安全,需要进行防冰设计,而防冰设计会引起发动机综合性能降低;在沙尘环境下,发动机压气机叶片极易磨损、涡轮冷却气膜孔极易堵塞,导致发动机功率衰减、寿命缩短;在海洋环境下,发动机极易出现腐蚀;此外,在强电磁干扰环境下,电子设备极易受干扰失效,发动机生存能力大幅下降;同时,发动机在全疆域环境下使用的经济性也需要重点关注,发动机应具有在全寿命周期内的经济可承受性。因此,与常规航空发动机设计相比,全疆域航空发动机设计面临更加苛刻的技术挑战,如图 2.1 所示,主要包括以下 7 个方面:

(1) 高原高温环境下发动机性能衰减过快;
(2) 高原高寒环境下发动机起动困难;
(3) 发动机防冰设计导致综合性能大幅度降低;

（4）发动机在沙尘环境下难以满意工作；

（5）发动机在全寿命周期内腐蚀防护能力不足；

（6）发动机在强电磁干扰环境下生存能力弱；

（7）全疆域环境下使用经济性不佳。

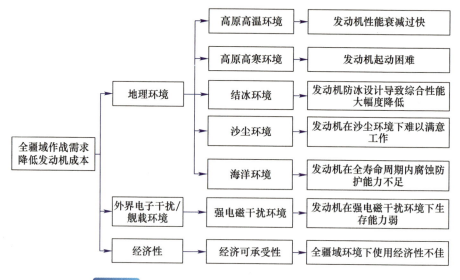

图2.1　全疆域航空发动机设计面临的技术挑战

2.2　全疆域设计循环方案选取

航空发动机的设计循环方案确定，则发动机的热力框架确定，相应地，发动机的几何尺寸和全包线内的性能也可确定，因此设计循环分析是发动机设计过程中极为重要的一环。全疆域航空发动机设计循环方案的选取需综合考虑全疆域航空发动机设计面临的技术挑战。在发动机全疆域设计方法中，采用多设计点多约束联立求解获得设计循环方案，其中压气机增压比、涡轮前温度和热效率这3个参数的合理与否对设计循环方案优劣有着重要的影响。

1. 发动机的热效率

理论上发动机的实际循环由复杂的热力过程组成，在进行一些简化假设后，可使热力过程理想化，便于通过对理想循环进行分析获得影响发动机热力循环的主要参数。如图2.2所示，以涡轴发动机为例，发动机理想循环由等熵压缩、等压加热、等熵膨胀和等压放热4个热力过程组成。进气道使进入发动机的气流减速，这个过程通过冲压效应增加了压气机入口处的压力；压气机进一步将空气压缩，提高空气的压力；燃烧室通过将高压空气与燃料混合并燃烧来提高空气的温度,燃气在高压和高温下离开燃烧室;涡轮使气体膨胀并提取功,用于驱动压气机和直升机旋翼。可将上述 4 个热力循环过程所构成的理想循环分别描述在压力 - 比容($p-v$)图和温度 - 熵($T-S$)图中,如图 2.3 所示。

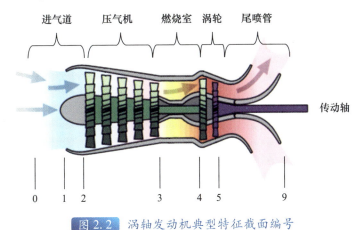

图 2.2　涡轴发动机典型特征截面编号

注:由 0—3 截面气流经历的热力过程为等熵压缩,3—4 截面为等压加热过程,
4—9 截面为等熵膨胀过程,9—0 截面为等压放热过程。

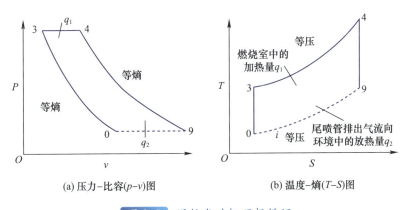

(a) 压力-比容($p-v$)图　　　(b) 温度-熵($T-S$)图

图 2.3　涡轴发动机理想循环

发动机的热效率 η_t 定义为理想循环功 L_{id} 与燃烧室中的加热量 q_1 的比值,即

$$\eta_t = \frac{L_{id}}{q_1} = \frac{q_1 - q_2}{q_1} = 1 - \frac{q_2}{q_1} = 1 - \frac{T_9 - T_0}{T_{t4} - T_{t3}} = 1 - \frac{T_9[1-(T_0/T_9)]}{T_{t4}[1-(T_{t3}/T_{t4})]} \quad (2.1)$$

式中:T_9 为尾喷管中出口气流静温;T_0 为发动机进口气流静温;T_{t4} 为涡轮进口总温;T_{t3} 为压气机出口总温。

考虑到

$$\frac{T_{t3}}{T_0} = \left(\frac{p_{t3}}{p_0}\right)^{\frac{k-1}{k}} = \left(\frac{p_{t4}}{p_9}\right)^{\frac{k-1}{k}} = \frac{T_{t4}}{T_9} \quad (2.2)$$

式中:p_0 为发动机进口气流静压;p_{t3} 为压气机出口总压;p_{t4} 为涡轮进口总压;p_9 为尾喷管出口气流静压。

所以

$$\frac{T_0}{T_9} = \frac{T_{t3}}{T_{t4}} \quad (2.3)$$

最后得

$$\eta_t = 1 - \frac{1}{T_{t4}/T_9} = 1 - \frac{1}{(p_{t3}/p_0)^{\frac{k-1}{k}}} \quad (2.4)$$

式中:k 为比热比。

高的热效率是发动机拥有优越的性能和良好使用经济性的重要基础之一。从式(2.4)中可以看出理想循环的热效率随着压气机压比的增加而增加,在压比较小时,热效率上升速度很快,而后上升的速度逐渐变慢,如图2.4所示。

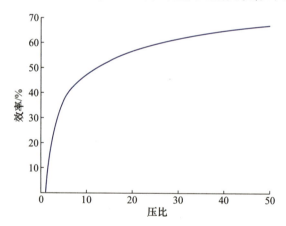

图 2.4　理想循环的热效率与压比的关系

2. 压气机增压比和涡轮前温度

根据理想循环功定义,有

$$L_{id} = q_1 - q_2 = C_p(T_{t4} - T_{t3}) - C_p(T_9 - T_0) = C_p T_9\left(\frac{T_{t4}}{T_9} - 1\right) - C_p T_0\left(\frac{T_{t3}}{T_0} - 1\right)$$

(2.5)

式中：C_p 为定压比热容。

结合式(2.2)，有

$$L_{id} = C_p T_0 \left(\frac{T_{t3}}{T_0} - 1\right)\left(\frac{T_9}{T_0} - 1\right) = C_p T_0 \left(\frac{T_{t3}}{T_0} - 1\right)\left(\frac{T_{t4}/T_0}{T_{t3}/T_0} - 1\right) \quad (2.6)$$

令 $\dfrac{p_{t3}}{p_0} = \pi$，$\left(\dfrac{p_{t3}}{p_0}\right)^{\frac{k-1}{k}} = e$，$\dfrac{T_{t4}}{T_0} = \Delta$，则有

$$L_{id} = C_p T_0 (e - 1)\left(\frac{\Delta}{e} - 1\right) \quad (2.7)$$

根据理想循环功的定义可以看出，影响理想循环功的因素主要有两个：发动机的总压比和加热比。对应发动机最大理想循环功的总压比称为最佳增压比，用 π_{opt} 表示。利用式(2.7)对 e 求导数，并令其等于零求得，即

$$\partial L_{id}/\partial e = C_p T_0 \left(\frac{\Delta}{e^2} - 1\right) = 0 \quad (2.8)$$

所以

$$\pi_{opt} = \Delta^{\frac{k}{2(k-1)}} \quad (2.9)$$

相应地，最大理想循环功为

$$L_{id,max} = C_p T_0 \left(\sqrt{\Delta} - 1\right)^2 \quad (2.10)$$

式(2.10)表明，当发动机进口温度确定后，根据燃气涡轮材料，给定涡轮进口温度 T_{t4}，即可确定发动机性能最优的压气机增压比，由此发动机将获得最大的理想循环功和好的工作经济性。同时，式(2.10)也提供了另外一个思路，为了获得好的热效率，选定高的压气机增压比，从而可以求得高的涡轮前温度，发动机将获得最大的理想循环功和好的工作经济性。

这实际上给我们提供了两种设计循环方案的选择办法，即中等热力循环设计方案和高热力循环方案（直接选择热效率）。这两种方案根据使用环境和要求的不同，都可以获得良好的发动机性能和使用经济性。对于固定翼飞机发动机，通常工作在6000m以上，设计热力循环方案特别注重"三高"的选取，即高压比、高涡轮前温度、高效率，从而获得好的热效率、高的推重比和低的耗油率。而对于低空飞行的直升机发动机而言，通常工作在6000m以下，地面环境对发动机工作的影响尤其严重。例如，美国UH-60L黑鹰直升机（配装T700-701C发动机）在阿富汗和伊拉克战场使用时，由于吸入沙尘导致其维护频次达到执行常规任务时的3倍，尽管采用粒子分离器，但沙尘仍将压气机转子磨损，特别是将涡轮冷却叶片气膜孔堵塞导致烧蚀，从而降低整机寿命。因此，考虑全疆域

设计热力循环方案时,如果片面追求"三高"设计会使得发动机的可靠性降低,成本升高。

综合考虑全疆域发动机的环境空域性能、环境使用功能和使用经济性,全疆域发动机宜采用中等热力循环参数并结合高效率部件的技术路线,此时组合压气机增压比在10~14,燃烧室出口温度在1350~1450K。采用中等热力循环参数的好处有:①该量级的燃气温度可采用非冷却燃气涡轮,且具备2000h以上的寿命能力;②符合国内工业现状水平,大幅降低制造复杂性和生产成本;③减少冷却封严用气量,可提升燃气涡轮部件的绝热效率,实现平原使用经济性要求;④完全规避了沙尘环境下堵塞冷却涡轮气膜孔,大幅提升发动机外场使用的维护性与全寿命周期使用的经济性。

2.3 全疆域三维度设计方法

完成全疆域发动机设计循环方案的选取后,为实现发动机在平原、高原、高温、高寒、沙尘、海洋等各种复杂环境下满意工作,解决全疆域航空发动机设计面临的技术挑战,还必须从环境空域特性、环境使用功能和使用经济性三个维度完成全疆域发动机设计。图2.5给出了全疆域三维度设计方法中不同维度设计对应解决的技术挑战。

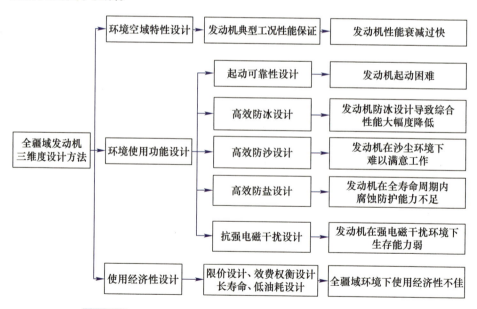

图2.5 全疆域三维度设计方法与对应解决的技术挑战

值得说明的是,环境空域特性、环境使用功能和使用经济性这三个维度设计之间并不是相互独立的,而是在设计过程中需要相互融合、相互迭代,如图2.6所示。例如,在环境空域特性设计和环境使用功能设计之间,当考虑防沙设计时,压气机第一级转子前缘厚度取值比常规设计要大,燃烧室冷却孔直径需要保证沙尘粒子可以顺利通过,这些设计要求会导致压气机特性曲线和燃烧室总压损失改变,进而会影响环境空域特性设计,而环境空域特性设计得到的涡轮前温度参数,需要保证燃气涡轮不需冷却,进而规避因沙尘堵塞气膜孔导致涡轮叶片烧蚀的损伤模式;当考虑防冰设计时,从压气机引出热气进行防冰会导致发动机功率损失,这需要反馈到环境空域特性设计中。在环境空域特性设计和使用经济性设计之间,环境空域特性设计中整机耗油率会影响使用经济性设计,而使用经济性设计中的长寿命设计、可靠性设计会影响发动机热力循环参数的选取。在环境使用功能设计和使用经济性设计之间,当考虑防盐设计和无冷却燃气涡轮防沙设计时,会涉及材料的选择,进而会影响使用经济性,而使用经济性设计中的长寿命设计、可靠性设计会影响起动可靠性设计中的转子轻量化设计。

图2.6 全疆域三维度融合设计

2.3.1 环境空域特性设计

在航空发动机全疆域设计中,环境空域特性设计旨在兼顾发动机典型工况下的性能。其中,针对总体性能设计,与传统的总体单设计点性能设计方法不同,采用的是总体多设计点性能设计方法,考虑的是多约束条件下的平原性能、高原高温性能等典型工况点设计循环分析;针对压气机、燃烧室和涡轮三大部件,同样采用相关先进设计技术,以满足总体对三大部件的性能要求,进而保证发动机平原性能、高原高温性能等典型工况点性能。

针对环境空域特性设计,图2.7给出了本书采用的典型设计技术,这些典型设计技术涵盖了从总体到三大部件的不同层面。但值得说明的是,为满足航空发动机全疆域设计涉及的总体/部件设计要求,需要采用的设计技术并不仅限于这些典型设计技术。

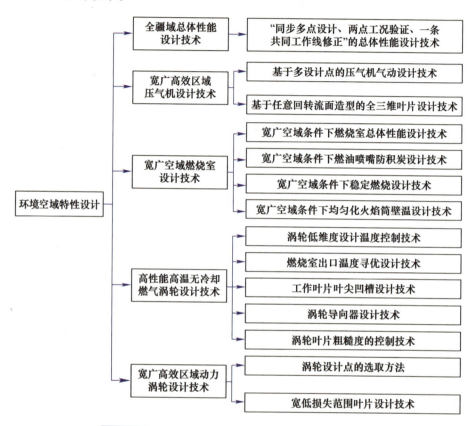

图2.7 环境空域特性设计采用的典型设计技术

具体而言,本书从环境空域特性设计出发,为实现高原高温环境下发动机性能保持,兼顾不同典型工况下发动机的性能,开展了从总体到部件的关键设计技术研究。在总体层面,本书提出了"同步多点设计、两点工况验证、一条共同工作线修正"的总体性能设计技术,避免了出现"平原型发动机""高原型发动机"和"海洋型发动机"等典型发动机;对于压气机部件,提出了宽广高效区域压气机设计技术,有效适应了全疆域涡轴发动机的压气机部件的工作要求,即压气机需要在较大的相对换算转速变化范围内工作,并通过采用基于多设计点的压气机气动设计、基于任意回转面造型的全三维叶片设计等技术,保证压气机高效率区域可以覆盖发动机所有典型工作状态对应的压气机工作点,大幅提升涡轴发动机在全疆域环境下的性能；对于燃烧室部件，提出了宽广空域燃烧室设计技术，通过采用宽广空域条件下燃烧室总体性能设计、宽广空域条件下燃油喷嘴防积炭设计、宽广空域条件下稳定燃烧设计和宽广空域条件下均匀化燃烧室火焰筒壁温设计等技术，解决了高原高温条件下由于燃油流量大幅减小、燃油雾化变差而导致的燃烧性能恶化问题，高原高寒及暴雨环境下的燃烧室稳定燃烧问题，高温高原、高温海洋环境下的燃油喷嘴结焦积炭问题，以及高温高原、高温海洋环境下燃烧室需具备长时间在高热负荷状态下工作而导致火焰筒壁温过高问题，有效适应了全疆域涡轴发动机对燃烧室部件在不同环境条件下的工作要求；对于燃气涡轮部件，提出了高性能高温无冷却燃气涡轮设计技术，通过采用涡轮低维度设计温度控制技术、燃烧室出口温度寻优设计技术、工作叶片叶尖凹槽设计技术、涡轮导向器设计技术和涡轮叶片粗糙度的控制技术，有效满足全疆域发动机对燃气涡轮部件的要求，即在涡轮工作叶片不冷却的前提下，尽可能提高涡轮前燃气总温，并保持燃气涡轮高效工作；对于动力涡轮部件，提出了宽广高效区域动力涡轮设计技术，有效适应了全疆域涡轴发动机的动力涡轮部件的工作要求，即动力涡轮需要在较大的相对换算转速变化范围内工作，并通过采用动力涡轮设计点的选取方法和宽低损失范围叶片设计技术等技术，保证动力涡轮高效率区域可以覆盖发动机所有典型工作状态对应的动力涡轮工作点，大幅提升涡轴发动机在全疆域环境下的性能。

2.3.2 环境使用功能设计

在航空发动机全疆域设计中，环境使用功能设计旨在解决航空发动机使用过程中涉及的问题。由于我国全疆域内的环境复杂性，发动机设计时必须同时考虑防沙、防冰、防盐、起动可靠性设计甚至复杂电磁环境设计等的环境使用功能。

防沙设计可以考虑有粒子分离器防沙和无粒子分离器防沙两种方案。如果发动机选择高热力循环参数方案，由于涡轮前温度太高，涡轮叶片必须考虑冷却设计，因此发动机通常采用有粒子分离器防沙设计，这种方案由于粒子分离器分离效果，尤其是对细沙分离效果差导致涡轮叶片冷却孔堵塞，而出现涡轮叶片烧蚀现象。当发动机选择中等热力循环参数方案时，涡轮前温度可选择动叶材料可承受值，进行无冷却涡轮设计，可以获得良好的效果。

防冰设计包括结冰探测和防除冰设计，结冰探测方法包括光学法（目测、摄像、红外、光纤）、热学法（电流脉冲、平衡电桥、温差、热流）、电学法（电容式、电导式、导纳式）、波导法（超声脉冲式、微波谐振式、声板波式、声表面波式）、机械法（障碍式、压差式、谐振式）。除冰方法包括电热除冰、热空气除冰和热油除冰等。

防盐设计包括发动机的冷热清洗设计、发动机本体和成附件的防腐结构设计以及发动机材料的腐蚀敏感性设计等。

发动机起动可靠性主要受两个方面因素的影响：①燃烧室快速、可靠的点火能力；②发动机的起动加速性。点火可靠性设计是为了解决高原高寒可靠、快速的点火起动。起动点火过程中的雾化质量是提高燃烧室在高原高寒环境下点火性能的重要措施。因此，可以从主燃区油雾控制出发，最大限度拓宽回流燃烧室的点火边界，提高点火起动可靠性。加速性设计是为了解决高原高寒发动机的起动和发动机在使用过程中良好加速性，从而提高战时装备的作战灵活性。航空发动机加速性设计除了考虑成附件外，主要是考虑转子加速性的设计。根据转子动力学关系可知，在同样作用力矩下，转动惯量越小角加速度越大，所以减小转子的转动惯量可以改善高原高寒状态下的起动加速性，同时也可提高发动机在全包线范围内的加速性和装备的作战灵活性。

复杂电磁环境设计是由于现代战争战场环境越来越复杂，尤其是电磁环境更加复杂。在发动机全疆域设计中，除考虑电子附件按相应规范设计外，关键的数控系统采取"免疫"设计，即在设计数控系统的同时附机械液压备份，在强电磁干扰导致数控系统失效的情况下自动转换到机械液压备份工作，保证装备安全使用。

针对环境使用功能设计，图 2.8 给出了本书采用的典型设计技术，这些典型设计技术涵盖了从系统到部件的不同层面。但值得说明的是，为满足航空发动机全疆域设计涉及的系统/部件设计要求，需要采用的设计技术并不仅限于这些典型设计技术。

具体而言，本书从环境使用功能设计出发，为实现高原高寒环境下发动机起动可靠，提出了高原高寒环境下燃烧室可靠点火设计技术及燃气发生器起动加速性设计技术，通过双油路离心喷嘴设计、旋流杯式涡流器设计和主燃区流场设计等措施提高了高原高寒环境下燃烧室点火可靠性，并针对全疆域环境下对发动机加速性的要求，采用基于多目标优化算法的发动机转子综合优化方法减轻了转子重量，降低转动惯量，提高发动机在高原、高寒环境下的起动可靠性。为实现结冰环境下发动机高效防冰，根据涡轴发动机进气装置的特点，设计了一种新型的压差式结冰探测器，并进一步提出了紧凑高效双流路掺混引气防冰系统设计技术，解决了小功率状态时引气温度偏低导致防冰能力不足、大功率状态时引气温度偏高而影响进气装置选材的问题，较好地兼顾了各功率状态的防冰需求热量与供给热量平衡。为提高发动机在沙尘环境下的适应能力，提出了沙尘环境下发动机自主防沙系统设计技术，通过采用压气机自主防沙叶片设计技术、燃烧室沙尘收集腔设计技术及适应重沙尘环境的燃气涡

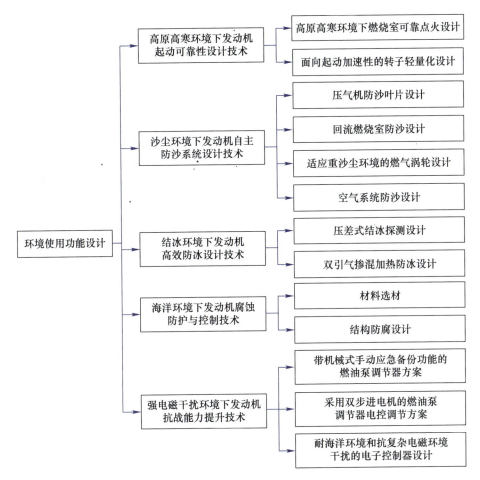

图 2.8 环境使用功能设计采用的典型设计技术

轮设计技术以及空气系统防沙设计技术,实现无粒子分离器的涡轴发动机在沙尘环境下满意工作。为实现海洋环境下发动机耐腐蚀,基于材料选择和结构设计,提出了发动机全生命周期腐蚀防护与控制技术,分别从材料选材、结构设计和腐蚀试验等方面进行了阐述,从而为全疆域涡轴发动机的材料选择及防护措施选取提供理论及技术基础。为实现强电磁干扰环境下发动机抗战能力提升,提出了强电磁干扰环境下发动机抗战能力提升技术,采用带机械液压备份功能的全权限数控系统满足强电磁干扰军事对抗战需求;采用双步进电机控制,实现燃油流量精确控制和压气机导叶精细调节,提升控制品质,增强系统抗燃油污染能力;采用考虑耐海洋环境和抗复杂电磁环境干扰的电子控制器设计,提高了电磁兼容能力。

2.3.3 使用经济性设计

发动机的使用经济性(或者说发动机的经济可承受性)主要由两方面构成:一方面是采购成本;另一方面是使用成本。这两项成本很大程度上是由发动机设计决定的。全疆域设计中的使用经济性设计主要包括限价设计技术、效费权衡设计技术和长寿命、低油耗的可靠性设计技术。

限价设计是对系统工程的一种应用,因而具备系统工程的特征。如图2.9所示,涡轴发动机限价设计可采用系统工程解决问题的三维结构思路进行全面分析。采用系统工程思维模式,从层次维、阶段维和逻辑维三维的角度对限价设计流程框架进行研究。从上述系统工程三维结构的角度,全方位全角度全结构地解析限价设计工作流程,能够保证限价设计工作科学有效有序的实施。

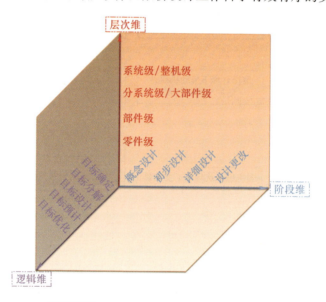

图2.9 限价设计工作流程三维逻辑图

效费权衡设计以国外成熟的效费权衡模型为基础,通过使用层次分析法与算术平均法等综合计算方法,求得可信性与固有能力各效能指标重要度系数,并构建可用性模型,最终建立涡轴发动机整机与三大部件(涡轮、压气机、燃烧室)效能评估模型,包括民用涡轴发动机整机效能模型、军用涡轴发动机整机效能模型和费用估算模型。

发动机长寿命、低油耗的可靠性设计是发动机使用经济性设计的重要环节。低的燃油消耗率设计可以由环境空域特性设计保证,长寿命设计必须与可靠性设计同时进行,它们都与材料、工艺、结构设计有关,只有在材料、工艺成熟及结构设计经过考验的情况下,寿命、可靠性设计才有保证。在方案设计时给定可靠性指标,并在方案设计中采用故障模式影响分析(FMEA)和故障模式影响与危害性分析(FMECA),注重零部件的可靠性设计,这是发动机可靠性设计关键。寿命设计必须关注两个方面:一是全疆域发动机的使用,二是材料、工艺和结构设计。在对关键寿命件进行设计时,了解由材料和工艺给定的材料性能成熟度和寿命件的工作状态非常重要,摸清发动机的流场、力场、温度场是寿命件设计的关键。发动机全疆域使用任务明确,使用材料性能可靠,流场、力场、温度场可测,完成的寿命分析应该是可信的。因此使用经济性设计,实际上是材料、工艺、结构设计和发动机的可靠性、维修性等的设计。

针对使用经济性设计,图 2.10 给出了本书采用的典型设计技术。具体而言,本书从使用经济性设计出发,为实现全疆域航空发动机在全寿命周期内具备良好的经济可承受性,提出了限价设计技术、效费权衡设计技术和长寿命、低油耗的可靠性设计技术。在航空发动机限价技术方面,通过限价设计规划和发动机限价设计,形成发动机限价设计方案,并从材料、工艺、结构和生产组织模式等方面开展降成本分析工作,实现采购成本有效降低;在航空发动机效费权衡设计技术方面,通过建立效能评估模型、费用估算模型和效费权衡模型,为目标型号成本控制提供决策依据;在航空发动机长寿命、低油耗的可靠性设计技术方面,通过采用发动机可靠性设计技术和发动机维修设计技术,提升全寿命经济承受能力。

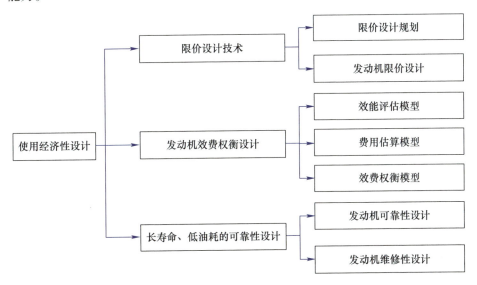

图 2.10　使用经济性设计采用的典型设计技术

2.4 小　　结

本章从总体架构层面回答了"全疆域航空发动机如何设计"的问题,主要内容包含全疆域设计技术挑战、全疆域设计循环方案选取和全疆域三维度设计方法。通过选取合适的全疆域设计循环方案,采用环境空域特性、环境使用功能和使用经济性三个维度设计方法,可有效解决全疆域航空发动机设计面临的技术挑战,最终实现在高原高温环境下发动机具备优异的功率保持性能,在高原高寒环境下发动机起动可靠性高,在沙尘环境下发动机依靠自主防沙系统可以满意工作,在结冰环境下发动机依靠高效防冰系统大幅提高综合性能,在强电磁干扰环境下发动机抗战能力有效提升,在海洋环境下发动机具备较强的腐蚀防护能力,在全寿命周期内发动机具备良好的使用经济性。

参考文献

[1] 廉筱纯,吴虎. 航空发动机原理[M]. 西安:西北工业大学出版社,2005.
[2] 顾永根,等. 航空发动机设计手册:第6册[M]. 北京:航空工业出版社,2001.
[3] 曹大录,白广忱,吕晶薇,等. 考虑多工况性能可靠性的航空发动机循环设计方法[J]. 航空动力学报,2019,34(1):217 – 227.
[4] 彭慧兰,舒杰,葛宁. 涡桨发动机总体性能优化设计[J]. 航空发动机,2018,44(5):31 – 36.
[5] SCHUTTE J,TAI J,SANDS J. Cycle Design Exploration Using Multi – Design Point Approach[R]. ASME,GT 2012 – 69334,2012.
[6] HUGHES M,PERULLO C,MAVRIS D. Common core engine design for multiple applications using a concurrent multi – design point approach[R]. AIAA,AIAA2014 – 3443,2014.
[7] 郑华雷,王召广,蔡建兵,等. 航空发动机多设计点热力循环分析方法的构建及应用[J]. 燃气涡轮试验与研究,2019,32(5):8 – 14.
[8] 况开鑫. 整体式进气粒子分离器特性研究[D]. 南京:南京航空航天大学,2011.
[9] 陈岭,刘知理,刘引峰. 某型航空涡轴发动机吞沙试验研究[J]. 航空发动机,2018,44(6):79 – 82.
[10] 陈欣,侯宪勇,陈蔚兴. 某涡轴发动机防沙改进研究与验证[J]. 机械工程师,2014,6:86 – 88.
[11] 陶敏杰. 多冰型超声脉冲结冰探测技术研究[D]. 南京:南京航空航天大学,2020.
[12] 雷桂林. 电热防冰除冰及冰融化相变换热机理研究[D]. 上海:上海交通大学,2017.
[13] 雷桂林,郑梅,董威. 航空发动机进气支板电热防冰试验[J]. 航空学报,2017,38(8):54 – 65.
[14] 白天,朱春玲,李清英,等. 压电双晶片悬臂梁结构用于结冰探测的研究[J]. 航空学报,2013,34(5):1073 – 1082.
[15] 王波. 涡轴发动机零级导叶热气防冰系统性能的计算与试验研究[D]. 上海:上海交通大学,2007.

[16] 董威,朱剑鋈,周志翔,等. 航空发动机支板热滑油防冰性能试验[J]. 航空学报,2014,35(7): 1845-1853.

[17] 肖春华,王宏伟,乔宝英,等. 基于光强反射和压电振动的混合式结冰探测系统[J]. 航空动力学报, 2022,37(3):449-456.

[18] 吴红光,董洪远,等. 舰载武器装备海洋环境适应性研究[J]. 海军航空工程学院学报,2007,22(1): 161-165.

[19] 刘道新. 材料的腐蚀与防护[M]. 西安:西北工业大学出版社,2016.

[20] 石瑶,黄子銮,袁珂. 三种航空发动机常用金属材料盐雾腐蚀试验研究[J]. 航空标准化与质量, 2020,(3):52-56.

[21] 李发国,杨丽,周益春. 航空发动机高温涂层耐海洋大气腐蚀研究进展[J]. 热喷涂技术,2019,11(4):1-9.

[22] 邢洋,李兆红,郭海红,等. 舰载机发动机高温条件下起动试验研究[J]. 推进技术,2018,39(6): 1234-1239.

[23] 金洪江,蔡百鸣,宋鹏磊等. 热态冲洗对某型涡轴发动机影响试验研究[J]. 工程与试验,2022,62(1):19-20,79.

[24] 包幼林,张立章,赵艳云,等. 面向全疆域设计需求的某涡轴发动机核心机转子减重优化[J]. 推进技术,2022,43(2):210328.

[25] 高强,庞志兵,魏赫. 高原高寒环境对武器装备的影响研究[J]. 装备环境工程,2013,12(6): 118-121.

[26] 郭昕,杨志军. 航空发动机高、低温起动及高原起动试验技术探讨[J]. 航空学报,2003,18(3): 327-330.

[27] 周倜. 海战场电磁态势生成若干关键技术研究[D]. 哈尔滨:哈尔滨工程大学,2013.

[28] 王卓健,周宜斌,刘晓东. 可承受性-控制寿命周期费用的革命[J]. 航空计算技术,2003,33(1): 129-132.

[29] 李文华,梁春华. 航空发动机研制降低费用、缩短周期技术综述[J]. 航空发动机,2006,32(4):54-58.

[30] 黄兆东,刘锦,吴静敏. 民用航空发动机使用经济性研究[J]. 航空发动机,2015,41(2):99-102.

[31] 张银锋,常文兵,肖依永. 基于PCA-BPNN的航空发动机使用经济性模型[J]. 火力与指挥控制, 2011,36(4):60-63.

[32] 王剑,郭鹏,党宁. 基于可拓学的大型复杂航空飞行器效费权衡研究[J]. 航空工程进展,2019,10(4):505-513.

[33] 段培培. 全寿命周期成本理论在商用航空发动机产品成本控制中的应用[J]. 理论探索,2018(7):118-119.

第 3 章 环境空域特性设计

在航空发动机全疆域设计中,环境空域特性设计主要是为了解决发动机如何在多约束条件下同时满足平原性能、高温性能和高原高温性能等综合性能的设计难题,避免出现所谓"平原型发动机""高原型发动机"和"海洋型发动机"等典型发动机。为兼顾不同典型工况下发动机的性能,本章从环境空域特性设计的维度,介绍全疆域发动机设计的相关技术,主要包括"同步多点设计、两点工况验证、一条共同工作线修正"的总体性能设计技术、宽广高效区域压气机设计技术、宽广空域燃烧室设计技术、高性能高温无冷却燃气涡轮设计技术以及宽广高效区域动力涡轮设计技术。

3.1 全疆域总体性能设计技术

全疆域发动机设计在总体性能层面,需要在综合考虑发动机各典型工作状态性能的情况下,完成总体多设计点性能设计,并完成部件性能参数的分配。本小节主要介绍"同步多点设计、两点工况验证、一条共同工作线修正"的总体性能设计技术。

3.1.1 传统涡轴发动机热力计算方法

传统涡轴发动机热力计算过程如图 3.1 所示,主要由设计点确定、设计点热力循环计算、非设计点热力计算(工作特性计算)组成。在进行设计点热力计算时,主要围绕用户需求的设计点性能指标进行,通过选取设计点处的循环参数值(比如压比、涡轮前温度等)进行热力计算,可得到设计点循环参数分析图(图 3.2)。对于特定的设计点循环参数组合,可初步确定部件构型、流道尺寸等,再根据类似构型部件特性或通用特性确定发动机性能模型。在飞行包线内,发动机非设计点性能参数随飞行状态、大气环境、发动机转速变化,在完成涡轴发动机设计点热力计算后,需进行非设计点热力计算,以确定发动机工作特性是否满足要求。当非设计性能不满足要求时,需重新选定设计点参数,经过多轮迭代才能得到满足条件的性能模型。传统涡轴发动机热力计算方法在相关文献中均有详细描述,本书不做赘述。

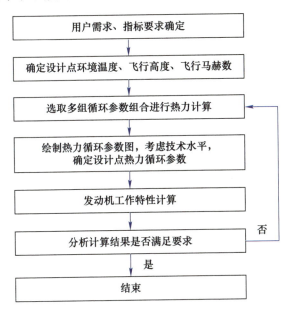

图 3.1　传统涡轴发动机热力计算过程

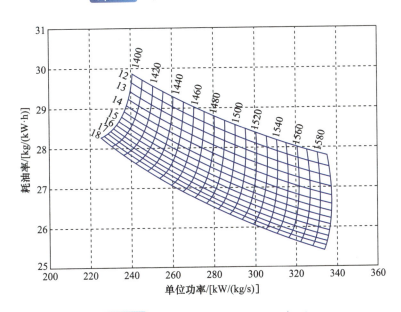

图 3.2　涡轴发动机热力循环分析图

3.1.2 全疆域涡轴发动机热力计算方法

传统涡轴发动机热力计算过程是一个不断循环迭代的过程,在进行全疆域涡轴发动机设计时,由于存在多个非设计点性能要求的热力计算,传统设计方法需针对特定设计问题设置热力循环,但必须清楚不同工况下设计变量间的变化关系,才能得到一个满意的解决方案,这需要设计人员丰富的经验来调整设计点循环参数,以满足所有工况下的性能要求及技术限制,并具有合适的裕度。使用传统方法选取的发动机方案即使满足所有性能要求及限制条件,设计人员也很难判断设计结果是否为最优选择。如何快速寻找满足全疆域涡轴发动机多个工况下性能要求的最优循环参数组合是总体性能设计迫切需要解决的关键问题。

将所有工况下的工作点都作为设计点,各工况下的设计变量保持独立性,同时各工况下的设计变量满足部件特性及共同工作要求,对所有设计点平衡方程进行求解,即可获得满足全疆域涡轴发动机所有工况的热力循环方案,我们将该热力循环分析方法称为同步多设计点方法。如图 3.3 所示,所有满足多设计点平衡方程的热力循环组合形成多设计点循环设计空间,将循环设计空间中满足技术限制和性能要求的组合称为可行设计域。

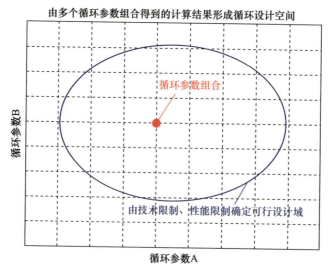

图 3.3 循环设计空间与设计域示意图

全疆域涡轴发动机热力计算基于现有压气机、燃气涡轮、动力涡轮等部件通用特性或相似构型发动机部件特性,根据部件效率设计水平、压比、温度、涡轮导叶、转子叶片的金属温度等技术限制等,选择合适的发动机循环参数范围,采用同步多设计点循环参数计算方法,可得到满足各工况要求的发动机热力循环设计域。同时以多个性能参数作为优化目标,获得综合最优热力循环方案。

下面对该方法进行详细阐述。多设计点热力计算方法可细分为以下步骤(图3.4):

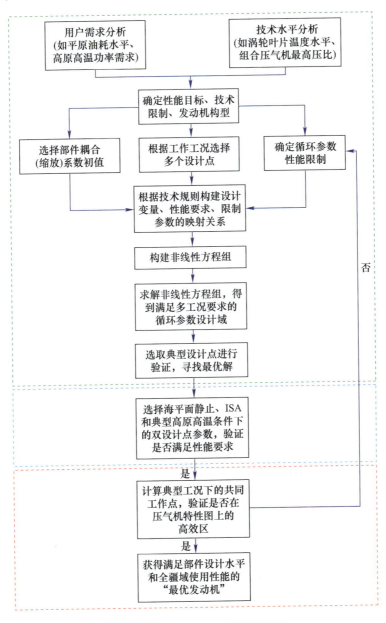

图3.4 多设计点热力计算过程

第一步,需求分析。根据目标装机对象和任务需求、当前或预计可达的技术水平等确定性能需求、技术限制以及可能采用的发动机构型。多设计点热力计算方法的关键在于满足多工况使用要求,为了达到该目的,需清楚梳理工作条件、性能需求和技术限制项,从而最终得到想要的循环设计方案。

第二步,确定设计点。设计点的选取决定了多设计点方法需要考虑的特定工况数量,一方面选取的设计点需涵盖发动机目标应用场景的典型工况,另一方面为使发动机满足全包线范围内的所有工况,对于可能达到某一技术限制的工况,需纳入多设计点计算范围内。对于全疆域涡轴发动机而言,设计点的选取需满足全疆域典型环境条件,同时涵盖多任务、多机种运用场景工作条件,同时设计点的选取还应包含以经济性、可靠性、寿命等技术指标为优化目标的使用工况。一般地,选取其中一个设计点为气动设计点,在该设计点条件下,发动机燃气发生器稳态换算转速最高,通过求解气动设计点方程,可得到部件通用特性或类似构型部件特性的耦合(缩放)系数,从而确定热力循环方案计算模型的部件特性。

第三步,建立设计点与设计变量、性能要求、技术限制的映射关系。一般来讲,考虑的设计点越多、性能要求与技术限制越多,越能精确地找到合适的热力循环设计方案。性能要求分为性能目标(等式限制)和性能限制(不等式限制)两种,各设计点采用性能目标还是性能限制取决于其相对于性能要求值的困难程度,将越苛刻的要求作为性能目标,其余作为性能限制自动满足。同样地,技术限制在任意设计点下均需满足,为保证未知数与方程数相等,需根据实际工作状态按照经验预先确定在哪个设计点建立该等式限制条件,其他设计点自动满足。对于无法确定在哪个设计点更易达到参数限制时,可预设某一工作状态下建立等式限制条件,在求解过程中进行判断和验证。

第四步,根据多个设计点建立的映射关系、性能要求以及技术规则构建非线性方程组。技术规则是指技术参数如何随设计变量变化而变化的规律。技术规则取决于所考虑的具体设计问题(比如油耗、寿命、噪声、红外辐射、尺寸等与各设计变量间的关系)、热力循环参数间的物理关系、发动机构型、部件技术水平、设计经验等。多设计点方法可针对不同的应用场景调整或增加技术规则,将循环设计参数与性能需求相联系,从而建立特定的方程。根据各个设计点下的性能需求、使用限制之间的关系建立平衡方程 $\boldsymbol{F}^{\mathrm{U}} = \begin{bmatrix} f_1^{\mathrm{U}} \\ f_2^{\mathrm{U}} \\ \vdots \\ f_u^{\mathrm{U}} \end{bmatrix} = \boldsymbol{0}$(其中

U 表示自定义方程，u 表示自定义方程个数），根据发动机各部件功率、流量平衡建立平衡方程 $\boldsymbol{F}^{\mathrm{M}} = \begin{bmatrix} f_1^{\mathrm{M}} \\ f_2^{\mathrm{M}} \\ \vdots \\ f_m^{\mathrm{M}} \end{bmatrix} = \boldsymbol{0}$（其中 M 表示各截面参数的平衡方程，m 表示平衡方程个数），并把所有设计点建立的平衡方程整合成一个非线性方程组 $\boldsymbol{F}^{\mathrm{U+M}}(\boldsymbol{X}) = \boldsymbol{0}$。

第五步，求解热力计算方程组 $\boldsymbol{F}^{\mathrm{U+M}}(\boldsymbol{X}) = \boldsymbol{0}$，其中包括循环设计变量赋值、求解器执行及计算结果存储。首先根据发动机构型和部件设计水平确定建立循环设计空间的循环参数变化范围，根据需要使用尽可能多的循环参数组合填充热力循环设计空间，每个循环组合作为一个热力循环方案。根据特定的部件构型对应的技术限制和技术参数范围，作为循环参数选择的边界，即设计域边界，选择多个性能优化目标作为循环参数优选的方向，权衡多个性能优化目标，即可初步确定候选热力循环方案。

第六步，为了进一步验证计算得到的循环参数方案及缩放后的部件相似特性是否具有工程可行性，需要结合装机平台的使用需求，选择两个典型设计点工况，将循环参数及计算得到的部件特性作为输入，开展部件初步方案设计、总体结构布局，再根据部件设计结果，计算不同设计点工况下的性能，与第五步得到的循环参数计算结果对比验证。

第七步，在工程应用中，发动机单个或几个共同工作点落在了压气机部件的高效区域内，并不能说明这款发动机是一型性能优选的发动机，需进一步验证关键设计点全转速范围内是否最优，喘振裕度是否满足要求，工作特性是否满足要求，高度/温度衰减率是否满足要求。因此，计算全包线范围内典型状态点的节流特性，得到全转速共同工作线，验证发动机在正常工作的转速范围内共同工作点是否全部处于压气机的高效工作区间，若是，则获得满足全疆域使用需求的"最优发动机"，若部分点处在低效率区内，则可修正部件特性，使常用共同工作点均处在高效区。计算不同典型高度、温度下的功率、温度、耗油率等性能，评估衰减率是否满足指标要求。

使用多设计点方法设计发动机热力循环方案，可根据循环参数的不同，选择不同的部件构型，比如依据单级压比限制和总压比，选择不同的压气机级数，依据不同的燃烧室出口温度选择不同的材料及冷却形式；能够根据性能参数相关的技术规则综合考虑多个限制条件，无论是直接影响热力学循环的限制条件，还是影响其他方面（比如：机械限制、排放限制等）的约束条件，从而缩小可行设计域的范围；能够基于优化性能目标参数计算得出最优的发动机热力循环方案。

多设计点热力循环计算方法优势还在于概念设计阶段,若设计需求变更或增加,该方法可以在原有计算模型上变更或添加约束限制,从而迅速获得新的设计域,而不需要从头开始一轮新的迭代计算。

3.1.3 全疆域涡轴发动机热力计算案例

为进一步阐述全疆域涡轴发动机热力计算方法,以某型单转子涡轴发动机热力计算为例对计算过程进行详细描述。

3.1.3.1 需求分析与设计点确定

根据装机对象任务谱的常用环境条件及功率需求,选取海平面、静止、ISA 条件下的起飞状态,4500 m、静止、ISA+25℃条件下起飞状态,以及 2000 m、ISA、220 km/h 条件下巡航工作状态作为设计点。根据工作条件及装机需求,选用单转子自由涡轮输出涡轴发动机构型,前两个设计点设定功率目标要求,第三个设计点设定功率要求和耗油率限制,选取第三个设计点耗油率作为性能寻优目标,求解候选发动机热力循环方案。

3.1.3.2 确定设计变量、性能要求、技术限制的映射关系

根据选取的发动机构型,选取压比、燃烧室出口温度作为循环设计域的设计变量,并根据功率等级及发动机构型选取相应的设计域设计变量变化范围。

根据现有材料技术水平,选取燃气涡轮导向器金属壁面温度作为技术限制参数,为充分利用材料性能,在温度要求最苛刻的设计点选用等式限制,其他设计点采用不等式限制。根据涡轴发动机设计经验,在高原高温设计点较易达到温度限制,故将该设计点的燃气涡轮导向器金属壁面温度作为等式限制条件。

由于不同环境条件下的设计点均需满足装机对象的功率需求,故将功率要求作为所有设计点的等式限制,将第 3 个设计点的耗油率作为不等式限制。3 个设计点中,海平面、静止、ISA 条件下起飞状态的燃气发生器相对换算转速最大,选取该状态点作为气动设计点。

各设计点设计域变量、技术参数以及性能要求及技术限制的关系如表 3.1~表 3.3 所列。

表 3.1 0 km、ISA、静止条件下设计点变量映射关系

设计域设计变量	设计点技术参数(自变量)	性能要求及技术限制(因变量)
压比	燃烧室出口温度 压气机进口流量 空气系统引气分配	功率 燃气涡轮进口导叶壁面温度

表 3.2　4.5km、ISA+25℃、静止条件下设计点变量映射关系

设计域设计变量	设计点技术参数(自变量)	性能要求及技术限制(因变量)
燃烧室出口温度	燃气涡轮转速 压气机共同工作点位置 燃气涡轮共同工作点位置 动力涡轮共同工作点位置	功率 燃气涡轮进口导叶壁面温度

表 3.3　2km、ISA、220km/h 条件下设计点变量映射关系

设计域设计变量	设计点技术参数(自变量)	性能要求及技术限制(因变量)
燃烧室出口温度	燃气涡轮转速 压气机共同工作点位置 燃气涡轮共同工作点位置 动力涡轮共同工作点位置	功率 耗油率

3.1.3.3　构建非线性方程组

根据设计点与设计变量、性能要求、环境使用要求、技术限制的映射关系,再结合技术规则即可建立各设计点平衡方程。各设计点平衡方程的建立与传统热力计算类似,基于具体模型和设计问题的技术规则以及各截面参数平衡规则,即可建立与技术参数相关的平衡方程。

1. 常用计算方法

1) 等熵绝热过程计算

假设压缩过程为等熵绝热过程,则工质从 1 截面至 2 截面过程有

$$S_2 - S_1 = \int_{T_1}^{T_2} \frac{C_p}{T} dT - R\ln\frac{p_2}{p_1} = 0 \tag{3.1}$$

式中:下角标"1""2"分别表示进、出口;T_1、T_2 分别为进、出口总温;S_1、S_2 分别为进、出口熵;p_1、p_2 分别为进、出口总压。

即

$$\int_{T_1}^{T_2} \frac{C_p}{T} dT = R\ln\frac{p_2}{p_1} \tag{3.2}$$

$\int_{T_1}^{T_2} \frac{C_p}{T} dT$ 只跟热力过程的温度有关,故可定义:

$$\int_{T_1}^{T_2} \frac{C_p}{T} dT = \Phi_2 - \Phi_1 \tag{3.3}$$

式中:Φ_1、Φ_2 分别为进、出口工质的状态参数,是温度的单值函数。

即

$$\Phi_2 - \Phi_1 = R\ln\frac{p_2}{p_1} = \frac{R}{\lg e}\lg\pi \quad (3.4)$$

定义熵函数为

$$\psi = \frac{\lg e}{R}\Phi \quad (3.5)$$

式中：Φ 为工质的状态参数。

则有

$$\psi_2 - \psi_1 = \lg\pi \quad (3.6)$$

式中：ψ_1、ψ_2 分别为进、出口熵函数。

其中工质状态函数值可参阅相关文献热力性质表，若已知热力过程始末状态的温度和压比，即可求得末状态温度。对于等熵绝热膨胀过程可采用类似方法进行计算。

对于燃气参数定压比热 C_{pg}、焓 h_g、熵函数 ψ_g 可采用下列公式计算：

$$C_{pg} = C_p + \frac{f}{1+f}\theta_{C_p} \quad (3.7)$$

$$h_g = h + \frac{f}{1+f}\theta_h \quad (3.8)$$

$$\psi_g = \psi + \frac{f}{1+f}\theta_\psi \quad (3.9)$$

式中：f 为油气比；θ_{C_p}、θ_h、θ_ψ 分为定压比热、焓、熵函数对应的温度函数，可参阅相关文献热力性质表得到。

2）实际压缩过程和膨胀过程计算

由于工质在发动机部件压缩/膨胀过程中存在叶型损失、端壁损失、二次流损失、激波损失、散热损失以及机械损失等，因此实际工作过程并不是理想等熵过程，这些不可逆损失必然导致熵增，计算过程中采用绝热效率来评估损失的大小。

（1）压缩过程：

根据

$$\psi_{2ei} - \psi_1 = \lg\pi \quad (3.10)$$

式中：下角标"ei"表示理想过程。

求得绝热压缩过程出口比熵 ψ_{2ei}，进而可求得理想过程出口总温 T_{2ei} 和总焓 h_{2ei}。则绝热压缩过程焓增量：

$$\Delta h_{ei} = h_{2ei} - h_1 \tag{3.11}$$

式中：h_1 为进口总焓。

由焓增量：

$$\Delta h = \Delta h_{ei}/\eta_c \tag{3.12}$$

式中：η_c 为实际压缩过程绝热效率。

计算实际压缩过程出口比焓：

$$h_2 = h_1 + \Delta h \tag{3.13}$$

进而可求得实际压缩过程出口总温 T_2。

从而求得实际压缩功：

$$Pw_c = (h_2 - h_1)W_a \tag{3.14}$$

式中：W_a 为空气流量。

(2) 膨胀过程：

与压缩过程不同的是，膨胀过程绝热效率定义为

$$\eta_T = \Delta h/\Delta h_{ei} \tag{3.15}$$

其余计算过程与压缩过程一致。

(3) 根据部件特性图插值计算部件特性参数：

一般得压气机特性图上的参数可用以下关系式表示：

$$\pi_c = f_1(n_{cor}, W_{acor}) \tag{3.16}$$

式中：下角标"c"表示压气机；下角标"cor"表示换算参数；π_c 为压比；W_{acor} 为换算气流流量；n_{cor} 为燃气发生器转子换算转速。

定义任意等换算转速上的共同工作点上的增压比 π_{c0} 及共同工作点相对位置函数 Z_c：

$$Z_c = \frac{\pi_{c0} - \pi_{cmin}}{\pi_{cmax} - \pi_{cmin}} \tag{3.17}$$

式中：π_{cmax} 和 π_{cmin} 分别为该转速线上的最大、最小增压比。

引入参数 Z_c 后，压气机特性曲线可表示为

$$\pi_c = f_1(n_{cor}, Z_c) \tag{3.18}$$

$$W_{acor} = f_2(n_{cor}, Z_c) \tag{3.19}$$

$$\eta_c = f_3(n_{cor}, Z_c) \tag{3.20}$$

这样，压气机特性参数变成换算转速及工作点位置的函数，在不同设计点计算过程中只要迭代求得换算转速及共同工作点相对位置，即可得到压气机的特性参数。

若已知气动设计点相对换算转速下的换算流量 W_{acor}、压比 π_c 和效率 η_c,则可得到通用特性或相似特性图的压比、换算流量、效率缩放系数分别为

$$C_\pi = \frac{\pi_c - 1}{\pi_c' - 1} \quad (3.21)$$

$$C_{Wa} = \frac{W_{acor}}{W_{acor}'} \quad (3.22)$$

$$C_\eta = \frac{\eta_c}{\eta_c'} \quad (3.23)$$

式中:π_c'、W_{acor}'、η_c' 为同一相对换算转速和共同工作点位置参数下通用特性图对应的压气机特性参数。根据相对换算转速和共同工作位置参数即可在通用特性或相似特性图上插值得到该点下的增压比、换算流量和效率,根据缩放系数即可求得压气机其他典型设计点下的特性参数。

在涡轮特性参数计算时,可采用同样方法设置共同工作点相对位置参数及特性图相关参数的缩放因子,从而求解其他典型设计点条件下的相关特性参数。

2. 气动设计点方程建立

1) 进气道计算

已知大气条件高度 H、环境温度 T_0、马赫数 Ma、总压损失 σ_1,求出口截面参数。

由 T_0、Ma 可求得进口总温 T_{t1}、总焓 h_1。

再由 σ_1 求得进气道出口总压 p_{t2}、总温 T_{t2},进而求得出口比焓 h_2。

2) 压气机计算

已知参数:效率 η_c(根据当前技术水平设定)、p_{t2}、T_{t2}。

循环设计空间变量:压气机压比 π_c。

未知数:空气流量 W_{a2}(在方程组求解时预设初值)。

压气机出口总压得

$$p_{t3} = p_{t2} \times \pi_c \quad (3.24)$$

根据实际压缩过程计算方法,由压比、效率、进口温度求得出口总温 T_{t3},从而求得出口比焓 h_3 和 Pw_c。

为确定其他典型设计点共同工作点压气机特性参数,需根据气动设计点初筛值确定通用特性或相似特性图的缩放因子 $C_{\pi c}$、C_{Wac}、$C_{\eta c}$。

3) 燃烧室计算

已知参数:进口流量 W_{a3}、进口比焓 h_3、进口总温 T_{t3}、总压损失 σ_b、燃烧效率 η_b。

未知参数:燃烧室出口总温 T_{t4}(计算时设定初值)。

燃烧室出口总压：

$$p_{t4} = p_{t3}\sigma_b \tag{3.25}$$

根据典型燃烧室效率特性，得到燃烧室燃烧效率：

$$\eta_b = f_b(p_{t3}, f_4) \tag{3.26}$$

由油气比定义及燃烧室出口比焓可得

$$f_4 = \frac{h_4 - h_3}{H_u \eta_b - h_{fuel} - h_4} \tag{3.27}$$

其中

$$h_4 = C_{p4} T_{t4} \tag{3.28}$$

$$\eta_b = f_b(p_{t3}, f_4) \tag{3.29}$$

式中：f_4 为油气比；H_u 为燃油低热值；h_{fuel} 为燃油入口的焓值，可忽略不计。

采用二分法迭代求解式（3.27）～式（3.29），即可得到油气比 f_4，进而求得燃油流量 W_f 和燃烧室出口流量 W_4。

4）燃气涡轮计算

已知参数：绝热效率 η_{HPT}、功率提取 $P_{w_{Aux}}$、燃气发生器转子机械效率 η_{mech}、燃气涡轮盘间泄漏量比例 W_{44leak}、涡轮级间过渡段冷却量比例 W_{45leak}、燃气涡轮和动力涡轮间过渡段总压恢复系数 σ_{GD}。

未知参数：T_{t4}、燃气涡轮进口导叶冷却量比例 W_{HNGV}。

燃气涡轮进口导叶壁温 T_{HNGV} 可按照文献[5]进行简易计算，在气动设计点中作为限制参数。

燃气涡轮进口导叶出口参数：

$$W_{41} = W_4 + W_{HNGV} W_{a2} \tag{3.30}$$

$$f_{41} = \frac{W_f}{W_{41} - W_f} \tag{3.31}$$

$$h_{41} = \frac{h_4 + W_{HNGV} W_{a2} h_3}{W_{41}} \tag{3.32}$$

由 h_{41}、f_{41} 迭代求 T_{t41}。

燃气涡轮出口流量、油气比、焓降、比焓分别为

$$W_{44} = W_{41} + W_{44leak} W_{a2} \tag{3.33}$$

$$f_{44} = \frac{W_f}{W_{44} - W_f} \tag{3.34}$$

$$\Delta h = \frac{\mathrm{Pw_c} + \mathrm{Pw_{Aux}}}{\eta_{\mathrm{mech}} W_{41}} \quad (3.35)$$

$$h_{44} = \left[(h_{41} - \Delta h) W_{41} + h_3 W_{\mathrm{cool_{HPT}}} W_{a2} \right] / W_{44} \quad (3.36)$$

理想绝热膨胀过程出口比焓:

$$h_{44\mathrm{ei}} = h_4 - (h_4 - h_{44}) / \eta_{\mathrm{HPT}} \quad (3.37)$$

由 $h_{44\mathrm{ei}}$、f_{44} 迭代求得 $T_{t44\mathrm{ei}}$,由 h_{44}、f_{44} 求得温度 T_{t44}。

由 T_{t4}、$T_{t44\mathrm{ei}}$ 求得实际膨胀过程和理想过程进出口比熵函数 ψ_4、$\psi_{44\mathrm{ei}}$。

求得燃气涡轮落压比:

$$\pi_{\mathrm{HPT}} = 10^{(\psi_4 - \psi_{44\mathrm{ei}})} \quad (3.38)$$

从而求得出口总压:

$$p_{t44} = p_{t4} / \pi_{\mathrm{HPT}} \quad (3.39)$$

根据气动设计点初筛值确定涡轮初始特性图的缩放因子 $C_{\pi\mathrm{HPT}}$、$C_{\mathrm{Wa HPT}}$、$C_{\eta\mathrm{HPT}}$。

涡轮级间过渡段的出口参数计算如下:

$$W_{45} = W_{44} + W_{45\mathrm{leak}} W_{a2} \quad (3.40)$$

$$f_{45} = \frac{W_f}{W_{45} - W_f} \quad (3.41)$$

$$h_{45} = (h_{44} W_{44} + W_{45\mathrm{leak}} W_{a2} h_3) / W_{45} \quad (3.42)$$

由 h_{45}、f_{45} 求得出口温度 T_{t45}。

出口总压:$p_{t45} = p_{t44} \sigma_{\mathrm{GD}}$ (3.43)

5) 动力涡轮与排气段联合计算

已知参数:出口马赫数 Ma_{NZ},出口环境压力 p_H(即 p_{s6})、排气损失 σ_{NZ}、动力涡轮绝热效率 η_{LPT}、机械效率 $\eta_{\mathrm{LPT\_mech}}$、动力涡轮盘间泄漏量 $W_{5\mathrm{leak}}$、目标功率 $\mathrm{Pw_{Target}}$。

未知参数:动力涡轮输出功率 $\mathrm{Pw_{LPT}}$。

通过迭代计算求得 T_{t5} 和 C_{p5},进而求得 h_5。

根据流量平衡,迭代求解排气出口有效气动面积 A_6。

根据以上可得到气动设计点动力涡轮输出功率平衡方程:

$$\mathrm{Pw_{LPT}} = (h_{45} - h_5) W_{45} \eta_{\mathrm{LPT_{mech}}} = \mathrm{Pw_{Target}} \quad (3.44)$$

同压气机一样,由 π_{LPT}、W_5、η_{LPT} 可以求得动力涡轮通用特性或相似特性图的缩放因子 $C_{\pi\mathrm{LPT}}$、$C_{\mathrm{Wa LPT}}$、$C_{\eta\mathrm{LPT}}$。

3. 其他典型设计点计算

设定气动设计点未知变量初始值,根据计算结果得到压气机、燃气涡轮、动力涡轮通用特性耦合(缩放)系数,确定初始迭代的部件特性。已知环境参数、性能目标、技术限制参数、循环参数变量范围,未知变量为部件共同工作位置参数(包含转速及转速线相对位置参数),根据性能目标、技术限制和平衡关系建立相关方程。

1)进气道计算

已知大气条件高度 H、环境温度 T_0、马赫数 Ma、进气道损失相关系数 CA_1。

由 T_0、Ma 可求得进口总温 T_{t1},进口比焓 h_1,再由 CA_1 求得进气道出口总压 p_{t2}、总温 T_{t2},进而求得出口比焓 h_2。

2)压气机计算

已知参数:T_{t2},p_{t2} 和 h_2。

未知参数:Z_c、n_g(预设初值)。

由迭代变量的预选初值 Z_c、n_g 在压气机特性图中插值并由缩放因子 $C_{\pi c}$、C_{Wac}、$C_{\eta c}$ 计算得到压比 π_c、W_{a2cor}、η_c。

则出口总压为

$$p_{t3} = p_{t2} \times \pi_c \tag{3.45}$$

根据实际压缩过程计算方法,由 π_c、η_c、T_{t2} 求得出口总温 T_{t3},从而求得出口比焓 h_3。

3)燃烧室计算

已知参数:进口 W_{a3}、h_3、T_{t3}、燃烧室损失相关系数 CA_b、设计空间变量 T_{t4} 设定值。

由损失相关系数 CA_b 得到出口压力:

$$p_{t4} = p_{t3} - \Delta p \tag{3.46}$$

用气动设计点相同计算方法求得油气比 f_4、W_f、W_4、h_4。

4)燃气涡轮计算

已知参数:进口参数 f_4、W_f、W_4、h_4,设计空间变量 T_{t4} 设定值,功率提取 Pw_{Aux},机械效率 η_{mech},燃气涡轮盘间及过渡段泄漏 W_{44leak}、W_{45leak},过渡段损失相关系数 CA_{GD}。

未知参数:Z_{HPT}、n_g、燃气涡轮进口导叶冷却量 W_{HNGV}(与气动设计点一致)。

根据预设初值 Z_{HPT}、n_g 在特性图中插值,由缩放系数 $C_{\pi HPT}$、C_{WaHPT}、$C_{\eta HPT}$ 计算得到流量 W_{4_cal}、落压比 π_{HPT}。

计算出口总压:

$$p_{t44} = p_{t4}/\pi_{\text{HPT}} \tag{3.47}$$

得到流量平衡方程：

$$W_4 = W_{4\_\text{cal}} \tag{3.48}$$

用气动设计点相同计算方法求得 h_{44}、T_{t44}。

从而计算涡轮功：

$$\text{Pw}_{\text{HPT}} = \frac{W_{\text{HNGV}} W_{a2} h_3}{2} + W_{4\_\text{cal}} h_4 - W_{44} h_{44} \tag{3.49}$$

建立功率平衡方程：

$$\text{Pw}_{\text{HPT}} \eta_{\text{mech}} = \text{Pw}_c + \text{Pw}_{Aux} \tag{3.50}$$

用气动设计点相同方法计算进口导叶金属温度，从而得到温度约束方程：

$$T_{\text{HNGV}} = T_{\text{HNGV\_Target}} \tag{3.51}$$

用气动设计点相同方法求得过渡段出口温度：T_{t45}、p_{t45}、W_{45}。

5）动力涡轮计算

已知参数：机械效率 η_{LPTmech}，动力涡轮转速 n_p；

未知参数：Z_{LPT}。

因为动力涡轮转速不变，故由 T_{t45} 可得到 n_{pcor}。

预设初值 Z_{LPT} 和 n_{pcor}，由特性图插值并与缩放因子 $C_{\pi\text{LPT}}$、$C_{Wa\text{LPT}}$、$C_{\eta\text{LPT}}$ 计算得到 $W_{45\text{cor}}$、π_{LPT}、η_{LPT}。

从而得到动力涡轮进口物理流量：

$$W_{45\_\text{cal}} = \frac{W_{45\text{cor}} p_{t45}}{\sqrt{T_{t45}}} \tag{3.52}$$

建立动力涡轮与燃气涡轮间流量平衡方程：

$$W_{45} = W_{45\_\text{cal}} \tag{3.53}$$

用气动设计点相同方法得到 h_5、T_{t5}。

计算动力涡轮输出功率并建立目标功率约束方程：

$$\text{Pw}_{\text{LPT}} = (h_{45} - h_5) W_{45} \eta_{\text{LPTmech}} = \text{Pw}_{\text{Target}} \tag{3.54}$$

6）排气组件计算

已知参数：排气出口有效气动面积 A_6，出口环境压力 p_H，动力涡轮盘间泄漏量 $W_{5\text{leak}}$，排气损失相关系数 CA_{NZ}。

建立动力涡轮与排气段流量平衡方程：

$$W_6 = W_5 \tag{3.55}$$

3.1.3.4 方程组求解

联列气动设计点和其他典型设计点得到的方程，其他典型设计点方程根据设计点个数采用相同方法构建：

$$\mathrm{Pw}_{\mathrm{LPT}} = (h_{45} - h_5) \times W_{45} \times \eta_{\mathrm{LPT_{mech}}} = Pw_{\mathrm{Target}}（气动设计点） \quad (3.56)$$

$$W_4 = W_{4\_cal}（其他典型设计点） \quad (3.57)$$

$$\mathrm{Pw}_{\mathrm{HPT}}\eta_{\mathrm{mech}} = \mathrm{Pw}_c + \mathrm{Pw}_{\mathrm{Aux}}（其他典型设计点） \quad (3.58)$$

$$T_{\mathrm{HNGV}} = T_{\mathrm{HNGV\_Target}}（其他典型设计点） \quad (3.59)$$

$$W_{45} = W_{45\_cal}（其他典型设计点） \quad (3.60)$$

$$\mathrm{Pw}_{\mathrm{LPT}} = (h_{45} - h_5) W_{45} \eta_{\mathrm{LPT_{mech}}} = Pw_{\mathrm{Target}}（其他典型设计点） \quad (3.61)$$

$$W_6 = W_5（其他典型设计点） \quad (3.62)$$

将以上方程进行重新构造，变成残差函数，通过残差的收敛得到以上方程组的数值解。

$$\begin{cases} E_1 = \dfrac{\mathrm{Pw}_{\mathrm{LPT}} - \mathrm{Pw}_{\mathrm{Target}}}{\mathrm{Pw}_{\mathrm{Target}}} \\[2mm] E_2 = \dfrac{W_4 - W_{4\_cal}}{W_{4\_cal}} \\[2mm] E_3 = \dfrac{\mathrm{Pw}_{\mathrm{HPT}}\eta_{\mathrm{mech}} - (\mathrm{Pw}_c + \mathrm{Pw}_{\mathrm{Aux}})}{\mathrm{Pw}_{\mathrm{HPT}}\eta_{\mathrm{mech}}} \\[2mm] E_4 = \dfrac{T_{\mathrm{HNGV}} - T_{\mathrm{HNGV\_Target}}}{T_{\mathrm{HNGV\_Target}}} \\[2mm] E_5 = \dfrac{W_{45} - W_{45\_cal}}{W_{45\_cal}} \\[2mm] E_6 = \dfrac{(h_{45} - h_5) W_{45} \eta_{\mathrm{LPT_{mech}}} - \mathrm{Pw}_{\mathrm{Target}}}{\mathrm{Pw}_{\mathrm{Target}}} \\[2mm] E_7 = \dfrac{W_6 - W_5}{W_5} \\[2mm] \vdots \end{cases} \quad (3.63)$$

其中气动设计点未知变量为 T_{t4}、W_{a2}、W_{HNGV}，其他典型设计点未知变量为 n_g、Z_c、Z_{HPT}、Z_{LPT}。

由于与发动机循环模型匹配良好，牛顿—拉普逊法广泛应用于非线性方程组的求解，在许多燃气涡轮性能计算软件中都采用这种方法来求解非设计点性能。牛顿—拉普逊法的收敛与否及收敛速度取决于初始迭代矢量与真实解的接近程度，为保证求解过程的收敛，有时会对该方法进行修正。

3.1.3.5 热力循环设计域寻优

对于设计空间中的每一组循环参数组合均可获得未知参数一组数值解,从而确定一个满足要求的热力循环方案,求解设计空间中的所有循环参数组合对应的方程组,即可得到一系列满足要求的热力循环方案。

由发动机部件构型对应的当前技术水平和技术限制作为循环参数寻优的边界,从而划定寻优范围;由用户最关心的多个设计点性能参数(如耗油率、单位功率)作为循环参数寻优方向,权衡多个目标性能参数,最终获得综合最优循环参数方案。从图3.5和图3.6可以看出,在燃气涡轮和动力涡轮级数确定情况下,可初步确定可行的落压比设计域,在两个可行域交集即为初步的可行设计域,在设计域内权衡长航时设计点耗油率及气动设计点单位功率指标,即可得到优选循环参数方案。

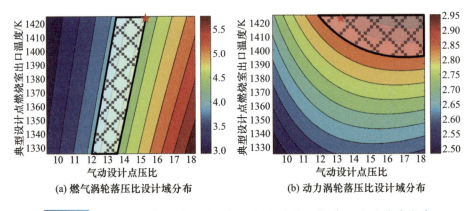

图3.5 循环设计空间对应的燃气涡轮和动力涡轮落压比设计域分布

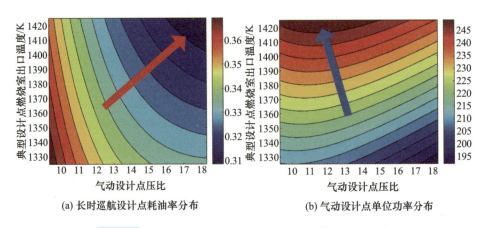

图3.6 循环设计空间对应的耗油率和单位功率分布

本案例只是为了说明多设计点热力计算过程，在实际发动机概念和方案设计时要复杂得多，除了耗油率外，还有诸如单位功率、发动机尺寸、重量、强度、寿命等性能要求和技术限制，在选择循环参数时需综合考虑多种参数限制和优化目标，从而寻找合适的热力循环方案。

3.1.3.6 典型工况验证及共同工作线验证

计算得到的循环参数方案及缩放后的部件特性，是否具有工程可行性，需要将循环参数及部件特性作为输入，开展部件方案设计、总体结构布局设计。再根据部件特性设计结果，计算不同设计点工况下的性能，与多设计点循环计算结果对比验证。

在进行多设计点计算时，主要关注某一工况下的某个转速状态，无法确定关键设计工况全转速范围内是否均处在高效区间，整个工作包线喘振裕度是否满足要求；同时还需确认整个包线范围内高度/温度衰减率。所以在典型工况验证后，需计算全包线范围内典型状态点的节流特性，得到共同工作线，若部分点处在低效率区内，则可修正部件特性，使常用共同工作点均处在高效区。如图3.7所示，选取3个全疆域典型环境条件下的共同工作点均处在压气机高效工作区间，说明本方案在典型工作条件下均有较好的工作效率。同时计算不同典型高度、温度下的功率、耗油率等性能，评估衰减率是否满足指标要求。

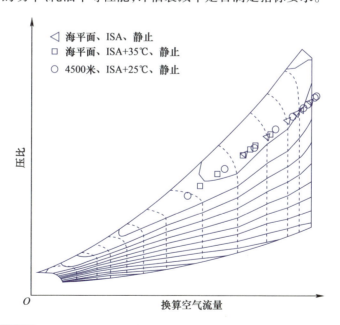

图3.7 全疆域典型环境条件下共同工作点与高效工作区示意图

3.2 宽广高效区域压气机设计技术

全疆域涡轴发动机需在平原、高原、海洋、高温、高寒等各种复杂环境下高效工作,在高温环境下,压气机的相对换算转速会降低,而在高寒环境下,压气机的相对换算转速会升高,因此全疆域涡轴发动机的压气机部件需要在较大的相对换算转速变化范围内工作。压气机作为发动机的关键部件,对涡轴发动机性能影响很大。为提升涡轴发动机在全疆域环境下的性能,压气机部件应具有宽广高效率区域,即高效率区域可以覆盖所有发动机典型工作状态对应的压气机工作点。针对全疆域涡轴发动机对压气机的气动设计要求,本小节主要介绍了基于多设计点的压气机气动设计方法和基于任意回转面造型的全三维叶片设计技术。

3.2.1 基于多设计点的压气机气动设计方法

3.2.1.1 基于单设计点的压气机气动设计方法

目前压气机气动设计均采用基于单设计点的设计方法,设计过程一般包括一维设计、S2 流面设计、叶片造型设计、三维计算与分析等步骤,如图 3.8 所示。首先根据总体对压气机部件性能指标要求(换算流量、压比、效率、喘振裕度等),对压气机平均参数进行计算,完成压气机一维设计,获得压气机基本流道及平均半径上的参数分布;第二步根据一维设计结果,进行展向参数分配(如转子压比和效率的径向分布、静子出口气流角和总压恢复系数径向分布),并完成压气机 S2 流面设计;第三步选择适当攻角、落后角及叶型特征参数,结合 S2 计算结果,完成叶片造型设计;最后,利用三维计算分析软件,完成压气机三维数值计算,获得压气机特性及详细的三维流场特征。

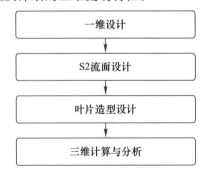

图 3.8 基于单设计点的压气机气动设计流程

采用基于单设计点的压气机气动设计方法,设计完成后压气机的几何形状也随之确定,然后针对发动机其他典型工作状态进行压气机性能评估。由于设计域只由设计点决定,其他典型工作状态不影响设计域,所以选取的设计参数很有可能难以满足所有典型工作状态的性能要求,这样就需要设计人员反过来重新进行设计。如何基于单设计点要求进行设计,得到兼顾所有典型工作状态性能要求的合适设计域,需要设计人员对压气机气动设计有很深的理解,而且带有很大的主观性,缺乏严格的科学判据,并有可能无法得到满足全疆域涡轴发动机所有典型工作状态性能要求的压气机设计方案。

3.2.1.2　基于多设计点的压气机气动设计方法

为满足面向全疆域使用的涡轴发动机设计对压气机部件的性能要求,本书提出了一种基于多设计点的压气机气动设计方法。设计时首先针对发动机所有典型工作状态,分析得到各个状态下对应的压气机相对换算转速,进而得到压气机相对换算转速变化范围,之后选取合适的两个相对换算转速对应的压气机性能要求作为两个设计点(分别记为设计点1和设计点2),并通过在设计过程中充分考虑这两个设计点的性能需求,从设计源头上兼顾这两个设计点对应换算转速下的压气机性能,进而保证压气机在这两个相对换算转速变化范围内具有较好的性能,最终实现压气机具有宽广的高效率区域。

基于以上思路,图3.9给出了该基于多设计点的压气机气动设计流程(图中白色底对应设计点1,灰色底对应设计点2),具体过程分为以下步骤:

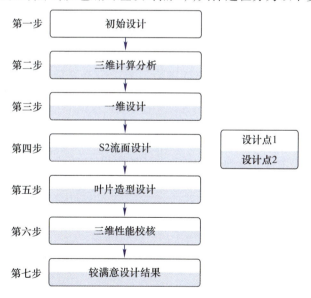

图3.9　基于多设计点的压气机气动设计流程

第一步:针对设计点 1 开展初始设计,包括一维设计、S2 流面设计、叶片造型设计。

第二步:针对两个设计点进行三维计算与分析。

第三步:针对两个设计点开展一维设计,具体做法是,根据初始设计得到的两个设计点的三维计算结果,获得设计点 1 和设计点 2 的一维关键设计参数,随后对设计点 1 的一维关键设计参数进行修改,并将修改后的相对变化百分比赋予设计点 2 的一维关键设计参数,得到设计点 2 的一维关键设计参数修改后的值,进一步得到两个设计点下的一维气动设计结果。该设计过程需要针对两个设计点,在一维气动参数均合理的前提下,提高压气机等熵效率。

第四步:针对两个设计点开展 S2 流面设计,具体做法是,同样基于初始设计得到的三维计算结果,获得设计点 1 和设计点 2 的 S2 流面设计参数(转子的压比和效率径向分布,静子的出口气流角和总压恢复系数径向分布),并整体平移两个设计点下各排叶片 S2 流面设计参数径向分布,使得两个设计点下各排叶片 S2 流面设计参数的平均值与上一步的设计结果对应参数值保持一致。随后对设计点 1 的各排转子压比和静子出口气流角进行修改,并将修改的相对变化百分比赋予设计点 2 的各排转子压比和静子出口气流角,得到设计点 2 的各排转子压比和静子出口气流角修改后的值,进一步得到两个设计点下的 S2 流面计算结果。该设计过程需要针对两个设计点,保证各排叶片气动参数径向分布合理。

第五步:针对两个设计点开展叶片造型设计,具体做法是,基于两个气动设计点的进口气流角和出口气流角,根据设计需要确定叶片最终的进口气流角和出口气流角,同时在攻角、落后角的选取过程中综合考虑两个设计点的气动性能,进而得到叶片的进口几何角和出口几何角,随后基于叶片的进口几何角和出口几何角进一步完成叶片造型设计。

第六步:针对两个设计点进行三维性能校核,若评估结果不够满意,则再次获取设计点 1 和设计点 2 的一维关键设计参数和 S2 流面设计参数,返回到上述过程(从第三步开始)进行迭代,直到得到较为满意的设计结果(第七步)。

某三级轴流压气机在 1.0、0.95、0.9 和 0.85 相对换算转速下均存在性能要求,表 3.4 给出了该压气机采用不同设计方法的性能对比,图 3.10 给出了该压气机采用不同设计方法的特性对比,图中红色曲线表示基于单设计点的设计方法,蓝色曲线表示基于多设计点的设计方法。采用基于多设计点的压气机气动设计方法时,分别选取 1.0 相对换算转速和 0.85 相对换算转速为设计点 1 和设计点 2。由图 3.10 可知,基于多设计点的压气机气动设计方法,该压气机具有更宽广的高效率区域。由表可知,与单设计点设计结果相比,基于多设计点的设计结果在 1.0 相对换算转速下性能略有降低,压气机无量纲效率降低 0.32%,喘振裕度降低 2.8%;但在其他换算转速下压气机性能均有不同程度的提升,其中在 0.95、0.9、0.85 相对换算转速下,压气机无量纲效率分别提高了 0.5%、1.5%、2.25%,喘振裕度分别提高了 1.8%、9%、12.2%。

表 3.4 某压气机采用不同设计方法的性能对比

参数		基于单设计点	基于多设计点
1.0 相对换算转速	无量纲压比	1.0002	1.0007
	无量纲效率	1.0035	1.0003
	喘振裕度	28.2%	25.4%
0.95 相对换算转速	无量纲压比	0.8948	0.8950
	无量纲效率	1.0084	1.0134
	喘振裕度	26.5%	28.3%
0.9 相对换算转速	无量纲压比	0.7878	0.7899
	无量纲效率	0.9983	1.0133
	喘振裕度	21.2%	30.2%
0.85 相对换算转速	无量纲压比	0.6875	0.6877
	无量纲效率	0.9791	1.0016
	喘振裕度	15.3%	27.5%

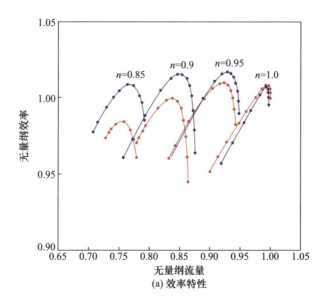

(a) 效率特性

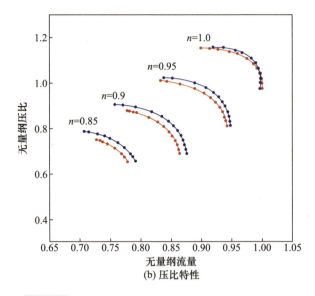

图 3.10　某压气机采用不同设计方法的特性对比

3.2.2　基于任意回转面造型的全三维叶片设计技术

为提升压气机在整个相对换算转速变化范围内的性能,除了采用基于多设计点的压气机设计方法外,本书还提出了一种基于任意回转面造型的全三维叶片设计技术,并充分运用该技术来有效提升压气机性能,下面将针对该设计技术进行介绍。

3.2.2.1　基于任意回转面造型的全三维叶片设计流程

基于任意回转面造型的全三维叶片设计方法可适用于任意叶轮机械叶片,图3.11给出了该设计方法的设计流程。首先,在任意子午流线回转面上进行任意中弧线造型,并叠加厚度分布后得到初步叶型;然后,通过叶片绕流计算方法计算出叶片吸力面和压力面的速度分布规律,通过不断迭代直到得出各回转面上的较优叶型;之后,通过引入微分几何中的康斯曲面模型对叶片任意三维曲面进行数学解析描述,并对叶片型面进行全曲率检查和曲面光顺,保证叶片型面光滑,最终获得用于三维数值计算的全三维叶片几何模型。

3.2.2.2　基于任意回转面的任意中弧线叶片设计

基于轴对称通流计算得到的子午流线回转面(任意回转面)的任意中弧线叶片设计,可以有效适应流道变化剧烈的压气机内部流动特点(如图3.12所示的第一级轴流转子和离心叶轮)。但与圆柱面造型和圆锥面造型不同,由于任意回转面是一个不可展曲面,因此无法在展开面上进行造型,相应地,在什么平

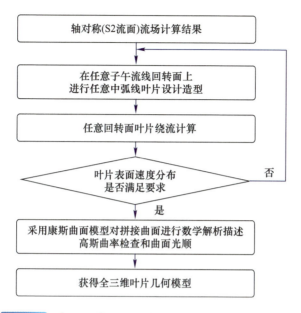

图 3.11　基于任意回转面造型的全三维叶片设计流程

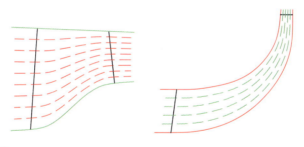

图 3.12　某压气机第一级轴流转子(左)及离心叶轮(右)流道示意图

面上进行叶片造型是任意回转面造型的首要问题。下面介绍如何从任意回转面转换至造型平面,首先令:

$$\begin{cases} x = m \\ y = r\theta - \int_0^l \theta (\mathrm{d}r/\mathrm{d}m) \mathrm{d}m \end{cases} \quad (3.64)$$

式中:x、y 分别为 $x-y$ 平面的横坐标和纵坐标,$x-y$ 平面就是子午流线回转面造型的转换平面;$\mathrm{d}r/\mathrm{d}m$ 值为子午流线的斜率;l 为叶片排内子午流线从叶片前缘到当地的长度。

对于 $x-y$ 平面上的任意一条曲线 $y(x)$,其斜率为 $\mathrm{d}y/\mathrm{d}x = r\mathrm{d}\theta/\mathrm{d}m$,根据叶片角的定义 $\tan\beta = r\mathrm{d}\theta/\mathrm{d}m$,因此 $\mathrm{d}y/\mathrm{d}x = \tan\beta$。由此可见,在转换平面上进行造

型可有效地保证子午流线回转面上的进/出口叶片角及沿子午流线的变化。同时,由式(3.64)可知:当 $dr/dm = 0$ 时,回转面是一个圆柱面,本方法便是圆柱面造型;$dr/dm =$ 常数时,回转面是一个圆锥面,本方法便是圆锥面造型。

之后,在转换平面(造型平面)开展叶片造型。常规叶片造型时,一般根据进口马赫数的大小,按照经验给定相应的叶片中弧线形式,如双圆弧、多圆弧、抛物线等。但随着叶片负荷水平和进口马赫数越来越高,常规叶片造型由于不能对叶片表面速度和载荷分布进行精细化设计,因此难以设计出高性能的压气机叶片。而任意中弧线设计方法则可以通过更改叶片角分布来调整气动速度分布和载荷分布,能有效控制激波的位置和强度,合理组织叶片通道内部流场,提升压气机性能。

下面介绍任意中弧线造型的方法。在给定叶片角 β 分布的情况下,叶型中弧线由以下方法求得

$$y = \int \tan\beta dx \tag{3.65}$$

得到叶型中弧线后,在中弧线的法向方向上叠加叶片厚度获得压力面和吸力面的型线,并添加前、尾缘小圆,即获得造型平面上的叶型,如图 3.13 和图 3.14 所示。

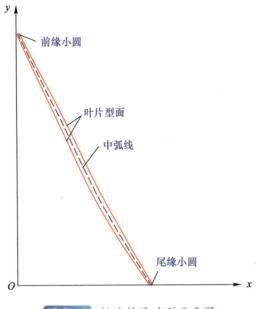

图 3.13 轴流转子叶型示意图

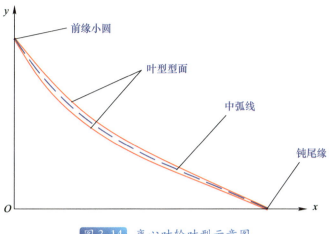

图 3.14　离心叶轮叶型示意图

在造型平面上完成叶片造型后,需要将叶型坐标再转换到子午流线回转面上。图 3.15 示意了 x–y 造型平面上任意一叶型型线 $y=y(x)$,由造型平面上的叶片造型给定。图 3.16 为轴对称流场计算子午流线形状,存在以下关系:

$$\begin{cases} r = r(z) \\ m = m(r,z) \end{cases} \quad (3.66)$$

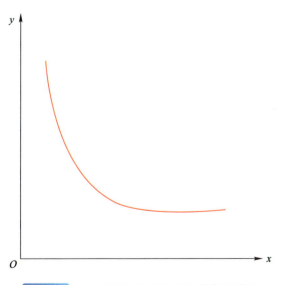

图 3.15　x–y 转换平面上叶型型线示意图

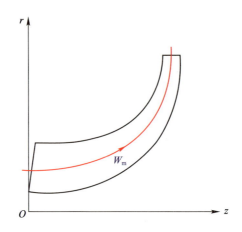

图 3.16　子午流线示意图(圆柱坐标系)

由式(3.66)可以确定 r 与子午流线 m 和轴向坐标 z 的对应关系,计算出各点的斜率 dr/dm;对于给定的曲线,由式(3.64),可求出 θ 值,进而得到圆柱坐标系下的坐标,并进一步可以得到直角坐标系下的坐标。

3.2.2.3　任意回转面叶片绕流计算

在获得任意子午流线回转面上的二维叶型后,需要判断所设计的叶型气动性能如何,因为沿叶片表面的速度梯度和压力梯度的大小,会直接决定着流动分离现象是否发生。因此,对于一个已经设计好的叶型,对其内部流动进行流场计算,将有助于我们有针对性地进行叶型改进设计。

为此,我们改进了叶片绕流计算快速近似法来对叶片表面速度分布进行计算,并根据得到的流场解对叶片的叶片角和厚度分布进行调整,最终迭代得出满足设计要求的二维叶型。下面简单介绍叶片绕流计算的快速近似方法。

由于叶片的流场基本均在跨声范围内,因而假设流场是有势、定常、等熵流,流场必须满足以下方程:

$$\begin{cases} \oint C dl = 0 \\ dI/dt = 0 \\ G/N = \int \rho \cdot W \cdot \cos\beta \cdot r \cdot dH \cdot d\theta \end{cases} \quad (3.67)$$

式中:C 为绝对速度;l 为从叶片前缘到当地的长度;I 为转子焓;G 为流量;N 为叶片数;ρ 为气流静密度;W 为相对速度;β 为气流角;H 为流片带厚度比值(无量纲,$H = h/h_T$,其中 h、h_T 详细定义见图 3.17);r、θ 为圆柱坐标系符号。

在叶轮内部流场中,取出如图 3.18 所示在子午方向长度为 dm,横跨叶片通道的流片带,在这个流片带内,相对速度在压、吸力面上,沿 dm 方向是不变的,因此将式(3.67)中的第一式用于此流片带中,有

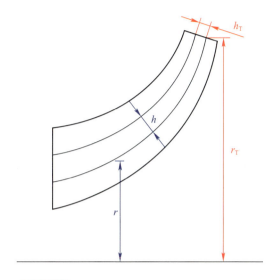

图 3.17 无量纲参数 R 与 H 的定义示意图

$$\oint C\mathrm{d}l = (Q + R \cdot Ma_\mathrm{T} \cdot \sin\beta)_\mathrm{p} \cdot \mathrm{d}m/\cos\beta_\mathrm{p} - (Q + R \cdot Ma_\mathrm{T} \cdot \sin\beta)_\mathrm{s} \cdot \mathrm{d}m/\cos\beta_\mathrm{s} +$$

$$\frac{\mathrm{d}}{\mathrm{d}m}[(R \cdot Ma_\mathrm{T} + Q_\theta)_\mathrm{av} \cdot R \cdot \Delta\theta]\mathrm{d}m = 0 \quad (3.68)$$

式中:Q 为回转面上的相对速度(无量纲,$Q = W/\sqrt{kR_\mathrm{g}T_0^*}$,其中 k 为绝热指数,R_g 为气体常数);R 为半径坐标(无量纲,$R = r/r_\mathrm{T}$,详细定义见图 3.17),r_T 为对应流线位置叶轮出口半径;$Ma_\mathrm{T} = \omega r_\mathrm{T}/\sqrt{kR_\mathrm{g}T_0^*}$ 为叶轮出口马赫数,其中 ω 为角速度;下标 p 表示压力面,下标 s 表示吸力面,下标 T 表示叶轮出口,下标 av 表示中心流线上的值,下标 0 表示进口滞止状态,下标 θ 表示周向分量。

$$\Delta\theta = \theta_\mathrm{s} - \theta_\mathrm{p} \quad (3.69)$$

$$Q_\theta = Q\sin\beta \quad (3.70)$$

将式(3.68)进行简化:

$$\frac{Q_\mathrm{p}}{\cos\beta_\mathrm{p}} - \frac{Q_\mathrm{s}}{\cos\beta_\mathrm{s}} + R \cdot Ma_\mathrm{T}(\tan\beta_\mathrm{p} - \tan\beta_\mathrm{s}) + \frac{\mathrm{d}}{\mathrm{d}m}[(R \cdot Ma_\mathrm{T} - Q_\mathrm{av}\sin\beta_\mathrm{av}) \cdot R \cdot \Delta\theta] = 0$$

$$(3.71)$$

在叶片槽道中,沿跨叶片方向,叶片压力面、吸力面存在以下关系式:

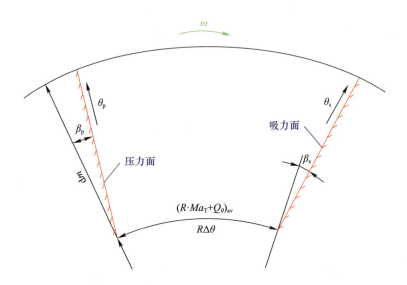

图3.18 回转面上叶片通道流片带

$$Q_p = 2Q_{av} - Q_s \quad (3.72)$$

$$\beta_{av} = (\beta_s + \beta_p)/2 \quad (3.73)$$

把式(3.72)代入式(3.71)化简有

$$Q_s = \frac{\cos\beta_s \cos\beta_p}{\cos\beta_s + \cos\beta_p} \cdot \left[\frac{2Q_{av}}{\cos\beta_p} + R \cdot Ma_T(\tan\beta_p - \tan\beta_s) + \frac{d}{dm}[(R \cdot Ma_T - Q_{av}\sin\beta_{av})R \cdot \Delta\theta] \right] = 0 \quad (3.74)$$

即可求出叶片吸力面速度。

将式(3.67)中的第三式用于叶片通道流片带,并进行离散化后有

$$\Delta G = \rho_{av} \cdot C_0 \cdot Q_{av} \cdot \cos\beta_{av} \cdot H \cdot h_T \cdot R \cdot r_T \cdot \Delta\theta \quad (3.75)$$

变形后有

$$Q_{av} = \psi / [(\rho_{av}/\rho_0) \cdot \cos\beta_{av} \cdot H \cdot R(\Delta\theta/\Delta\theta_T)] \quad (3.76)$$

式中:$\psi = 1/(\rho_0 C_0) \cdot \Delta G/(r_T h_T \Delta\theta_T)$。

式(3.76)中的密度比可根据由能量方程导出的关系式求得:

$$\rho_{av}/\rho_0 = \left\{ 1 + \frac{k-1}{2}[(R \cdot Ma_T)^2 - Q_{av}^2 - 2Ma_T \cdot \lambda_u] \right\}^{\frac{1}{k-1}} \quad (3.77)$$

在通道中整个计算过程就是采用式(3.76)和式(3.77)的迭代求得平均相对速度 Q_{av},前面已根据式(3.74)求出叶片吸力面速度,根据式(3.72)可求得压力面速度。

3.2.2.4 采用康斯曲面模型进行叶片曲面的拼接和光顺

在得到沿叶高不同回转面上较为理想的二维叶型后,下一步将面临如何得到一个比较光滑的三维叶片问题。由于压气机中的气流为逆压流动,且流场具有强烈的三维流动效应,叶片沿径向的不光顺也将会给压气机效率带来较大的影响,对于负荷较高的叶片,该类问题愈显突出。

常规生成叶片的方法是直接对各截面型面进行积叠,其结果往往会导致叶片沿径向不光顺,为了克服这些困难,通过引入微分几何中的康斯曲面模型对叶片任意三维曲面进行数学解析描述,并对叶片型面进行高斯曲率检查和曲面光顺,保证叶片型面光滑。

下面简要介绍康斯曲面模型对叶片任意三维曲面进行数学解析描述。

1) 曲面片的康斯描述

由空间三次样条曲线的性质,对于一个矢量函数 $r=r(t)$,在区间 $[t_0,t_n]$ 中的任意子区间 $[t_{i-1},t_i]$ 都满足下列条件:

$$\begin{cases} r(t_i)|_{\pm}=r(t_i)|_{\pm} \\ r'(t_i)|_{\pm}=\lambda_i r'(t_i)|_{\pm} \\ r''(t_i)|_{\pm}=\mu_i r''(t_i)|_{\pm} \end{cases} \tag{3.78}$$

式中:$\lambda_i \backslash \mu_i$ 为常数。

对于图 3.19 的网格,取横向网线节点坐标为 j,曲线参数为 u,纵向网线节点坐标为 i,曲线参数为 w,则横、纵向参数样条曲线分别以 S_{uj} 和 S_{wi} 表示,即

$$S_{uj}: r=F(u)MB_u(i) \quad (i=1,2,\cdots,\text{IN}) \tag{3.79}$$

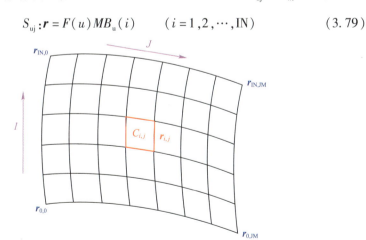

图 3.19 三维曲面网格示意图

$$S_{wi}: \boldsymbol{r} = F(w)MB_w(j) \qquad (j = 1, 2, \cdots, JM) \qquad (3.80)$$

式中

$$\begin{cases} \boldsymbol{F}(u) = \begin{bmatrix} u^3 & u^2 & u & 1 \end{bmatrix} & (u \in [0,1]) \\ \boldsymbol{F}(w) = \begin{bmatrix} w^3 & w^2 & w & 1 \end{bmatrix} & (w \in [0,1]) \end{cases}$$

$$\boldsymbol{M} = \begin{bmatrix} 2 & -2 & 1 & 1 \\ -3 & 3 & -2 & -1 \\ 0 & 0 & 1 & 0 \\ 1 & 0 & 0 & 0 \end{bmatrix}, \quad \boldsymbol{B}_u(i) = \begin{bmatrix} \boldsymbol{r}_{i-1,j} \\ \boldsymbol{r}_{i,j} \\ \dot{\boldsymbol{r}}_{i-1,j} \\ \dot{\boldsymbol{r}}_{i,j} \end{bmatrix}, \quad \boldsymbol{B}_w(j) = \begin{bmatrix} \boldsymbol{r}_{i,j-1} \\ \boldsymbol{r}_{i,j} \\ \boldsymbol{r}'_{i,j-1} \\ \dot{\boldsymbol{r}}'_{i,j} \end{bmatrix} \qquad (3.81)$$

列矩阵中: $\dot{\boldsymbol{r}} = \mathrm{d}\boldsymbol{r}/\mathrm{d}u, \boldsymbol{r}' = \mathrm{d}\boldsymbol{r}/\mathrm{d}w$ 其中 $\dot{\boldsymbol{r}}' = \partial^2 \boldsymbol{r}/\partial u \partial w$ 称为曲面角点的扭矢;对于图 3.20 中的任意曲面片 $C_{i,j}$,其形状都受到 4 个角点上 4 个参数的约束,见下式:

$$\boldsymbol{B}(i,j) = \begin{bmatrix} \boldsymbol{r}_{i,j-1} & \boldsymbol{r}_{i,j} & \boldsymbol{r}'_{i,j-1} & \boldsymbol{r}'_{i,j} \\ \boldsymbol{r}_{i-1,j-1} & \boldsymbol{r}_{i-1,j} & \boldsymbol{r}'_{i-1,j-1} & \boldsymbol{r}'_{i-1,j} \\ \dot{\boldsymbol{r}}_{i,j-1} & \dot{\boldsymbol{r}}_{i,j} & \dot{\boldsymbol{r}}'_{i,j-1} & \dot{\boldsymbol{r}}'_{i,j} \\ \dot{\boldsymbol{r}}_{i-1,j-1} & \dot{\boldsymbol{r}}_{i-1,j} & \dot{\boldsymbol{r}}'_{i-1,j-1} & \dot{\boldsymbol{r}}'_{i-1,j} \end{bmatrix} \qquad (3.82)$$

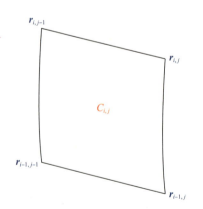

图 3.20 任意曲面片示意图

由于曲面片的边界线是空间三次参数样条曲线,所以由两边界线的直积,并注意到边界条件矩阵[式(3.82)],则曲面片的康斯方程可表示为

$$C_{i,j}: \boldsymbol{r}(u,w) = \boldsymbol{F}(u)\boldsymbol{M}\boldsymbol{B}(i,j)\boldsymbol{M}^{\mathrm{T}}\boldsymbol{F}(w)^{\mathrm{T}} \qquad (u \in [0,1], w \in [0,1])$$
(3.83)

2）曲面片的康斯法拼接原理

在曲面片的拼接上,对于边界有比参数样条更为光滑的条件,即在节点处,不仅满足两边两个方向上的切矢量平行条件,而且满足矢量相等的条件。

如图 3.21 所示,对于 $C_{i,j}$ 与 $C_{i+1,j}$ 两曲面片需满足：

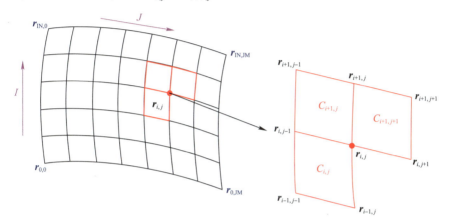

图 3.21 任意相邻曲面片示意图

（1）沿着 u 方向的导矢相等,即

$$\boldsymbol{r}_u(u,0)\big|_{\text{上}} = \boldsymbol{r}_u(u,1)\big|_{\text{下}}$$

（2）沿着 u 方向的二阶导矢相等,即

$$\boldsymbol{r}_{uu}(u,0)\big|_{\text{上}} = \boldsymbol{r}_{uu}(u,1)\big|_{\text{下}}$$

（3）跨界导矢相等,即

$$\boldsymbol{r}_w(u,0)\big|_{\text{上}} = \boldsymbol{r}_w(u,1)\big|_{\text{下}}$$

（4）扭矢相等,即

$$\boldsymbol{r}_{uw}(u,0)\big|_{\text{上}} = \boldsymbol{r}_{uw}(u,1)\big|_{\text{下}}$$

对于 $C_{i+1,j}$ 与 $C_{i+1,j+1}$ 两曲面片亦要满足：

（1）沿着 w 方向的导矢相等,即

$$\boldsymbol{r}_w(1,w)\big|_{\text{左}} = \boldsymbol{r}_w(0,w)\big|_{\text{右}}$$

（2）沿着 w 方向的二阶导矢相等,即

$$\boldsymbol{r}_{ww}(1,w)\big|_{\text{左}} = \boldsymbol{r}_{ww}(0,w)\big|_{\text{右}}$$

(3) 跨界导矢相等,即

$$\boldsymbol{r}_u(1,w)\big|_{\text{左}} = \boldsymbol{r}_u(0,w)\big|_{\text{右}}$$

(4) 扭矢相等,即

$$\boldsymbol{r}_{uw}(1,w)\big|_{\text{左}} = \boldsymbol{r}_{uw}(0,w)\big|_{\text{右}}$$

以上条件的满足,也可以经过式(3.83)进行验证,可保证曲面片连接的光滑性以及整个曲面的光滑性。

下面讨论边界条件矩阵中主元素的确定,在式(3.83)中,$\boldsymbol{M}$ 为常量矩阵,$\boldsymbol{F}(u)$、$\boldsymbol{F}(w)^{\mathrm{T}}$ 为变量行、列阵,要确定一块曲面片的方程,主要是要确定边界条件矩阵 $\boldsymbol{B}(i,j)$。由式(3.82)可知,当曲面的网格划分以后,矩阵 $\boldsymbol{B}(i,j)$ 中的节点矢量 $\boldsymbol{r}_{i,j}$ 为已知,需要确定的主要是导矢 $\dot{\boldsymbol{r}}_{i,j}$、$\boldsymbol{r}'_{i,j}$ 和扭矢 $\dot{\boldsymbol{r}}'_{i,j}$。

对于横向空间参数样条曲线,由式(3.78)的第三式和式(3.79),并注意到此处矢量相等,即 $\mu_i = 1$,故

$$\ddot{\boldsymbol{r}}_{i,j}\big|_{\text{左}} = \ddot{\boldsymbol{r}}_{i,j}\big|_{\text{右}}$$

在此:$\ddot{\boldsymbol{r}} = \partial^2 \boldsymbol{r}/\partial u^2$

$$\ddot{\boldsymbol{F}}(1)\boldsymbol{M}\boldsymbol{B}_u(i) = \ddot{\boldsymbol{F}}(0)\boldsymbol{M}\boldsymbol{B}_u(i+1) \tag{3.84}$$

由 $\ddot{\boldsymbol{F}}(u) = [6u \quad 2 \quad 0 \quad 0]$,可知:$\ddot{\boldsymbol{F}}(1) = [6 \quad 2 \quad 0 \quad 0]$,$\ddot{\boldsymbol{F}}(0) = [0 \quad 2 \quad 0 \quad 0]$。

则式(3.84)可写为

$$[6 \quad -6 \quad 2 \quad 4]\boldsymbol{B}_u(i) = [-6 \quad 6 \quad -4 \quad -2]\boldsymbol{B}_u(i+1) \tag{3.85}$$

将 $\boldsymbol{B}_u(i)$ 及 $\boldsymbol{B}_u(i+1)$ 代入式(3.85),并经过简单整理有

$$\dot{\boldsymbol{r}}_{i-1,j} + 4\dot{\boldsymbol{r}}_{i,j} + \dot{\boldsymbol{r}}_{i+1,j} = 3(\boldsymbol{r}_{i+1,j} - \boldsymbol{r}_{i-1,j}) \quad (i=0,1,2,3,\cdots,\text{IN}) \tag{3.86}$$

上式就是关于横向空间的三次参数样条曲线的三转角方程,同理可得对于纵向空间的三次参数样条曲线的三转角方程:

$$\boldsymbol{r}'_{i,j-1} + 4\boldsymbol{r}'_{i,j} + \boldsymbol{r}'_{i,j+1} = 3(\boldsymbol{r}_{i,j+1} - \boldsymbol{r}_{i,j-1}) \quad (j=0,1,2,3,\cdots,\text{JM}) \tag{3.87}$$

在式(3.86)和式(3.87)中,由于节点矢量 $\boldsymbol{r}_{i-1,j}$、$\boldsymbol{r}_{i,j}$ 和 $\boldsymbol{r}_{i+1,j}$ 为已知,当给定横向网线和纵向网线的端点边界条件后,可以求得所有横向节点和纵向节点处的导矢 $\dot{\boldsymbol{r}} = \mathrm{d}\boldsymbol{r}/\mathrm{d}u$ 和 $\boldsymbol{r}' = \mathrm{d}\boldsymbol{r}/\mathrm{d}w$。

下一步确定节点扭矢:$\dot{\boldsymbol{r}}' = \partial^2 \boldsymbol{r}/\partial u \partial w$,扭矢作为一个边界约束量,它有较强的灵活性,对于一定的几何曲面它直接影响其几何形状。对于图 3.21 中的 $C_{i+1,j}$ 与 $C_{i+1,j+1}$ 两曲面片,由左右跨界二阶连续条件:$\boldsymbol{r}_{uu}(1,w)\big|_{\text{左}} = \boldsymbol{r}_{uu}(0,w)\big|_{\text{右}}$ 可得

$$\boldsymbol{F}''(1)\boldsymbol{M}\boldsymbol{B}_u(i+1,j)\boldsymbol{M}^{\mathrm{T}}\boldsymbol{F}(w)^{\mathrm{T}} = \boldsymbol{F}''(0)\boldsymbol{M}\boldsymbol{B}_u(i+1,j+1)\boldsymbol{M}^{\mathrm{T}}\boldsymbol{F}(w)^{\mathrm{T}} \tag{3.88}$$

即
$$F''(1)\boldsymbol{MB}_u(i+1,j) = F''(0)\boldsymbol{MB}_u(i+1,j+1) \tag{3.89}$$

将 $\boldsymbol{B}_u$ 边界矩阵代入等号两边的行矩阵等价于四组对应元素相等，得到横向网线跨界二阶连续条件：

$$\dot{\boldsymbol{r}}'_{i,j-1} + 4\dot{\boldsymbol{r}}'_{i,j} + \dot{\boldsymbol{r}}'_{i,j+1} = 3(\boldsymbol{r}'_{i,j+1} - \boldsymbol{r}'_{i,j-1}) \quad (i=0,1,2,3,\cdots,\text{IN}) \tag{3.90}$$

同理可得纵向网线跨界二阶连续条件：

$$\dot{\boldsymbol{r}}'_{i-1,j} + 4\dot{\boldsymbol{r}}'_{i,j} + \dot{\boldsymbol{r}}'_{i+1,j} = 3(\boldsymbol{r}_{i+1,j} - \boldsymbol{r}_{i-1,j}) \quad (j=0,1,2,3,\cdots,\text{JM}) \tag{3.91}$$

用式(3.90)和式(3.91)并给出端点条件，即可求得整个曲面节点处的扭矢。

3) 曲面高斯曲率检查

在完成康斯曲面插值后，我们可以通过在任意点的高斯曲率，来判断曲面的凹凸性。首先解释一下什么是高斯曲率。通过曲面 S 上的任一点 P，作垂直于切平面的法线 P_n。通过法线 P_n 可以作无穷多个法截面，法截面与曲面 S 相交可获得许多曲线，这些曲线在 P 点处的曲率称为法曲率，用 k_n 表示。在 P 点处的所有法曲率中，有两个取极值的曲率称为 P 点主曲率，用 k_1 和 k_2 表示，且两个主曲率是正交的，对应于主曲率的曲率半径分别用 R_1 和 R_2 表示，它们之间的关系为 $k_1 = 1/R_1, k_2 = 1/R_2$，曲面的两个主曲率之积为曲面在该点的高斯曲率，用 K 表示：

$$K = k_1 k_2 = 1/(R_1 R_2) \tag{3.92}$$

高斯曲率实际反映的是曲面的弯曲程度，可作为分析曲面造型内部曲面质量和连接情况的主要依据。当曲面的高斯曲率的变化比较大比较快的时候，意味着曲面的光滑程度降低，而两个连接的小曲面片如果在公共边界上的高斯曲率发生突变就表示两个曲面片的高斯曲率并不连续，通常也叫曲率不连续。这里简要介绍一下高斯曲率的求法：

对于曲面 S：$r = r(u,w)$ 的微分 $\mathrm{d}r$，由全微分公式：$\mathrm{d}r = r_u \mathrm{d}u + r_w \mathrm{d}w$ 可得

$$(\mathrm{d}r)^2 = (r_u \mathrm{d}u + r_w \mathrm{d}w)^2 = r_u \cdot r_u \mathrm{d}u^2 + 2 r_u \cdot r_w \mathrm{d}u \mathrm{d}w + r_w \cdot r_w \mathrm{d}w^2 \tag{3.93}$$

令 $E = r_u \cdot r_u, F = r_u \cdot r_w, G = r_w \cdot r_w$，则称

$$I = (\mathrm{d}r)^2 = E \mathrm{d}u^2 + 2F \mathrm{d}u \mathrm{d}w + G \mathrm{d}w^2 \tag{3.94}$$

为曲面 S 的第一基本形式。式(3.94)中的 E、F、G 称为第一基本量。

对于同一个曲面 S：$r = r(u,w)$，有

$$n = (r_u \times r_w)/|r_u \times r_w| = (r_u \times r_w)/\sqrt{r_u^2 r_w^2 - (r_u \cdot r_w)^2} = (r_u \times r_w)/\sqrt{EG - F^2}$$

是它的单位法矢量,则

$$n \cdot (\mathrm{d}r)^2 = n \cdot r_{uu}\mathrm{d}u^2 + n \cdot 2r_{uw}\mathrm{d}u\mathrm{d}w + n \cdot r_{ww}\mathrm{d}w^2 \quad (3.95)$$

令 $L = n \cdot r_{uu}, M = n \cdot r_{uw}, N = n \cdot r_{ww}$,则称

$$\mathrm{II} = n \cdot (\mathrm{d}r)^2 = L\mathrm{d}u^2 + 2M\mathrm{d}u\mathrm{d}w + N\mathrm{d}w^2 \quad (3.96)$$

为曲面 S 的第二基本形式。式(3.96)中的 L、M、N 称为第二基本量。

由于曲面 S 在 P 点关于主方向 $(\mathrm{d}u,\mathrm{d}w)$ 上的法曲率为

$$k = \mathrm{II}/\mathrm{I} = (L\mathrm{d}u^2 + 2M\mathrm{d}u\mathrm{d}w + N\mathrm{d}w^2)/(E\mathrm{d}u^2 + 2F\mathrm{d}u\mathrm{d}w + G\mathrm{d}w^2) \quad (3.97)$$

当曲率 k 取得极值 k_1 和 k_2 的时候,$(\mathrm{d}u,\mathrm{d}w)$ 就是主方向,这时的曲率 k_1 和 k_2 就是主曲率,它们的乘积 k_1k_2 称为曲面在这一点的高斯曲率,要使 k 达到极值,则需要:

$$\begin{cases} \partial k/\partial u = 0 \\ \partial k/\partial w = 0 \end{cases} \quad (3.98)$$

可得到取得极值所满足的方程:

$$\begin{cases} (L - kE)\mathrm{d}u + (M - kF)\mathrm{d}w = 0 \\ (M - kF)\mathrm{d}u + (N - kG)\mathrm{d}w = 0 \end{cases} \quad (3.99)$$

方程组(3.99)消去 $\mathrm{d}u$ 和 $\mathrm{d}w$,则得到带主曲率的计算公式:

$$\begin{vmatrix} L - kE & M - kF \\ M - kF & N - kG \end{vmatrix} = 0 \quad (3.100)$$

即

$$(EG - F^2)k^2 - (LG - 2MF + NE)k + (LN - M^2) = 0 \quad (3.101)$$

由式(3.101)解得高斯曲率为

$$\begin{aligned}
k_1k_2 &= \frac{LN - M^2}{EG - F^2} = \frac{(n \cdot r_{uu})(n \cdot r_{ww}) - (n \cdot r_{uw})^2}{r_u^2 r_w^2 - (r_u \cdot r_w)^2} \\
&= \frac{(r_{uu}, r_u, r_w)(r_{ww}, r_u, r_w) - (r_{uw}, r_u, r_w)^2}{[r_u^2 r_w^2 - (r_u \cdot r_w)^2][r_u^2 r_w^2 - (r_u \cdot r_w)^2]} \\
&= \frac{(r_u r_w r_{uu})(r_u r_w r_{ww}) - (r_u r_w r_{uw})^2}{[r_u^2 r_w^2 - (r_u \cdot r_w)^2][r_u^2 r_w^2 - (r_u \cdot r_w)^2]} \\
&= \frac{(r'\dot{r}r'')(r'\dot{r}\ddot{r}) - (r'\dot{r}\dot{r})^2}{[r'^2\dot{r}^2 - (r'\dot{r})^2]^2}
\end{aligned} \quad (3.102)$$

式中：$r' = \partial r/\partial u$；$\dot{r} = \partial r/\partial w$；$r'' = \partial^2 r/\partial^2 u$；$\ddot{r} = \partial^2 r/\partial^2 w$；$\dot{r}' = \partial^2 r/\partial u \partial w$。

在叶片进行康斯曲面拟合插值后，通过高斯曲率检查发现其中高斯曲率变化较大的区域，然后针对该区域进行点对点交互设计，使得叶片变得更加光顺。例如，图 3.22(a) 给出了某轴流转子调整前吸力面高斯曲率分布，图中不同颜色代表不同的高斯曲率值，由图可知，黑色圆圈区域高斯曲率变化较大；之后针对该区域进行调整，图 3.22(b) 给出了调整后的吸力面高斯曲率分布，对比图 3.22(a) 可知，该区域叶片型面的光滑性得到明显提升。图 3.23 给出了该轴流转子调整前后吸力面静压分布云图，图中不同颜色代表不同的静压值，由图可知，高斯曲率变化较大的黑色圆圈区域静压分布存在明显的不连续，由于该区域叶片型面在调整后更加光滑，相应的流动更加合理。

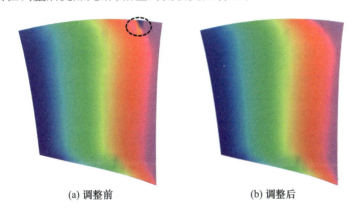

(a) 调整前　　　　　　(b) 调整后

图 3.22　某轴流转子调整前后吸力面高斯曲率分布

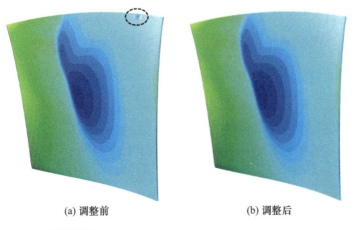

(a) 调整前　　　　　　(b) 调整后

图 3.23　某轴流转子调整前后吸力面静压分布

3.3 宽广空域燃烧室设计技术

全疆域使用的航空发动机由于其面临的环境更加复杂多变,进而对燃烧室的设计提出了更加苛刻的要求。燃烧室需要考虑高原高温条件下由于燃油流量大幅减小、燃油雾化变差而导致的燃烧性能恶化问题,高温高原、高温海洋环境下的燃油喷嘴结焦积炭问题,高温高原、高温海洋环境下燃烧室需具备长时间在高热负荷状态下工作而导致火焰筒壁温过高问题,以及高原高寒及暴雨环境下的燃烧室稳定燃烧问题等。

3.3.1 宽广空域条件下燃烧室总体性能设计方法

考虑到全疆域使用的航空发动机工作环境差异很大,为满足发动机所有典型工作状态下对燃烧室的总体要求,本书总结了全疆域使用宽广空域条件下发动机燃烧室的总体性能设计过程如下:

(1) 发动机总体给出发动机全疆域工作包线中的燃烧室稳态最大、最小油气比(最大温升)状态,最大、最小出口温度状态,最大、最小进口温度状态,最大、最小空气流量状态,最大、最小进口压力状态,最大、最小燃油流量状态以及工作过程中的常用工作状态等状态的性能参数,并提出如燃烧效率、总压损失、出口温度分布、点熄火性能、污染排放以及循环寿命等要求;

(2) 选取燃烧室最大状态作为燃烧室的设计点进行性能初步设计,并对其他状态进行性能校核计算;

(3) 根据全疆域发动机工作包线所需的燃油流量进行燃油喷嘴设计,选取点火状态燃油流量评估燃油雾化质量,同时选取高进口温度、小燃油流量的状态,评估燃油喷嘴的雾化性能以及结焦积炭可能性,根据评估结果对燃油喷嘴设计进行修改;

(4) 针对发动机全疆域的使用要求,选取高原、极寒点火状态和高空最严苛点火状态进行点火设计评估,根据评估结果修改火焰筒体积设计、燃油雾化设计、点火系统设计和供油规律设计等;

(5) 选取全疆域发动机工作包线中的最小工作状态(如高空左边界)进行熄火设计评估,根据评估结果修改燃烧室的流量分配、燃油雾化、火焰筒结构和供油控制规律等;

(6) 选取全疆域发动机工作包线中燃烧室的最大气动热力状态和高原热天起飞状态进行火焰筒冷却设计评估,根据评估结果修改火焰筒的冷却流量分配和冷却设计;

(7) 针对全疆域发动机适海性的要求,分析评估高闪点燃油对极端条件下的点火、熄火、排气冒烟和燃油喷嘴积炭的影响,根据评估结果修改燃烧室设计;

(8) 针对全疆域发动机环境适应性的要求,分析评估沙尘环境、湿热环境和盐雾环境等对燃烧室性能的影响,根据评估结果修改燃烧室选材及结构设计。

3.3.2 宽广空域条件下均匀化火焰筒壁温设计技术

全疆域涡轴发动机需具备长时间在高温高原和高温海洋环境下工作的能力,而对于吸气式涡轴发动机在上述环境下功率会迅速衰减,为维持发动机足够的功率输出,燃烧室需要长时间工作在高热负荷状态下。此时,燃烧室的空气流量小,进口空气温度高,燃烧室出口燃气温度接近涡轮的限制温度,使火焰筒的冷却潜力下降,火焰筒壁温升高,影响燃烧室特别是火焰筒的寿命。相关研究表明,在高温高原环境下使用的火焰筒寿命仅为典型平原使用的一半左右。因此针对全疆域涡轴发动机燃烧室需要相对更多的冷却气流量、更优异的火焰筒冷却设计,使火焰筒在特殊环境下也能够长时间可靠运行。

目前燃烧室中主要应用的火焰筒冷却技术有:①气膜冷却技术;②冲击气膜冷却技术;③发散冷却技术;④Z形环冷却技术;⑤双层壁冷却技术;⑥层板冷却技术等。由于涡轴发动机采用的回流燃烧室普遍流量较小,尺寸效应明显,考虑到结构复杂性和成本等问题,机加环气膜冷却、发散冷却、Z形环冷却等冷却方式在中小型航空发动机燃烧室中得到了广泛应用。如RTM390主要采用了机加环气膜冷却设计,T800主要采用了全发散冷却设计,而在PW150中则广泛采用了Z形环冷却设计,见图3.24。

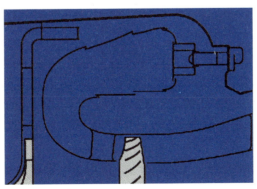

(a) 机加环气膜冷却(MTR390)

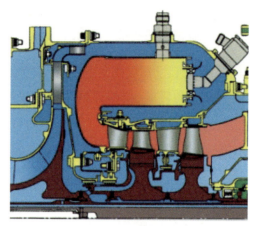

(b) 全发散冷却(T800)

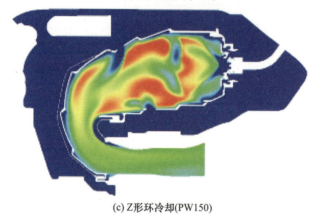

(c) Z形环冷却(PW150)

图 3.24 几种典型的回流燃烧室火焰筒冷却方式

此外,随着燃烧室温升的提高,冲击气膜和冲击发散等双层壁冷却方式在中小发燃烧室中开始得到应用见图 3.25。Z形环冷却、发散冷却和双层壁冷却是冷却效率较高的冷却方式,但需要关注全疆域涡轴发动机在沙尘环境下的燃烧室冷却孔堵塞问题,特别是双层壁结构存在两层排布不同的复杂小孔结构,异物堵塞小孔造成冷却结构失效的情况必须考虑。

针对全疆域涡轴发动机燃烧室长时间高热负荷工作条件下的火焰筒冷却设计问题,为尽可能降低火焰筒壁面温度,改善火焰筒壁面温度分布的均匀性,可采取以下方法:

(1) 适当提高火焰筒的冷却气流量分配比例。在满足燃烧室性能的前提下,适当提高火焰筒的冷却气流量分配比例,并根据火焰筒壁温分布特点,优化火焰筒各部位的冷却气分配设计,为火焰筒冷却设计提供足够的设计裕度。

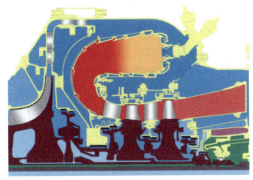

(a) 冲击气膜冷却

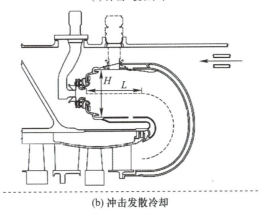

(b) 冲击发散冷却

图 3.25 回流燃烧室双层壁冷却方式

（2）优化设计火焰筒头部冷却结构。通过精确控制冷却火焰筒头部导流板的冷却气流动方向：一方面实现对导流板的充分冷却，保护头部，避免裂纹和烧蚀；另一方面，充分利用导流板冷却气的冷却潜力，继续冷却内外环壁面，提高冷却利用率，如图 3.26 所示。

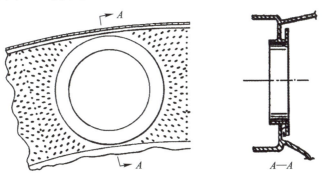

图 3.26 火焰筒头部冷却设计

(3) 在火焰筒筒体上采用起始气膜槽强化冷却与高效发散冷却相匹配的冷却技术方案。一方面，利用气膜槽冷却弥补发散冷却起始处冷却效率低、壁温高的问题；另一方面，利用多斜孔发散冷却气膜覆盖好、冷效高和壁温梯度小的特点，从而实现火焰筒筒体壁温的均匀分布，如图 3.27 所示。同时，考虑到沙尘环境下的使用问题，需要精细控制发散孔的开孔孔径和角度等参数。

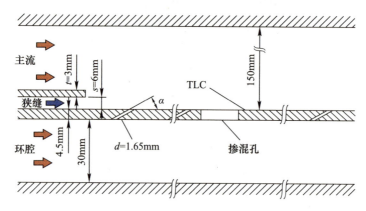

图 3.27　气膜槽与发散冷却匹配设计

(4) 在大弯管处采用低压降发散壁的大弯管双层壁冷却方式。由于大弯管在沙尘环境下气膜孔堵塞的概率低，而冲击+发散的双层壁冷却方式是目前最高效的冷却方式之一，因此，为减少冷却气量，实现壁温的均匀分布，在大弯管处采取双层壁冷却方式成为可能。使用这种冷却方式后，能实现冷却气量减少 40% 以上。图 3.28 为大弯管双层壁冷却设计。

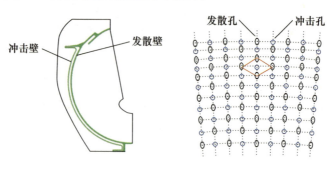

图 3.28　大弯管双层壁冷却设计

(5) 在火焰筒壁面喷涂热防护涂层。火焰筒冷却设计主要作用是在燃气和火焰筒壁面之间形成气膜，降低燃气对火焰筒壁面的对流换热或通过冲击或多孔结构强化换热。由火焰筒冷却原理分析可知，对流、热传导和热辐射是导致火焰筒壁温升高的主要原因,为进一步提高火焰筒热防护能力,在火焰筒上还采用了喷涂热障涂层和石墨烯涂层的措施。热障涂层是将耐高温、低导热、抗腐蚀的陶瓷材料以涂层的形式与基体合金相复合,以降低金属热端部件表面温度、提高基体合金抗高温氧化腐蚀性能的一种热防护技术,0.4mm厚涂层能使基体温度降低65℃左右。而石墨烯涂层可以提高壁面温度传导,降低导流板局部热点温度,减缓裂纹和烧蚀的发生,有研究结果表明喷涂石墨烯涂层后能实现火焰筒壁温梯度降低12%。图3.29为热障涂层和石墨烯涂层。

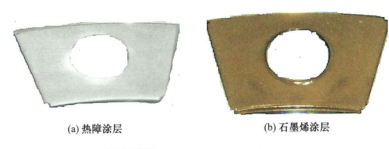

(a) 热障涂层　　　　　　　(b) 石墨烯涂层

图 3.29　热障涂层和石墨烯涂层

此外,陶瓷基复合材料是解决高性能长寿命涡轴发动机燃烧室的重要途径之一,有研究表明陶瓷基复合材料相比常规气膜冷却能够减少80%以上的冷却气量,同时火焰筒壁温降低13%,冷却效果改善很明显。

3.3.3　宽广空域条件下燃油喷嘴防积炭设计方法

当航空发动机长时间工作在高温高原环境下时,燃烧室的进口温度高、火焰筒内热负荷大,而此时燃油流量小、燃油流速低,燃油喷嘴流道内的燃油换热能力急剧恶化,燃油喷嘴积炭的风险会迅速增大。当燃烧室中发生积炭特别是燃油喷嘴结焦积炭严重时,将导致燃油喷嘴和涡流器通道出现堵塞,造成燃油喷嘴喷雾特性恶化,燃油在火焰筒内散布不均匀,严重偏离设计值,进而会导致燃烧室出口温度场恶化、点火性能衰退和火焰筒烧蚀等严重威胁整机安全的燃烧室故障。

为改善燃油喷嘴的积炭问题,最主要措施就是尽可能降低燃油喷嘴的壁面温度,减少燃烧室进口高温气流对喷嘴燃油湿壁的传热,降低燃油在喷嘴内的温升,避免因燃油温度过高而产生结焦。目前针对燃油喷嘴积炭问题主要有两种解决途径:①减少燃油在喷嘴内的停留时间;②减小热空气通过喷嘴流道壁传给燃油的热流量。第一种途径是合理设计喷嘴上油路的流道直径,流道面积减小则流速加快,停留时间减少,但太小的流道将增加流阻,影响喷嘴的流量特性。第二种途径是对喷嘴采取隔热措施。目前在发动机上采取的隔热措施主要是在喷嘴体外增加薄壁隔热套结构,或在流道内设置隔热管,依靠喷嘴壳体与隔热套或隔热管之间的空气间隙增加热阻,减小空气通过喷嘴体传导的热流量。如美国的 F404 采用内外屏蔽的结构形式(图 3.30),波音飞机使用的 PW4000 系列发动机燃油喷嘴也采用了内外屏蔽结构。英国罗尔斯·罗伊斯公司的 T56 – A – 15 燃烧室为了减少燃油喷嘴的积炭,在燃油喷嘴中设计了一种喷嘴吹积炭结构,并在喷嘴端面进行了开孔设计以吹除积炭(图 3.31)。

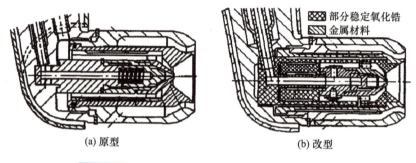

图 3.30　F404 发动机燃烧室喷嘴改进前后对比

图 3.31　T56 – A – 15 发动机燃油喷嘴吹积炭结构

美国通用电气公司曾对燃油喷嘴积炭问题开展过专门的研究,共设计了 9 种不同的涡流器结构,其研究结果表明影响涡流器文氏管积炭的几个重要设计参数为:一级涡流器出口到文氏管喉道的距离、文氏管喉道直径和一级涡流器与文氏管喉道面积比。

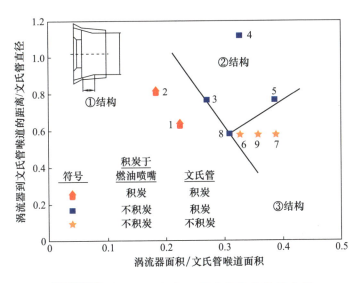

图3.32 美国通用电气公司的防积炭设计准则

图3.33和图3.34展示几种典型的燃油喷嘴防积炭设计结构,其燃油喷嘴防积炭设计的技术途径主要有两种:①在燃油喷嘴外围设计喷嘴吹积炭结构,并在喷口外围较窄的环形通道流出,形成高速射流,从而达到保护燃油喷嘴、吹除积炭的目的;②在涡流器上设计吹积炭气膜孔,使燃油喷嘴下游形成一圈包裹的高速射流,喷向文氏管内表面形成冷气边界层,减少燃油撞击文氏管内表面形成积炭。

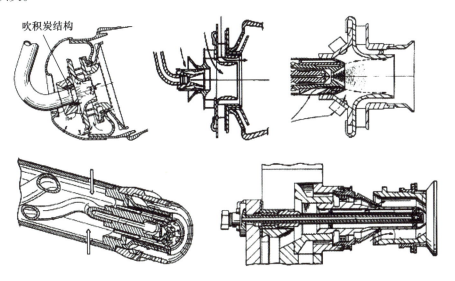

图3.33 几种美国通用电气公司燃油喷嘴防积炭设计专利

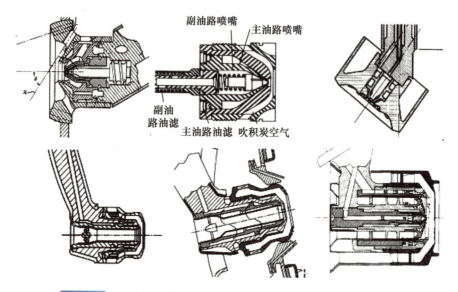

图 3.34 几种普莱特·惠特尼公司燃油喷嘴防积炭设计专利

3.3.4 宽广空域条件下稳定燃烧设计方法

在航空发动机燃烧室中稳定燃烧中的"稳定"指的是不要熄火,燃烧室熄火会对航空发动机造成重大的安全隐患。在航空发动机燃烧室中主要有以下情况存在熄火的风险:①慢车贫油熄火,包括地面慢车状态的贫油熄火及空中慢车状态的贫油熄火。对于全疆域设计的涡轴发动机,燃烧室需要特别关注高原高寒条件的地面慢车贫油熄火性能和高空左边界的贫油熄火性能;②吞入大气中的液态水可能导致熄火。对于军用涡轴发动机需保证空气中含水质量达到总空气流量的 5% 而不会熄火,对于民用发动机要求在 30% 工况下,燃烧室吸入水量在燃油流量的 5 倍以上时,保证燃烧室不熄火;③吞入火药气体可能导致熄火。军用航空发动机需保证吞入规定的火药气体后不会发生熄火。图 3.35 给出了某型回流燃烧室吞水量对燃烧室进口空气温度的影响,由于吞入的水会吸收高温空气热量,可以看出不同状态下随着燃烧室吞水量的增加,燃烧室进口温度近似线性降低。图 3.36 为吞水量对燃烧室燃烧效率的影响,可以看出吞水量对地面慢车以上大状态的影响很小,但对地面慢车状态的燃烧效率影响明显,当吞水量达到 5% 左右,燃烧室燃烧效率从 99.3% 下降到 97.2%。图 3.37 为吞水量对燃烧室地面慢车熄火性能的影响,可以看出随着吞水量的增加,燃烧室地面慢车熄火油气比呈现升高的趋势。当燃烧室吞水量达到 5% 左右,地面慢车状态燃烧室熄火油气比从 0.0045 升高到 0.0065,熄火油气比增加了 44.4%,燃烧室地面慢车熄火边界明显变窄。因此,在进行全疆域航空发动机燃烧室设计时不仅需要考虑空域变化(如从平原环境到高原高寒环境的变化)对燃烧室熄火性能的影响,而且还需要考虑气象变化对燃烧室熄火性能的影响。

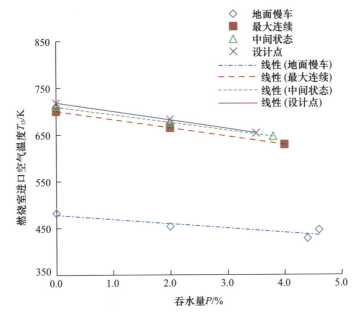

图 3.35 吞水量对燃烧室进口空气温度的影响

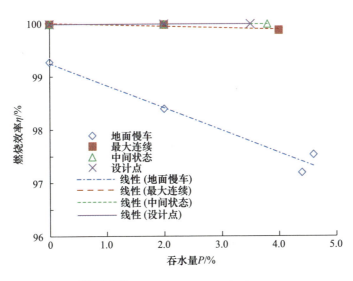

图 3.36 吞水量对燃烧效率的影响

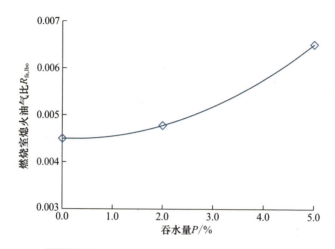

图 3.37 吞水量对燃烧室熄火油气比的影响

燃烧室的熄火有贫油熄火和富油熄火,由于富油熄火边界较宽,发动机正常工作时不会出现富油熄火,因此主要关注的是燃烧室贫油熄火性能。燃烧室的慢车贫油熄火边界主要和发动机的加减速特性相关,特别是减速特性,燃烧室需要有足够的贫油熄火裕度保证发动机在从最大状态迅速减油到慢车状态时燃烧室不发生熄火。当涡轴发动机快速减油时,燃油控制系统迅速响应而转子由于惯性则会存在相对的滞后,空气流量下降相对较慢,此时燃烧室的油气比会远低于稳定工作时的油气比,特别是在高原高寒或是高空急收油门时,由于温度压力低,燃烧室的熄火风险更大。因此,对于全疆域设计的航空发动机燃烧室需要更大的贫油熄火裕度。一般而言,慢车状态贫油熄火油气比比慢车状态的稳定工作油气比低 50% 就可满足要求,而全疆域设计的涡轴发动机燃烧室则要求其贫油熄火裕度达到 50% 以上,才能留有足够的裕度,保证在各种极端恶劣的条件下不会发生因快速减油而熄火。

为满足全疆域涡轴发动机对燃烧室在高空、高原、高寒以及暴雨等复杂条件下可靠稳定工作的要求,保证燃烧室在低温少氧等环境下有足够的熄火裕度。本书通过分析影响燃烧室熄火的主要因素,提出了一种宽广空域条件下燃烧室稳定燃烧的设计方法,如图 3.38 所示。具体的过程如下:

(1) 根据燃烧室熄火设计与整机可靠工作边界的关系由总体匹配出全包线范围内不同高度、进气温度条件下的典型最小稳定工作状态点(如图 3.39 中存在的各种拐点状态)。

(2) 根据总体给出的极限稳定工作状态计算燃烧室的载荷参数,评估燃烧室的燃烧效率。为保证燃烧室在最小稳定工作状态下能可靠稳定燃烧,可通过

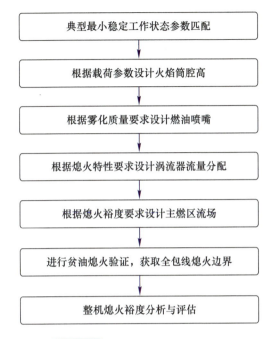

图 3.38 燃烧室熄火设计流程

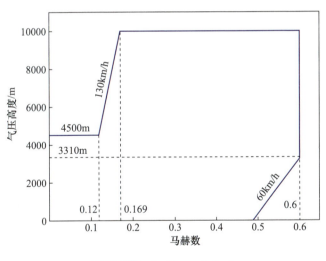

图 3.39 发动机工作包线

适当增大火焰筒腔高,从而增大燃烧区容积,降低火焰筒参考速度,减小燃烧室载荷参数的措施来提高燃烧效率。

(3) 根据燃烧室最小稳定工作状态下的燃油流量并考虑燃烧室的熄火裕度计算分析燃油喷嘴的雾化质量,评估不同类型喷嘴的雾化粒径是否满足熄火裕度的要求,从而完成燃油喷嘴设计。对于某全疆域设计的回流燃烧室,考虑熄火裕度后单油路喷嘴的雾化粒径达到 200μm 以上,燃油雾化质量很差,燃烧效率很难满足要求,而采用双油路离心喷嘴后由于在最小稳定工作状态下仅副油路工作,燃油雾化质量极大改善,燃油雾化粒径仅为单油路的 1/4 左右,能够有效提高燃烧效率,拓宽燃烧室的贫油熄火边界。

(4) 根据涡流器的贫油熄火特性确定涡流器的流量分配。由于全疆域涡轴发动机的熄火要求更苛刻,可适当减小涡流器的流量分配比例,使涡流器的当量比增大,从而为涡流器提供足够的熄火裕度。

(5) 从高效燃烧的角度考虑需要在主燃区流场设计方面采取措施扩大回流区容积,提高主燃区回流量。一方面可适当增大主燃孔的轴向距离以增大主燃区容积,另一方面可通过涡流器出口流场和主燃孔的匹配设计来提高主燃区回流量。

(6) 对不同飞行高度、不同飞行马赫数和不同温度下的燃烧室贫油熄火性能进行研究,获得在全疆域工作范围内的熄火边界(图 3.40)。

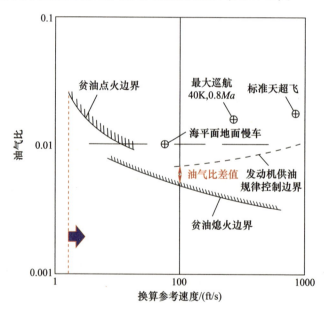

图 3.40　燃烧室贫油熄火边界(1ft(英尺)≈0.305m)

图 3.41 为采用上述燃烧室熄火设计方法后获得的某回流燃烧室地面慢车和空中慢车状态下燃烧室贫油熄火边界。该型燃烧室的地面慢车和空中慢车状态的贫油熄火裕度达到 80% 左右,远高于一般要求的 50%,可以很好满足全疆域涡轴发动机的使用。

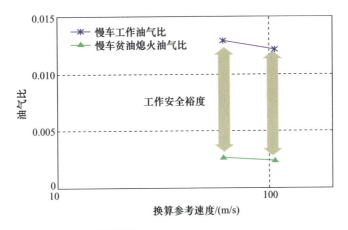

图 3.41 燃烧室贫油熄火边界

3.4 高性能高温无冷却燃气涡轮设计技术

通过前面分析可知,在综合考虑各方面因素条件下,全疆域发动机适合选择中等热力循环参数。此时,发动机可采用无冷却高温燃气涡轮构型,进而保证全疆域涡轴发动机涡轮部件在重沙环境下安全可靠工作。但涡轮前燃气总温是航空涡轮发动机的重要参数之一,对发动机功重比影响明显,而目前国内使用较多的第二代镍基单晶高温合金可在 1100℃ 左右长期工作。因此,全疆域发动机对燃气涡轮部件的要求在于:如何在涡轮工作叶片不冷却的前提下,尽可能提高涡轮前燃气总温,并保持燃气涡轮高效工作。针对上述要求,本小节主要介绍涡轮低维度设计温度控制技术、燃烧室出口温度寻优设计技术、工作叶片叶尖凹槽设计技术、涡轮导向器设计技术和涡轮叶片粗糙度的控制技术。

3.4.1 涡轮低维度设计温度控制技术

在涡轮低维度设计前,先简要介绍一下反力度的概念。和压气机中的反力度概念类似,燃气气流流过涡轮级时在导叶和动叶中气流都会膨胀,则在导叶和动叶之间的膨胀比分配存在一个比例,反力度就是用来衡量燃气在动叶中的膨胀占涡轮级总膨胀功的百分比的参数。反力度是涡轮设计中的一个重要参数,它会影响涡轮作功能力和能量转换效率。在同样的膨胀比情况下,反力度小则导叶出口马赫数高,反之则导叶出口马赫数低。在涡轮设计中,反力度一般控制在 0.45~0.55 之间,这样涡轮导叶和动叶内的马赫数不会过高,涡轮导叶和动叶的转折角不致于过大,进而影响涡轮效率。

涡轮工作时叶片高速旋转,工作叶片感受的温度既不是燃气的温度,也不是燃气的总温(滞止温度),而是旋转坐标系下的燃气温度。转子进口相对温度的计算公式:

$$T_{W2} = T_1 + (W_1^2/2)/C_P \tag{3.103}$$

其中

$$T_1 = T_1^* / [1 + M_{C1}^2 \times (k-1)/2] \tag{3.104}$$

$$W_1 = (C_{1a}^2 + W_{1u}^2)^{0.5} \tag{3.105}$$

式中:W_1 为动叶进口相对速度;C_{1a} 为导叶出口轴向速度;W_{1u} 为动叶进口相对切向速度;T_1 为导叶出口静温;T_1^* 为导叶出口总温;M_{C1} 为导叶出口绝对马赫数;C_P 为燃气等压热值;k 为燃气比热比。

转子进口温度与导叶出口马赫数(导叶出口燃气速度)密切相关,导叶出口马赫数越高则转子进口相对总温越低,反力度越大则转子进口相对总温越高。因此涡轮设计时可将第一级涡轮的反力度减小,可以降低工作叶片温度,对强度设计有利。如果是多级涡轮,可在增大第一级涡轮膨胀比的同时降低反力度,进一步提高涡轮级内马赫数,降低涡轮工作叶片温度。同时,后面的涡轮级做功小,容易实现近似轴向的排气气流,排气能量损失较小。根据多轮分析,第一级涡轮的反力度可选取在 0.35~0.40 之间,可降低一级工作叶片温度约 15~20℃,且对涡轮级效率的影响较小。

3.4.2 燃烧室出口温度寻优设计技术

航空发动机燃烧室出口气流温度存在严重的非均匀性,有显著的周向和径向温度梯度。这些非均匀分布的温度随气流进入燃气涡轮会导致涡轮中的非定常现象愈发严重,产生附加的二次流动,影响燃气涡轮的气动性能、叶片热负荷,严重时可以导致叶片热疲劳进而降低涡轮寿命。因此对涡轮设计时需对燃烧室出口温度场进行控制。

目前对燃烧室出口控制较多的是周向温度分布系数(OTDF)和径向温度分布系数(RTDF),OTDF 一般控制在 0.25~0.3,RTDF 控制在 0.08~0.12。其中 RTDF 参数对涡轮工作叶片温度分布有显著影响,目前设计时仅要求考虑等强度原则,即温度分布中间高、两端低。

在涡轮设计中,可通过燃烧室寻优设计,获得不同出口温度径向分布,并对一级工作叶片寿命开展流固热耦合分析,在叶片寿命基本不变的前提下寻找最佳温度分布。通过寻优设计,涡轮前设计温度可提高 20~30K。同时,充分考虑燃烧室制造偏差对涡轮叶片寿命的影响,进行极限允许温度分布曲线设计,在涡轮叶片寿命下降不明显的情况下指导燃烧室出口温度控制。图3.42和图3.43分别为某一级涡轮进口温度径向分布和工作叶片温度场分布云图,表3.5为某一级涡轮工作叶片截面最低寿命结果。

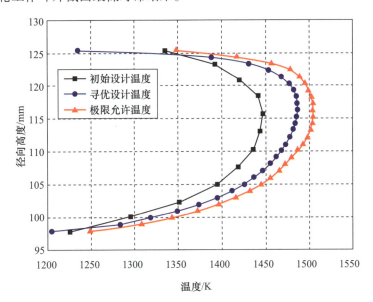

图3.42 某一级涡轮进口温度径向分布

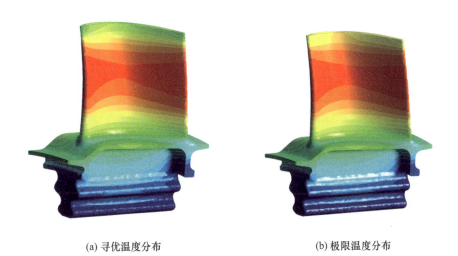

(a) 寻优温度分布　　　　　　　　(b) 极限温度分布

图3.43 某一级涡轮工作叶片温度场分布云图

表3.5 某一级涡轮工作叶片截面最低寿命结果

温度场	截面序号	截面高度	温度/℃	应力/MPa	持久寿命/h
极限温度分布	1	88.5	680	297	200907
	2	98.0	886	202	3469
	3	102.0	989	172	350
	4	**105.0**	**1027**	**148**	**220**
	5	108.0	1044	123	299
	6	111.0	1044	109	502
	7	114.0	1017	77	5037
寻优温度分布	1	88.5	674	292	262355
	2	98.0	876	203	4569
	3	102.0	981	171	453
	4	**105.0**	**1019**	**148**	**277**
	5	108.0	1036	123	385
	6	111.0	1034	106	749
	7	114.0	999	77	8603

3.4.3 工作叶片叶尖凹槽设计技术

涡轮中机匣与转子叶片之间的相对运动导致叶尖间隙的存在,间隙两侧的压差使得主流中的一部分流体从压力面经过叶尖间隙流向吸力面,间隙出口泄漏流在吸力面附近与主流掺混并卷起形成泄漏涡。在叶轮机械中,叶尖泄漏流流动可导致包括泄漏涡在内的一系列二次流动结构,其引起的损失甚至能占转子通道总气动损失的30%以上,是动叶内部流动损失的重要组成部分。此外,高温高压的叶尖泄漏流会造成叶顶传热性能的恶化,烧蚀叶顶结构,从而造成叶片寿命的降低及涡轮气动性能的下降。

国内外针对叶尖肋条设计进行了大量叶尖气热性能研究,发现凹槽叶顶具有较佳的性能。不同于平叶顶结构,凹槽叶顶间隙内涡系结构复杂,凹腔内存在刮削涡、压力侧及吸力侧肋条角涡三大旋涡,三者相互作用,可改变叶顶的气热布局。为提高燃气涡轮叶片的性能,降低叶尖泄漏流流动带来的诸多不利气热影响,本书开展了工作叶片叶尖凹槽设计研究,凹槽叶顶示意图如图3.44所示。此外,凹槽叶顶可有效减小叶片重量,降低涡轮盘的离心载荷,对提高涡轮盘强度寿命具有重要的意义。

本节以某跨声速燃气涡轮为研究对象,该涡轮转子叶尖原型为平叶顶结构,叶尖间隙约为叶高的1.16%,转子出口相对马赫数超声速,叶尖流动处于跨声

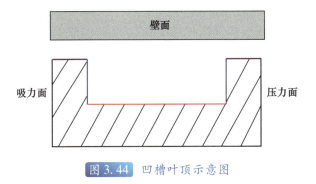

图 3.44 凹槽叶顶示意图

速或超声速状态,泄漏流流动造成的影响较显著。

为研究凹槽叶顶的叶尖泄漏流演化特征,以及凹槽宽度与深度对其的影响,本节在平叶顶原型(prototype)基础上,构造了如图3.45(a)所示的凹槽叶顶结构,记为case1,其凹槽深度为1.5τ。考虑到凹槽最大宽度,共选取了$9.2\tau \sim 15.1\tau$范围内的6种凹槽宽度,从大到小依次定义为case1~case6,如图3.45(b)所示。凹槽深度则选取了1.0τ、1.5τ、2.5τ、3.0τ及3.5τ共5种深度。

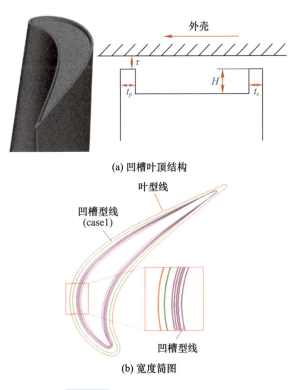

(a) 凹槽叶顶结构

(b) 宽度简图

图 3.45 叶尖凹槽几何示意图

1. 涡轮转子叶尖泄漏流演化特征

跨声速涡轮的转子叶尖端区存在较强的激波,与叶尖端区的流动结构存在相互作用,对泄漏涡等涡系结构的演化产生显著影响。基于平叶顶原型结构的数值模拟结果,图 3.46 给出了平叶顶算例叶尖端区不同流向截面的马赫数分布及泄漏流流线分布,图中共 19 个截面,均垂直于叶尖叶型中弧线,并将中弧线均分为 20 段。从叶尖端区相对马赫数可知,该涡轮具有局部超声速的特点,叶尖喉道位置的超声速气流更是在泄漏涡及边界层的影响下产生了强激波。观察泄漏流流线可知,该涡轮转子的叶尖端区存在明显的泄漏涡破碎现象。图中 S1 截面(约 65% 弦长处)和 S2 截面(约 75% 弦长处)叶尖端区马赫数发生急剧降低,表明该位置存在激波及极强的逆压梯度。泄漏涡受激波强干扰,涡核内低速流体不足以抵抗逆压梯度,涡核发生破碎,形成明显的回流现象。该回流区从 S2 截面一直延伸至动叶出口下游约 10% 弦长处,对泄漏涡的耗散及泄漏流与主流的掺混造成了极大影响。

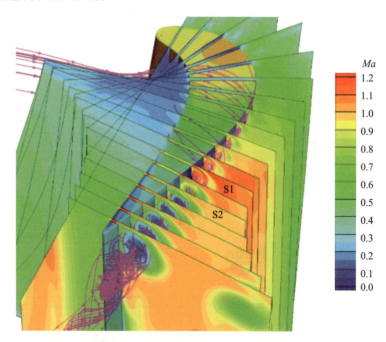

图 3.46 叶尖区域马赫数及流线分布图

凹槽叶顶显著影响叶尖间隙内部流动结构。图 3.47 给出了平叶顶和凹槽叶顶的极限流线分布及压力分布。平叶顶间隙内流动结构简单,仅在压力侧存在一个分离泡,主要是由于泄漏流进入间隙时存在一个较大的径向速度分量,从而形成了维纳分离泡。平叶顶对泄漏流流动的阻塞效果类似于直通式篦齿。相对于平叶顶,凹槽叶顶内涡系结构复杂,就极限流线分布来看,可观察到压力侧肋条角涡(PSCV)、吸力侧肋条角涡(SSCV)及刮削涡(SV)等。

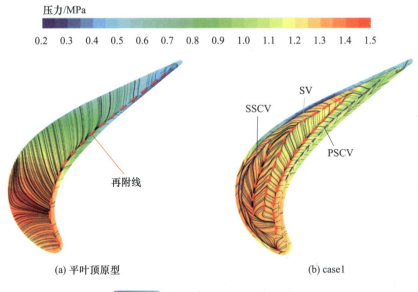

(a) 平叶顶原型　　　　　　　　　　(b) case1

图 3.47　叶尖表面极限流线分布图

2. 凹槽宽度对旋涡结构的影响

图 3.48 给出了 Liutex 方法识别获得的间隙内部旋涡结构分布。根据凹腔内流动结构演化特征,可发现凹腔内存在两大特征区域,即"区域1"和"区域2"。随着凹槽宽度的减小,"区域1"和"区域2"的分界线(图中 Line1)逐渐向上游移动,这表明区域1的范围依次缩减。从前文可得知,区域1凹腔内刮削涡的阻塞效应不明显,主要是由于刮削涡远离吸力侧肋条,难以形成三齿错齿式封严结构。随着凹槽宽度的减小,区域1内的旋涡结构明显更为紧凑,刮削涡更靠近吸力侧肋条,该区域对泄漏流的阻塞效果有所增强。

不同于区域1的变化,区域2的流向跨度并未发生较大变化。虽然线1在逐渐向上游移动,但刮削涡流出间隙的位置(图中线2)同样在向上游移动,这便导致区域2的流向跨度难以出现显著变化。随着凹槽宽度的减小,区域2范围内,压力侧肋条角涡的发展越发迅速,且凹腔空间在逐步减小,限制了刮削涡的发展空间,在驱动力未发生较大变化的情况下,刮削涡内的流体更易从凹腔中流出。随着刮削涡的消逝,凹腔对泄漏流的阻塞效果也随之剧降。

为了进一步了解旋涡演化情况及泄漏流流动细节,选取了40%流向位置截面,并给出了该截面的马赫数分布及速度矢量分布,如图 3.49 所示。40%流向

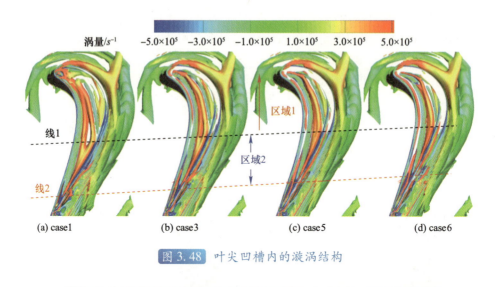

图 3.48　叶尖凹槽内的漩涡结构

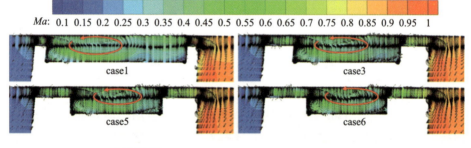

图 3.49　40% 弦长处马赫数及速度矢量分布

截面在区域 1 范围内,可清晰观察到凹腔内的刮削涡,随着凹槽宽度的减小,刮削涡与吸力侧肋条的距离随之减小,刮削涡的主导地位越发明显。由刮削涡、压力侧肋条及吸力侧肋条构成的封严结构对泄漏流的阻塞作用增强,泄漏流流路更为曲折,流出凹腔时与叶顶的夹角更大,这些均有利于控制泄漏流流量及动量。

图 3.50 给出了几个典型算例的动叶 95% 叶高位置的等熵马赫数分布,反映了凹槽宽度对叶尖负荷分布的影响。从图中可以看出,叶尖负荷的主要变化体现在吸力侧尾缘附近的逆压梯度区域。随着凹槽宽度的减小,逆压梯度出现位置稍向后移,逆压梯度增大。逆压梯度的后移,可延缓泄漏涡破碎现象的发生。

涡核内回流是泄漏涡破碎现象的重要特征,图 3.51 给出了各典型算例的泄漏涡涡核内回流区分布及泄漏涡附近流线分布。显然,随着凹槽宽度的减小,回流区的范围在逐渐缩小,而且回流区出现位置也在向下游移动,这与逆压梯度分

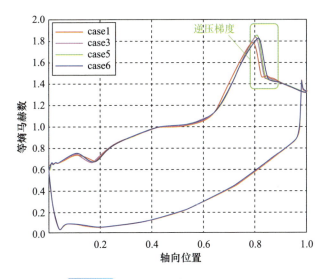

图 3.50　95% 叶高等熵马赫数分布

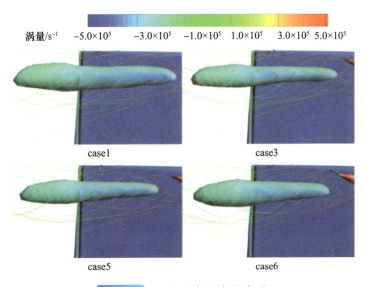

图 3.51　回流区域流线分布图

布相吻合。主要原因在于,旋涡破碎主要受到逆压梯度大小和旋涡强度的影响。在该跨声速涡轮中,强逆压梯度是由于激波而产生的,随着凹槽宽度的减小,逆压梯度强度和位置均发生改变,这表明,叶顶几何结构对叶尖通道中的激波也造成了一定的影响。

此外,结合图 3.48 中流动结构分析可知,凹槽宽度减小造成近尾缘段泄漏流控制效果减弱,这必然导致泄漏涡的增强,这同样有助于抑制泄漏涡的破碎。表 3.6 给出了 case1～case6 回流区轴向跨度等参数,表明凹槽宽度的减小确实可抑制泄漏涡的破碎。

表 3.6　回流区域位置

回流区域	case1	case2	case3	case4	case5	case6
起始位置/轴向弦长	0.874	0.879	0.897	0.904	0.909	0.913
终止位置/轴向弦长	1.265	1.260	1.247	1.244	1.241	1.236
轴向长度/轴向弦长	0.391	0.381	0.349	0.341	0.332	0.323

综上所述,凹槽宽度的减小虽然导致有效阻塞泄漏流的凹腔范围缩小,但增强了有效阻塞段的阻塞效果,并抑制了泄漏涡的破碎,进而降低了相应的损失。这 3 种影响的耦合才导致了凹槽宽度对泄漏流流动的控制效果。

3. 凹槽深度对旋涡结构的影响

以 case5 为基准,分析不同凹槽深度对其叶尖端区流动结构的影响。图 3.52 给出了 Liutex 方法识别的凹腔内旋涡结构分布,并采用流向涡量进行着色。结合前文对区域 1 和区域 2 的分析可知,当凹槽深度达到 2.5τ 时,凹腔内刮削涡与压力侧肋条及吸力侧肋条均较为贴近,已不再具有明显的区域 1 特征。从图中紫色标注线可以看出,凹槽深度从 1.0τ 增加至 3.5τ 的过程中,刮削涡的弦向跨度一直在减小。这表明凹腔内错齿式气动篦齿封严结构的影响范围缩小,凹腔尾缘处更大的弦向区域只具备直通式篦齿封严效果。

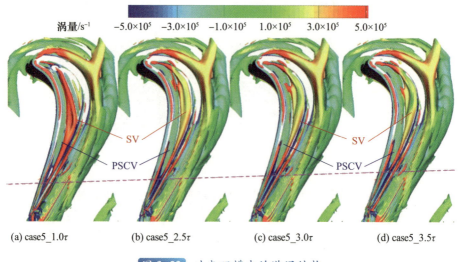

图 3.52　叶尖凹槽内的漩涡结构

以刮削涡即将流出间隙,但凹腔内尚存在错齿式气动篦齿封严结构的55%流向截面作为典型截面,给出其马赫数分布及速度矢量分布,如图3.53所示。根据速度矢量分布,可清晰辨认出凹腔内的压力侧肋条角涡及刮削涡结构。显然,随着凹槽深度的增加,压力侧肋条角涡逐渐增强,泄漏流在凹腔底板上的冲击点逐渐向吸力侧肋条靠近。这意味着刮削涡也随着凹槽深度的增加逐渐向吸力侧肋条靠拢。

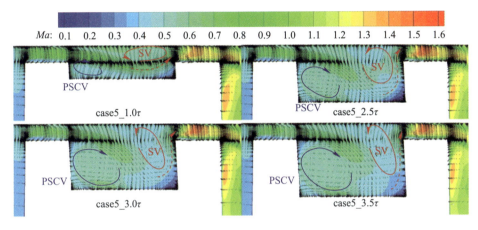

图3.53 55%弦长处马赫数及速度矢量分布

在该截面位置,凹槽深度对刮削涡的显著影响还体现在刮削涡的径向尺寸上。在 case5_1.0τ 算例中,刮削涡的最下端约与肋条顶部平齐,这导致泄漏流在从凹腔流入吸力侧肋条顶部时,无需较大的气流转折。因此,泄漏流与肋条顶部的夹角较小,吸力侧肋条顶部的分离泡尺寸较小,有效流通面积也较大。当凹槽深度增加至 2.5τ 时,刮削涡径向尺寸迅速增大,占据了一半以上的凹槽深度,而且刮削涡靠近吸力侧肋条,导致泄漏流流出凹腔前必须经过一个较大的气流转折角。从图中可清晰观察到吸力侧肋条顶部分离泡尺寸的扩大及有效流通面积的减小。当凹槽深度超过 2.5τ 时,刮削涡的径向尺寸虽然仍然在增大,但变化幅度减小,刮削涡仍只占据凹腔的一半深度左右。

4. 工作叶片叶尖凹槽对性能影响

包括上述流场分析的各算例在内,本书共构造了6种凹槽宽度及5种凹槽深度,对应的涡轮级效率如图3.54所示。随着凹槽宽度的减小,涡轮级效率先增大后减小,在 case5 时达到最大值。而且,当凹槽深度较大时,涡轮级效率对凹槽宽度变化更敏感,涡轮级效率变化约在 0.1% 左右。凹槽深度对涡轮级效率影响更明显,可获得涡轮级效率约 0.14% 的提升。此外,凹槽深度的最佳取值大约在 2.5τ~3.0τ 范围,且该取值范围几乎不受到凹槽宽度的影响。

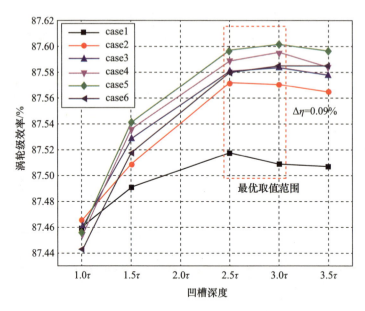

图 3.54　涡轮级效率对比图

3.4.4　涡轮导向器设计技术

3.4.4.1　导向器结构形式对性能影响研究

涡轮导向器结构有单联、多联及整环形式，如图 3.55 所示。整环导向器具有安装结构简单、性能优良的特点，但铸造工艺难度较大，特别是带冷却结构的燃气涡轮导向器；单联、多联导向器具有铸造工艺难度小，但封严结构、安装结构复杂，且存在漏气影响性能的缺点。多位学者围绕导叶端壁周向间隙结构对涡轮性能的影响开展了研究工作。Blair 和 Piggush 等通过低速叶栅试

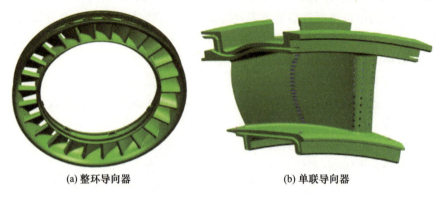

(a) 整环导向器　　　　　　(b) 单联导向器

图 3.55　导向器结构形式示意图

验,发现随着泄漏流量的增加,端壁边界层加厚,端壁二次流损失也随之加剧。Jain 通过高速带缝叶栅实验以及数值模拟,发现周向间隙结构引起的径向泄漏流能够抑制端区通道涡的发展,降低远离端壁(25% ~40% 叶高区域)的涡轮叶栅损失,但同时这种泄漏流流动也会诱导产生强度较高的端区角涡。

本小节以某发动机燃气涡轮导向器为对象,研究了不同导向器结构形式对涡轮性能的影响,进而为发动机涡轮导向器的选择提供参考。该燃气涡轮两级,采用整环导向器设计。经空气系统评估,该燃气涡轮一级导向器采用双联设计,则叶片间因封严存在 1.38% 的漏气量;燃气涡轮二级导向器采用三联设计,则叶片间因封严存在 0.78% 的漏气量。

采用多联设计后,由于存在叶片间封严漏气,涡轮进口流量减小了约 1.64%,一级涡轮效率下降了 0.59%,二级涡轮效率下降了 0.68%,涡轮总功率下降了 41.65 kW。多联结构导向器导致涡轮整体效率下降较为明显。图 3.56 和图 3.57 给出了导向器出口气流角、马赫数分布图。导向器结构形式对涡轮气流角的影响不大,但对马赫数分布略有影响,马赫数变化主要集中在 5% 叶高和 90% 叶高区域。多联导向器由于叶片间的封严气与通道主燃气流掺混,通道内根尖区域出口马赫数降低,但由于导向器本身具有整流作用,因而出口气流角基本无变化。

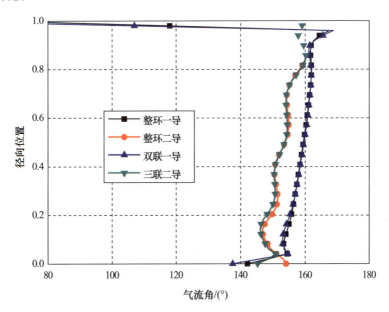

图 3.56 导向器出口气流角径向分布

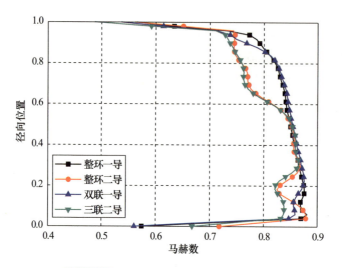

图 3.57 导向器出口马赫数径向分布

图 3.58 给出了导向叶片表面压力及极限流线分布图,图 3.59 给出了导向叶片表面等熵马赫数分布图。采用多联设计后,导向器叶盆面压力及表面极限流线分布基本无变化,叶背面出现了更为明显的低压区域,叶片表面的等熵马赫数基本无变化。这应该是封严气流量较小,与主流掺混后在通道内压差的影响下都迁移至导向叶片叶背面引起的。

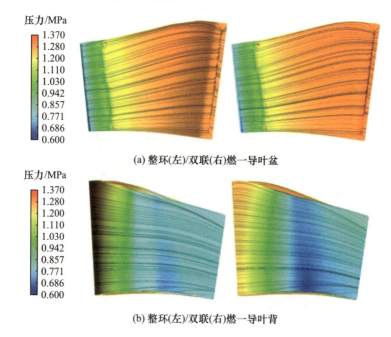

(a) 整环(左)/双联(右)燃一导叶盆

(b) 整环(左)/双联(右)燃一导叶背

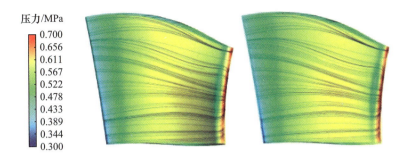

(c) 整环(左)/三联(右)燃二导叶盆

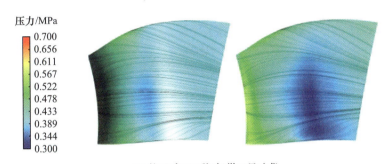

(d) 整环(左)/三联(右)燃二导叶背

图 3.58 导向器叶片表面压力及极限流线分布图

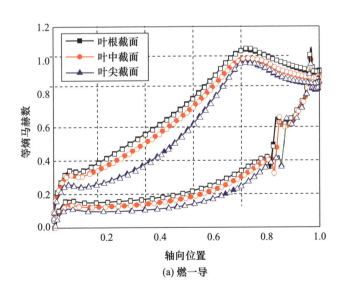

(a) 燃一导

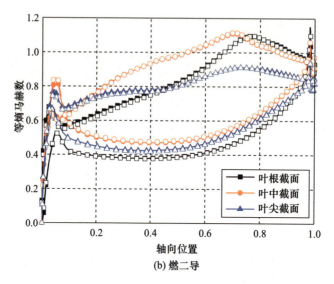

图 3.59 导向器叶片表面等熵马赫数分布图(实心点:整环;空心点:多联)

3.4.4.2 导向器分组对性能影响研究

在航空涡轮轴发动机中常用的发动机性能调节方法是导向器叶片分组,即除了设计导向器外,还会将设计好的导向叶片旋转一定角度来开大或关小喉部流通面积并投入生产,在整机装配时根据流量函数试验结果选择不同喉部面积(不同组别)的导向叶片。整环导向器若需调整喉部流通面积,可以通过抛修叶片尾缘的方式实现,具有叶片分布均匀的特点。在多联导向器结构中,为了实现喉部流通面积的精准控制,常将多组导向叶片组合装配,导致整环叶片的喉部流通面积不均匀分布。

本节以某涡轮为研究对象,研究周向均匀导叶适用于整环导向器和不同分组类别的分段式导向器组合,通过减小或增大导叶喉部面积,研究了导叶喉部面积(流通面积)非均匀分布对涡轮性能的影响,进而为发动机涡轮导向器的选择提供参考。

图 3.60 为研究的理论设计导向器模型与组合导向器模型的计算域。均匀间隔组合为保证喉部面积与设计导向器一致,大组别导向器数量与小组别数量相同,周向分布时一大组别与一小组别导向器间隔分布;集中型非均匀间隔组合导向器为保证喉部面积与设计导向一致,大组别导向器数量与小组别数量相同,周向分布时大组别导叶在一起、小组别导向叶在一起。

图 3.61 为组合导向器不同搭配量下的涡轮性能变化。由图可知,涡轮设计点效率为 0.866,在 ±7% 内性能下降不明显,但随着组合导向器搭配量的进一

步增大,涡轮效率逐渐下降。性能的下降是由于组合导向器虽然保证了整个流量的不变,但是改变了内部流场的均匀性,对下游流场有较大的影响。图3.62为导叶总压恢复系数的变化,与涡轮效率变化类似,同样是随着组合导向器搭配量的增大而逐渐降低。

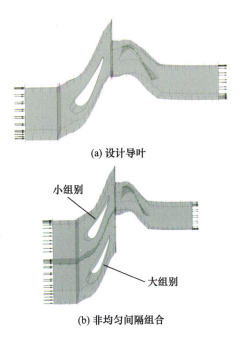

(a) 设计导叶

(b) 非均匀间隔组合

图 3.60　设计导向器与周向非均匀组合导向器计算域示意图

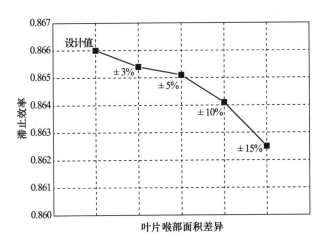

图 3.61　组合导向器涡轮效率变化

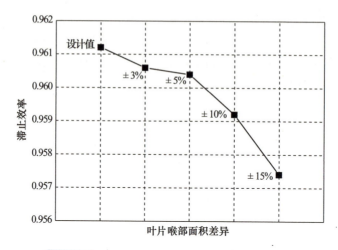

图 3.62 组合导向器导叶总压恢复系数变化

图 3.63 为导叶表面极限流线及压力分布图。组合导向器对叶片表面的压力分布有一定的影响,两个组合叶片表面的压力分布存在明显差异性。组合形式改变了每个叶片叶身上的负荷分布,并且在 ±15% 组合导向器情况下,两相邻叶片的压力分布存在明显的差异。结合图 3.64 和图 3.65 来看,整环设计导向器的出口性能参数分布均匀,而组合导向器的出口参数则在周向上有明显的差异,在 ±15% 组合导向器的出口分布不均匀性则更为明显,相邻导向器的尾迹强度差异大,振荡的尾迹将恶化下游的转子流场,对涡轮性能有较大的影响。

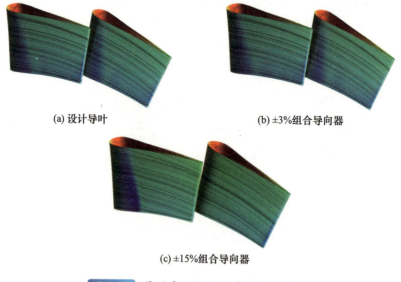

(a) 设计导叶　　(b) ±3%组合导向器

(c) ±15%组合导向器

图 3.63 导叶表面极限流线及压力分布

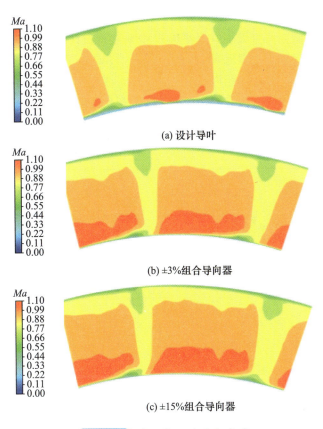

图 3.64　导叶出口马赫数分布

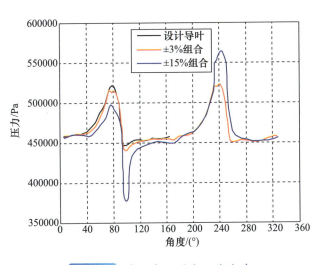

图 3.65　导叶出口周向压力分布

图 3.65 为导叶出口周向压力分布。在 ±15% 组合导向器中,出口压力分布更不均匀,压力最大值与最小值相差 0.12MPa,接近设计导叶出口最大压力差异的 2 倍,组合导向器使出口流场更不均匀。

图 3.66 为采用集中型非均匀间隔组合导向器下涡轮效率的变化。随着组合导向器搭配量的增大,涡轮效率逐渐下降。在搭配量前 7% 内变化较小,效率差异在 0.03 个百分点。随着组合搭配量的进一步增大,效率急剧下降,总体上来看,性能差异变化不如均匀间隔明显。

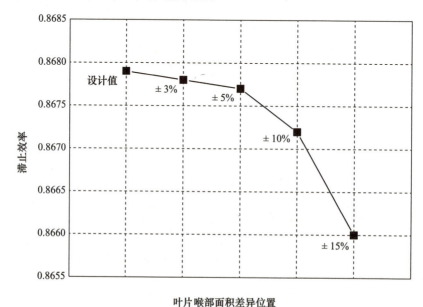

图 3.66　非均匀间隔组合效率变化

图 3.67 为导叶出口压力周向分布图。组合搭配量在 ±15% 时,压力分布更不均匀,最大值与最小值差异 0.054MPa,而设计导叶出口压力差异为 0.048MPa,对比图 3.65 可以看出,非均匀间隔组合造成的出口流场差异较均匀间隔的要小很多。

通过上述分析可知,在目前的涡轮导向器喉部面积调整及分组中,若喉部面积调整要求超过设计幅度的 8%,涡轮效率降低幅度将超过 0.5%,调整喉部面积带来的功率增加等收益的同时发动机油耗指标将大幅度上升,需重新进行涡轮级匹配及设计。

总的来说,保持涡轮导向器喉部面积与设计值相当时,大小组合搭配量在 ±6% 以内,涡轮性能下降不明显,均匀性间隔组合效率差异在 0.08% 以内。进一步增大搭配量时,涡轮性能下降趋势较为明显,在设计过程中分段式涡轮导向

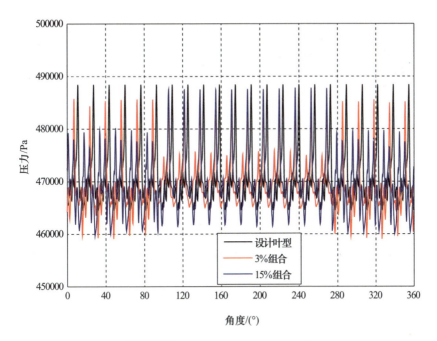

图 3.67 导叶出口周向压力分布

器在设计时应控制组合导向器的最大最小组别的搭配量,搭配量在 ±7% 以内较为适宜,更大的压力不均匀度可能影响盘腔或叶尖冷气出流,在导向器周向排布时宜采用集中型非均匀间隔组合。

3.4.4.3 整环导向器热变形匹配设计研究

由上面分析可知,整环导向器具有装配工艺性好,性能损失小等优点,可较好地保证发动机的高原起动功率要求。但在具备上述优点的同时,整环导向器相比分段式导向器要考虑上、下缘板与叶片热变形不匹配引发的热应力大的问题。为解决热应力大的问题,要在导向器的上缘板或下缘板开设应力释放槽,常见的应力释放槽有全开式、半开式、全闭式、蜿蜒式等结构形式,具体如图 3.68 所示。通过应力释放槽释放热应力,提升导向器使用寿命。

4 种应力释放槽中,蜿蜒式应力释放槽加工最复杂,全闭式应力释放槽由于未将导向器缘板打通,不存在燃气泄漏,既能实现导向器热应力自由释放,又不会造成涡轮泄漏损失,较为适用于全疆域涡轴发动机整环导向器。导向器在采用应力释放槽的同时还要在应力释放槽内部填充一个阻变片,通过阻变片防止应力释放槽过渡变形,从而可以有效防止工作时应力释放槽处出现裂纹,进而影响导向器正常使用。

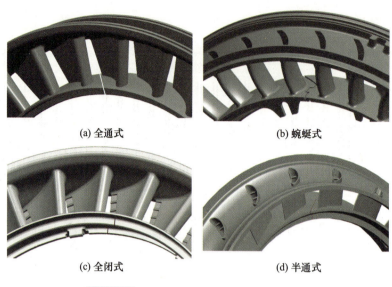

(a) 全通式 (b) 蜿蜒式 (c) 全闭式 (d) 半通式

图 3.68　导向器应力释放槽结构示意图

3.4.5　涡轮叶片粗糙度的控制

涡轮叶片长期工作在高温高压的环境中,为了免受燃气腐蚀,涡轮叶片表面一般采用了渗层或涂层来延长涡轮叶片寿命,如导向器一般采用渗铝硅涂层、工作叶片喷涂抗氧化涂层等。如 Bammert 研究发现,与光滑叶片涡轮级性能相比,叶片沙砾粗糙度在 $10^{-2} \sim 10^{-3}$ 时涡轮级的性能下降了 7% ~ 14%。该防护手段可有效避免叶片与燃气接触,延长叶片寿命,但同时会导致涡轮叶片表面粗糙度增大,极大地降低了涡轮的性能。同时,当直升机在微尘浓度较高的环境(如沙漠或海滩等)中长期飞行时,微尘颗粒(如沙粒)会被吸入发动机内部,在经过发动机燃烧室加热后温度升高,较低熔点的颗粒则可能会变成熔融态。随着发动机主流被输运到发动机涡轮叶片表面上,与其发生碰撞并沉积在涡轮叶片表面上,一方面影响涡轮叶片的气动和换热性能,另一方面在高温条件下可能会与涡轮叶片表面的材料发生化学反应,降低涡轮叶片材料的力学性能(如强度)。而改善叶片表面粗糙度可以改善沙尘沉积的现象,减缓对涡轮叶片的影响。因此,在涡轮设计中应当严格控制涡轮叶片表面的粗糙度,本小节研究了不同粗糙度对涡轮性能的影响,进而为涡轮叶片粗糙度工程优选设计提供指导。

对考虑壁面粗糙度的涡轮部件进行三维仿真分析,首先需要对壁面粗糙度进行正确的描述。在仿真分析中一般使用等沙粒粗糙度 K_s 值对叶片表面粗糙度进行描述,它与工程上所用的粗糙度并不相等。J. P. Bons 在文献中总结了大量公开文献中所推荐的等沙粒粗糙度 K_S 与计量的粗糙度参数 Ra 之间的关系,其中,针对不同的表面类型,提出了不同的关系式,这些关系式中 $K_S = (2\sim16)\times Ra$。依据前期研究经验,此处按 $K_S = 8.9\times Ra$ 处理。

采用数值仿真的方法对某双级亚声速涡轮进行了三维分析。在进出口边界条件一致的情况下,改变叶片表面的等沙粒粗糙度研究其对涡轮性能的影响。根据统计涡轮流道件的加工方式,如磨粒流表面、振动光饰表面、铸件表面、渗铝表面以及喷涂 NiCoCrAlYiTa 六元素涂层表面设定了 5 种粗糙度 $Ra=1\mu m$、$Ra=2\mu m$、$Ra=3\mu m$、$Ra=4\mu m$、$Ra=5\mu m$,对应的 5 种等沙粒粗糙度值分别为 0.0089mm、0.0178mm、0.0267mm、0.0356mm、0.0445mm,研究其在相同来流雷诺数及湍流度下涡轮性能随粗糙度的变化规律。

表 3.7 给出了亚声速涡轮的性能随粗糙度的变化,图 3.69 给出了亚声速涡轮的进口流量、功率、膨胀比、效率随粗糙度的变化趋势,可以看到,涡轮的进口流量、功率、效率均随涡轮粗糙度的增加而下降,而涡轮的膨胀比几乎不变。当粗糙度由 $Ra=0\mu m$ 变化到 $Ra=5\mu m$ 时,涡轮进口流量减小了 0.57%,功率减小了 92.2kW,效率下降了 2.39%,膨胀比基本保持不变。

表 3.7 涡轮性能随粗糙度变化

$Ra/\mu m$	进口流量/(kg/s)	功率/kW	效率	膨胀比
0	6.820	2999.2	0.9057	4.008
1	6.796	2958.1	0.8959	4.013
2	6.790	2940.7	0.8911	4.013
3	6.787	2926.6	0.8872	4.013
4	6.784	2915.8	0.8842	4.014
5	6.781	2907.0	0.8818	4.014

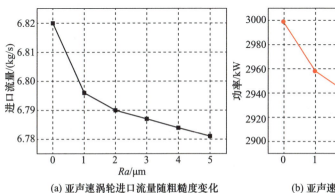
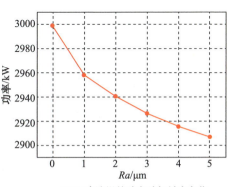

(a) 亚声速涡轮进口流量随粗糙度变化　　(b) 亚声速涡轮功率随粗糙度变化

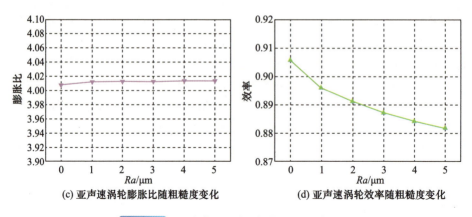

(c) 亚声速涡轮膨胀比随粗糙度变化　　　　(d) 亚声速涡轮效率随粗糙度变化

图 3.69　叶片表面粗糙度对涡轮性能影响

从不同的仿真结果来看,尽管粗糙度不同,但涡轮的流场基本一致。图 3.70

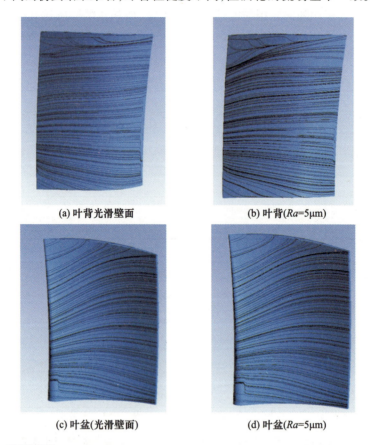

(a) 叶背光滑壁面　　　　　　　　(b) 叶背($Ra=5\mu m$)

(c) 叶盆(光滑壁面)　　　　　　　(d) 叶盆($Ra=5\mu m$)

图 3.70　光滑壁面和 $Ra=5\mu m$ 时叶片表面极限流线(第 2 排动叶)

给出了计算域的最后一排叶片（第2排动叶片），当壁面光滑和 $Ra=5\mu m$ 时，通过叶片的表面极限流线图，可以看到气流的流动基本一致。因此，随着粗糙度的增加，涡轮效率降低，主要是由于气流与叶片表面的摩擦损失增加导致的。

当粗糙度由 $Ra=0\mu m$ 变化到 $Ra=5\mu m$ 时，涡轮进口流量减小了0.57%，功率减小了92.2kW，效率下降了2.39%，膨胀比基本保持不变，涡轮性能影响较为明显。在设计过程中需明确涡轮流道件的粗糙度，并对粗糙度加以控制，目前涡轮叶片表面的粗糙度一般超过了4级，尤其是采用NiCoCrAlYiTa六元素涂层的涡轮叶片，粗糙度更高，将极大地影响涡轮性能，因此需要在叶片喷涂后采用振动光饰、条带抛光等方式进行处理，降低其对涡轮性能的影响。

3.5 宽广高效区域动力涡轮设计技术

作为发动机的关键部件，动力涡轮同样对涡轴发动机性能影响很大，由于动力涡轮在全疆域涡轴发动机工作包线范围内工作状态变化较大，因此面向全疆域使用的涡轴发动机要求其动力涡轮部件应具有宽广高效率区域，即高效率区可以覆盖所有典型工作状态。针对该要求，本小节主要介绍了涡轮设计点的选取方法和宽低损失范围叶片设计技术。

3.5.1 涡轮设计点的选取方法

在进行涡轮气动设计时必须了解非设计工作状态下性能的基本参数（如燃气流量 m_g、功率 LT、效率 η_T^*）与涡轮工作状态的关系。为了定量评估涡轮在非设计状态下工作时性能参数（燃气流量 m_g、功率 LT、效率 η_T^*）的变化，用各种坐标将涡轮特性用相似准则绘制成曲线形式，这种特性线便是通用特性线。

根据叶轮机械相似原理可知，涡轮转速 n、涡轮前燃气总温 T_{t4}、涡轮前燃气总压 p_{t4} 和出口背压 p_{s5} 4个独立变量决定了涡轮工作状态。用相似参数绘制的涡轮特性可以不管单个独立变量的绝对数值，具有通用性。在涡轮中流动相似应满足几何相似、运动相似和动力相似3个条件。

涡轮满足动力相似主要是要求对应点的马赫数（Ma）和雷诺数（Re）相等。对于几何相似的涡轮只要雷诺数处于自模范围（$Re>2.0\times10^5$）时，整个流动过程受雷诺数影响较小。而在大多数工况下航空发动机涡轮部件雷诺数均大于 2.0×10^5，动力相似可以不用考虑雷诺数影响，因此仅需考虑马赫数相等。

马赫数相等要求对应的轴向马赫数（Ma_a）和切向马赫数（Ma_u）相等。而根据叶轮机械原理推论可知，轴向马赫数对应于流量相似参数（$m_g\sqrt{T_{t4}}/p_{t4}$），切向马赫数对应于转速相似参数（$n/\sqrt{T_{t4}}$）。所以只要流量相似参数、转速相似参数相等,其流动就相似。但如果涡轮导叶喉部处于临界或超临界工作时,涡轮后反压 P_{t5} 改变会出现导叶进口马赫数不变、而出口马赫数变化的现象,有必要采用另外一个相似条件保持整个涡轮的流动相似。根据涡轮后反压 p_{t5} 对流场的影响分析,可以用落压比 $\pi_{tT} = p_{t4}/p_{t5}$ 来代替轴向马赫数作为相似准则。

图 3.71 所示为单级涡轮的特性线。当折合转速($n/\sqrt{T_{t4}}$)值不变时,随着级的膨胀比 π_{tT} 增大,静叶中的压降也相应增大,静叶出口流速增大,所以折合流

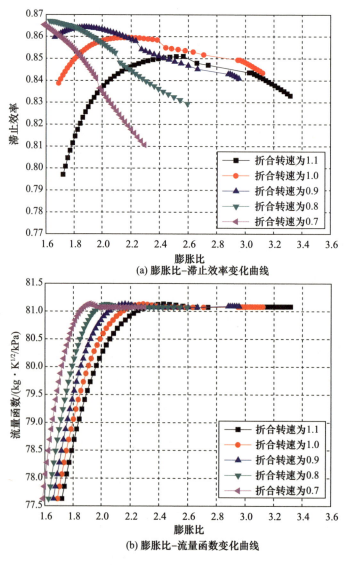

图 3.71 单级涡轮特性图

量($m_g\sqrt{T_{t4}}/p_{t4}$)增大,但当静叶的压降接近临界(静叶阻塞),此时流量的增大与总压的增大线性变化,进一步增加膨胀比对折合流量就不会有影响了。膨胀比变化时,效率的改变主要是由于速度三角形和攻角的变化,如膨胀比增大,由于叶栅的固有特性,导叶出口速度增大但出气角基本不变,而折合转速不变即切向速度不变,动叶进口相对气流角必然减小,动叶进口角度向正攻角发展,由此产生吸力面的分离,损失增加,涡轮效率降低。一般单级涡轮设计点选择最佳效率附近,超出或低于设计膨胀比效率都会降低。

和单级涡轮相比,多级涡轮的特性基本类似,但因多级共同工作而带来一些新的现象。首先,我们先来分析一下多级涡轮在非设计工作状态情况下,各级落压比的分配和各级间作功量将会按怎样的比例变化。下面以某双级涡轮为例(图 3.72)来说明。

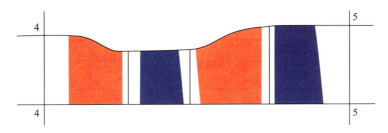

图 3.72　双级涡轮截面示意图

各级涡轮静叶中气流都是亚临界流动时,当总膨胀比 π_{tT} 减小时,各级膨胀比的变化将是怎样呢? 可列出涡轮前截面 4-4 和涡轮后截面 5-5 的流量方程:

$$c_{4a}A_4\rho_4 = c_{5a}A_5\rho_5 \tag{3.106}$$

而

$$\rho_4/\rho_5 = (p_4/p_5)^{1/n} \tag{3.107}$$

故

$$\frac{c_{5a}}{c_{4a}} = \frac{A_4}{A_5}\left(\frac{p_4}{p_5}\right)^{\frac{1}{n}} \tag{3.108}$$

上式说明,涡轮在非设计状态工作时,当落压比 p_{t4}/p_{t5} 小于设计状态的落压比时,由于面积比 A_4/A_5 为定值,所以轴向速度比 c_{5a}/c_{4a} 要减小,才能保证流动连续,且落压比下降得越多,c_{5a}/c_{4a} 减小得也越多。因为在设计状态时,落压比较大,膨胀作功后密度降低得也多,为了通过设计流量,涡轮出口圆环面积

A_5 要大于进口面积 A_4 才能保证流动连续。在上述非设计状态时,落压比小了,密度比也小了,这时气流要通过原来的出口面积,就必须减小轴向速度 c_{5a},才能保持连续流动。在多级涡轮中越是后面的级,其轴向速度减小得越多,加以静叶出气角 α_1 在非设计状态下变化不大,因此静叶出口速度必将减小得愈多。这就使后面级涡轮作功能力和落压比降低很多,而前面级的轴向速度减小得最少。同理,当落压比 p_{t4}/p_{t5} 大于设计状态的落压比时,多级涡轮的后面级作功能力和落压比增加很多,而前面级作功能力和落压比增加得较少。

由涡轮特性分析可知,当总膨胀比偏离设计状态时,对前面级涡轮尤其是第一级的膨胀比和功率影响最小,对后面级涡轮影响较大。因此可以推断燃气涡轮工作参数的变化范围不大,所以燃气涡轮设计点的选取可以与发动机总体保持一致,即以单一的额定状态作为设计点。

而全疆域适用的动力涡轮在发动机工作包线范围内工作状态变化较大,若需维持较高的气动效率,动力涡轮不能简单将某一工作状态的效率作为评价部件性能优劣的指标,必须综合涡轮在每次飞行任务的表现来评判部件设计的优劣,动力涡轮的设计点可能与发动机总体的设计点不一致。动力涡轮可以基于发动机的工作谱,综合考虑不同工作状态时长、油耗等因素,以评价动力涡轮的综合性能,甚至将发动机在包线内的多个工作状态循环参数加权后的状态为设计点。为了实现涡轮在非常宽广的范围内高效工作,动力涡轮叶片在叶型设计时需选择合理的设计参数以兼顾不同工作状态涡轮的性能,实现涡轮的综合性能最优。

3.5.2 宽低损失范围叶片设计技术

传统的涡轮叶片造型是基于涡轮设计状态来进行的,其叶型参数主要针对涡轮设计状态的气流角、膨胀比来进行设计,在非设计工作状态可能导致进口攻角以及马赫数变化,影响涡轮效率。而涡轮部件要满足在全疆域环境下工作状态又保持较高效率工作,在叶型设计时需要充分考虑各状态的工作效率,有针对性地进行优化。由前文分析可知,燃气涡轮工作参数的变化范围不大,动力涡轮膨胀比变化范围较大。以动力涡轮为例,分析海平面起飞状态及高原起飞状态下涡轮内部流动变化。相较于海平面,高原环境空气稀薄,同等转速下发动机流量减小、功率减小,涡轮的气动负荷增加。在航空涡轮轴发动机中,动力涡轮一般保持恒定转速工作。因此速度三角形的变化如下:①设计状态下,气流进入叶栅的进口角与叶片的进口攻角一致,因而叶栅中不发生撞击和分离;②高原高空状态下,涡轮的膨胀比增大。因此涡轮级中马赫数增大,涡轮的反力度增大,而由于涡轮导叶的固有特性,导叶出口气流角基本不变。动力涡轮的转速不变,因此在工作叶片进口处形成正攻角,吸力面可能形成分离,从而影响涡轮效率,见图 3.73。试验表明,当叶栅进口气流正攻角大于 12°～15°时,涡轮效率明显下降;出口气流相对马赫数增大,转子出口相对气流角基本不变,切向速度不变,出口气流偏离轴向,马赫数增大,导致排气损失增加。同时在高原高空下,由于空气密度减少,涡轮工作环境雷诺数减小,引起叶片载荷增大,见图 3.74。内部流动发生变化见图 3.75。涡轮部件效率也会出现轻微降低的趋势。

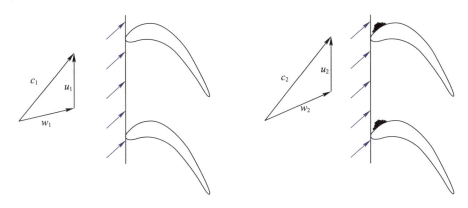

图 3.73 不同状态下涡轮工作叶片内部流动变化

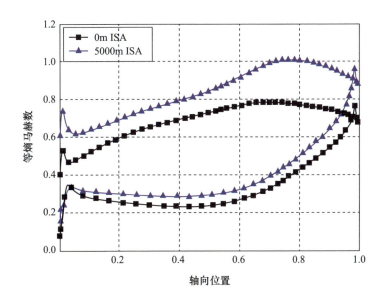

图 3.74 叶片表面等熵马赫数分布曲线

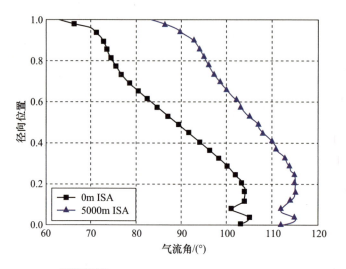

图 3.75 涡轮出口气流角径向分布曲线

基于高原高空状态下涡轮效率降低的原因,我们在涡轮设计中可以针对性采取以下措施:

(1) 涡轮级功率分配中给最后级涡轮选择较小的功,最后级涡轮选择较小的反力度,这可以使出口气流角近似轴向,减小设计点排气损失,也可以改善高原高空发动机的排气性能。

(2) 如图 3.76 所示,虽然增大前缘直径会增加叶型的摩擦损失,但大前缘

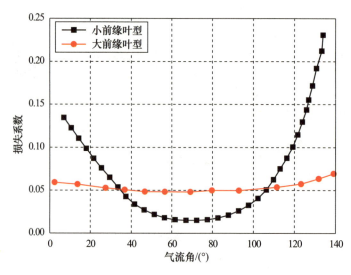

图 3.76 涡轮前缘直径大小对叶栅攻角特性的影响曲线

直径在前缘附近的速度分布连续,流动加速特性更强,对攻角的变化也不太敏感,攻角特性更好。因此在涡轮叶型设计时采取增大前缘直径的措施,同时在叶型构造角设计时选择适当的负攻角,既能改善设计点效率,又能改善高原高空的攻角特性,预防涡轮叶片吸力面分离。

(3) 在叶型负荷设计时可以采用大弦长中等负荷均匀加载叶型,见图 3.77。中等负荷均匀加载叶型分布尾缘扩压较小,叶片表面摩擦损失大,但能降低高原高空状态下涡轮通道内的峰值马赫数,改善高原高空性能,见图 3.78;大弦长中等负荷可提高涡轮叶片的雷诺数,改善雷诺数对涡轮性能的影响。

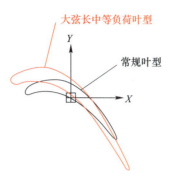

图 3.77 常规叶型与大弦长中等负荷叶型对比图

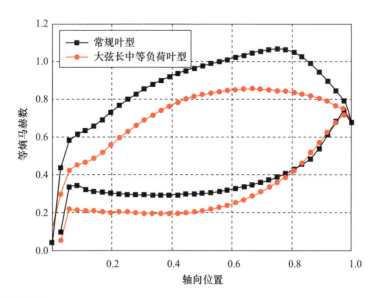

图 3.78 常规叶型与大弦长中等负荷叶型叶片表面马赫数分布对比图

采用以上叶型设计措施后,动力涡轮在全包线工作范围内均保持较高的涡轮效率,可满足发动机总体对涡轮性能的要求。

3.6 小　　结

为有效提升全疆域发动机性能,并使得发动机在高原高温环境下具备优异的功率保持性能,本章从环境空域特性设计的维度,从总体到部件,介绍了全疆域发动机设计的相关技术,得到结论如下:

(1) 采用"同步多点设计、两点工况验证、一条共同工作线修正"的总体性能设计技术,可解决多约束条件下发动机的平原性能、高温性能和高原高温性能等综合设计难题,避免出现"平原型发动机"、"高原型发动机"和"海洋型发动机"。

(2) 为满足全疆域涡轴发动机对压气机的气动设计要求,实现宽广高效区域设计,给出了基于多设计点的压气机气动设计方法和基于任意回转面造型的全三维叶片设计技术。

(3) 针对全疆域涡轴发动机燃烧室高原高温条件下由于燃油流量大幅减小、燃油雾化变差而导致的燃烧性能恶化问题,高温高原、高温海洋环境下的燃油喷嘴结焦积炭和火焰筒壁温过高问题,以及高原高寒及暴雨环境下的燃烧室稳定燃烧问题,给出了宽广空域条件下燃烧室总体性能设计、宽广空域条件下燃油喷嘴防积炭设计、宽广空域条件下稳定燃烧设计和宽广空域条件下均匀化燃烧室火焰筒壁温设计等技术。

(4) 针对全疆域涡轴发动机燃气涡轮工作叶片在不冷却的前提下尽可能提高涡轮前燃气总温、并保持燃气涡轮高效工作的设计问题,给出了涡轮低维度设计温度控制技术、燃烧室出口温度寻优设计技术、工作叶片叶尖凹槽设计技术、涡轮导向器设计技术和涡轮叶片粗糙度的控制技术。

(5) 为满足全疆域涡轴发动机对动力涡轮的气动设计要求,实现宽广高效区域设计,给出了涡轮设计点的选取方法和宽低损失范围叶片设计技术。

参考文献

[1] 廉筱纯,吴虎. 航空发动机原理[M]. 西安:西北工业大学出版社,2005.
[2] 骆广琦,桑增产,等. 航空燃气涡轮发动机数值仿真[M]. 北京:国防工业出版社,2007.

[3] 楚武利,刘前智,胡春波. 航空叶片机原理[M]. 西安:西北工业大学出版社,2009.
[4] 钱笃元,周拜豪. 航空发动机设计手册:第八册[M]. 北京:航空工业出版社,2000.
[5] GAUNTNER J W. Algorithm for calculating turbine cooling flow and the resulting decrease in turbine efficiency[R]. NASA-TM-81453,1980.
[6] 张少峰,陈玉春,李夏鑫,等. 基于涡轴发动机性能与尺寸重量的耦合评估方法[J]. 推进技术,2018,39(12):2670-2678.
[7] 樊巍,陈玉春,杨金龙,等. 基于综合设计的涡轴发动机热力循环参数方案研究[J]. 航空工程进展,2014,59(2):175-181.
[8] 周拜豪,尹红顺,苏廷铭,等. 高性能前掠三级轴流风扇的设计与试验研究[J]. 燃气涡轮试验与研究,2008,21(2):1-7.
[9] 李清华,安利平,徐林,等. 高负荷轴流压气机设计与试验研究[J]. 航空学报,2017,38(9):520990.
[10] 任平,朱芳,赵连会. 跨音轴流压气机气动设计与数值优化[J]. 动力工程学报,2015,35(5):373-379.
[11] 谢亚东,单鹏. 小流量多级高负荷轴流压气机设计[J]. 航空动力学报,2012,27(9):2113-2121.
[12] 金海良,金东海,桂幸民. 某高负荷跨声双级风扇气动设计与数值模拟[J]. 航空动力学报,2011,26(2):272-280.
[13] CALVERT W J,EMMERSON P R,MOORE J M. Design,test and analysis of a high pressure ratio transonic fan[R]. ASME,GT-2003-38302,2003.
[14] DICKENS T,DAY I. The Design of Highly Loaded Axial Compressor[J]. Journal of Turbomachinery,2011,133(3):031007.
[15] WU C H. A General Theory of Three-Dimensional Flow in Subsonic and Supersonic Turbomachines of Axial-Radial-and Mixed Flow Types[R]. NACA TN-2404,1952.
[16] 桂幸民,等. 航空压气机气动热力学理论与应用[M]. 上海:上海交通大学出版社,2014.
[17] 王琦,单鹏. 径流及斜流压气机任意曲面叶型长短叶片的造型设计方法[J]. 航空动力学报,2006,21(4):747-753.
[18] 冀国锋,桂幸民. 轴流/离心压气机叶片通用任意中弧造型设计方法[J]. 航空动力学报,2009,24(1):150-156.
[19] 苏步青,等. 微分几何[M]. 北京:高等教育出版社,2016.
[20] 侯晓春,季鹤鸣,刘庆国,等. 高性能航空燃气轮机燃烧技术[M]. 北京:国防工业出版社,2002.
[21] PUCHER G,ALLAN W,POITRAS P,Characteristics of Deposits in GasTurbine Combustion Chambers[R]. Denmark:ASME GT2012-70050,2012.
[22] 航空工业部. 高效节能发动机文集:第四分册[M]. 北京:航空工业出版社,1991.
[23] 吴施志,曹俊. 涡轴涡桨发动机燃烧室先进技术[M]. 北京:北京航空航天大学出版社,2021.
[24] 郎旭东,李维,戴金鑫,等. 吞水对回流燃烧室部件性能影响的试验[J]. 航空动力学报,2022,37(7):1345-1351.
[25] SANBORN J W,LENERTZ J E,JOHNSON J D. Design and Test Verification of a Combustion System for an Advanced Turbofan Engine[R]. California:AIAA Paper 1987-1826.
[26] KIAN M O,Robert M L,Parthasarathy S. Double Pass Air Impingement and Air film Cooling For Gas Turbine Comubstor Walls[P]. U. S. Patent:US 6979199A,2000.
[27] RICHARD W S,HOWARD L F,KEITH K T,et al. Angled Multi-Hole Film Cooled Single Wall Combustor Dome Plate[P]. U. S. Patent:US 5307637A,1994.
[28] ALBERTO C,BRUNO F,LORENZO T,et al. Combined Effect of Slot Injection,Effusion Array and Dilution

Hole on the Cooling Performance of a Real combustor Liner[R]. Florida:ASEM GT2009-60047.

[29] 石小祥. 回流燃烧室大弯管冷却技术研究[D]. 北京:中国航空研究院,2016.

[30] 邹正平,王松涛. 航空燃气轮机涡轮气体动力学:流动机理及气动设计[M]. 上海:上海交通大学出版社,2014.

[31] 綦蕾. 涡轮端区非定常相互作用机理及流动控制技术探讨[D]. 北京:北京航空航天大学,2010.

[32] ZHOU C,HODSON H. Squealer geometry effects on aerothermal performance of tip-leakage flow of cavity tips[J]. Journal of Propulsion and Power,2012,28(3):556-567.

[33] SENEL C B,MARAL H,KAVURMACIOGLU L A,et al. An aerothermal study of the influence of squealer width and height near a HP turbine blade[J]. International Journal of Heat and Mass Transfer,2018,120:18-32.

[34] MOHSEN H,WANG S T,FENG G T,et al. Calculation of the Energy Loss for Tip Leakage Flow in Turbines [J]. Chinese journal of Aeronautics,2004,17(3):142-148.

[35] CAMCI C,DEY D,KAVURMACIOGLU L. Aerodynamic of tip leakage flows near partial squealer rims in an axial flow turbine stage[J]. Journal of Turbomachinery,2005,127(1):14-24.

[36] 杨佃亮,丰镇平. 凹槽对动叶顶部流动和换热的影响[J]. 工程热物理学报,2007(06):936-938.

[37] ZHOU C. Effects of endwall motion on thermal performance of cavity tips with different squealer width and height[J]. International Journal of Heat and Mass Transfer,2015,91:1248-1258.

[38] ZOU Z,XUAN L,CHEN Y,et al. Effects of flow structure on heat transfer of squealer tip in a turbine rotor blade[J]. International Communications in Heat and Mass Transfer,2020,114:104588.

[39] 包幼林,曾飞,甘明瑜,等. 凹槽叶顶构型对涡轮转子尖区漩涡演化的影响[J]. 推进技术,2022,43(4):88-95.

[40] BLAIR M F,An Experimental Study of Heat Transfer and Film Cooling on Large-Scale Turbine Endwalls [J]. ASME. J. Heat Transfer. 1974,96(4):524-529.

[41] PIGGUSH J D,SIMON T W,Heat transfer measurements in a first stage nozzle cascade having endwall contouring:Misalignment and leakage studies. ASME J. Turbomach. October 2007; 129(4):782-790.

[42] PIGGUSH J D,SIMON T W. Flow Measurements in a First Stage Nozzle Cascade Having Endwall Contouring,Leakage,and Assembly Features. ASME. J. Turbomach. January 2013; 135(1):011002.

[43] JAIN S,ROY A,et al. Aerodynamic Performance of a Transonic Turbine Blade Passage in Presence of Upstream Slot and Mateface Gap With Endwall Contouring[C]//Proceedings of the ASME Turbo Expo 2014:Power for Land,Sea,and Air. Dusseldorf,2014.

[44] BAMMERT K,SANDSTEDE H. Measurements of the boundary layer development along a turbine blade with rough surface [J],ASME Journal of turbomachineering of power,1980; 102:978-983.

[45] BONS J P. A Review of Surface Roughness Effects in Gas Turbines [J]. Journal of Turbomachinery,2010,132:1-16.

第 4 章
环境使用功能设计

在航空发动机全疆域设计中,环境使用功能设计主要考虑的是如何在航空发动机设计中同时考虑起动可靠性、防沙、防冰、防腐和抗强电磁干扰等功能。本章首先从燃烧室主燃区油雾场控制和燃气发生器起动加速性设计两个方面介绍高原高寒环境下发动机起动可靠性设计技术,然后介绍结冰环境下发动机高效防冰设计技术、沙尘环境下发动机自主防沙系统设计技术、海洋环境下发动机腐蚀防护与控制技术以及强电磁干扰环境下发动机抗战能力提升技术。

4.1 高原高寒环境下发动机起动可靠性设计技术

与典型平原用涡轴发动机相比,全疆域使用的涡轴发动机的地面最大起动高度需要提高至 6000m 左右,空中最大起动高度需要提高至 8000m 左右,同时发动机起动时的进气温度降低至 -43℃ 以下,空气密度和压力减小,使得起动时进入发动机的空气流量明显减少,导致点火起动困难。而快速、可靠的起动能力是航空燃气涡轮发动机的重要特性之一。发动机起动能力主要受两个方面因素的影响:①燃烧室快速、可靠的点火能力;②发动机的起动加速性。

4.1.1 高原高寒环境下燃烧室可靠点火设计

高原高寒环境下,燃烧室内燃烧反应速率减慢,反应物浓度降低,燃烧反应放热量下降,燃烧效率低,使发动机涡轮的输出功下降以致无法满足压气机的消耗功,极易导致燃烧室无法成功点火或是点火后起动失败。因此,全疆域设计对燃烧室的首要要求就是应具备在高原高寒条件下可靠、快速的点火起动能力。

4.1.1.1 燃烧室点火设计与发动机起动的关系
燃烧室成功点火是发动机可靠工作的起始点,点火的成功对保证涡轴发动机的工作性能以及飞机的作战和安全性能都至关重要。但燃烧室点火成功并不意味着发动机就能够成功起动,同时燃烧室的点火性能在发动机起动过程中也受到诸多因素的影响。发动机的起动过程是从按下启动按钮之后,到发动机达到慢车稳定工作为止。图4.1给出了一个典型的涡轴发动机成功起动过程,具体过程如下:

(1) 按下启动按钮,起动机带动燃气发生器转子转动,压气机开始压缩空气。

(2) 当燃气发生器转子被带转到一定转速时燃油系统供油,燃烧室的点火系统开始工作,点火系统需要在规定时间内(一般不超过30s)点燃燃烧室中的油气混合物并成功联焰(即点火成功),燃气温度迅速上升。在燃烧室点火过程中燃气发生器转子继续被起动机带转加速,燃烧室进口的空气流量不断增加。

(3) 燃烧室点火成功后,涡轮开始做功,随着转子转速的不断上升,涡轮发出的功率在增大,当涡轮发出的功率大于发动机的吸收功率后,起动机脱开。

(4) 发动机继续加速到慢车稳定状态,发动机起动成功。

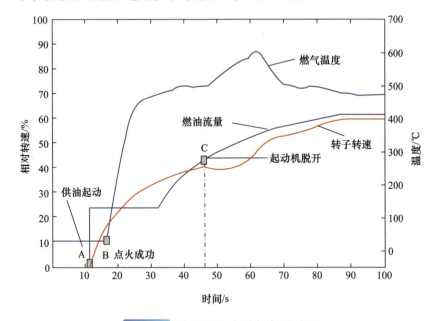

图 4.1 典型涡轴发动机起动过程

从典型涡轴发动机的起动过程可知,影响涡轴发动机起动成功的因素主要有:

(1) 燃烧室的点火性能。燃烧室的点火性能是决定发动机能否起动成功的先决条件。

(2) 起动机性能。起动机的性能主要决定起动机的带转能力,当起动机性能不足时,起动机带转燃气发生器转子转速上升很慢,容易造成燃烧室供油过多、点火延迟、涡轮超温甚至是发动机喷火等问题。

(3) 燃气发生器转子的转动惯量。燃气发生器转子的转动惯量越大,起动机带转的加速率越小,同样容易造成燃烧室点火困难、涡轮超温、悬挂甚至是发动机喷火等问题。

(4) 燃油系统。燃烧室的起动点火是一个动态过程,需要在规定的时间内将可燃的油气混合物成功引燃,因此需要与供油系统紧密配合。在点火起动过程中燃油控制规律要与点火相适应,供油太少,点火点不着,即使点着了也加速不上去;供油太多,会造成超温,还可能引起涡轮等部件损坏。

(5) 滑油温度。滑油在低温下黏性迅速增大,滑油黏性的增大给发动机起动时带来极大的阻力,会导致起动机带转加速慢,无法将发动机带转到额定的转速而可能造成发动机点火困难、起动超温甚至是发动机喷火等问题。

(6) 压气机的喘振裕度。当压气机的喘振裕度不足且在高寒环境下起动时,压气机叶尖间隙增大,喘振边界线降低,可能会导致压气机旋转失速;同时在高空再点火起动时由于发动机机体很热,燃烧效率高,可能会出现由于燃气温度过高而引起压气机旋转失速。

(7) 涡轮效率。涡轮的效率主要影响发动机的做功能力,涡轮的效率越高,在同等条件下涡轮发出的功越大,发动机就有足够的功率来传动压气机及克服机械损失之用,使发动机转速能够迅速上升而不会出现悬挂,否则可能出现涡轮超温及温度极不均匀带来损坏。采用整体涡轮导向器,减少高压空气的泄露是改善发动机起动过程的一个有效措施。

本书基于全疆域设计的使用要求提出了一种基于燃烧室点火性能的全疆域使用的涡轴发动机起动快速评估方法,用于计算和分析全疆域使用的涡轴发动机的起动性能。具体的过程如下:

(1) 燃烧室入口空气参数计算。

① 在常温条件下冷运转发动机,获得点火转速附近的一段区域内的换算转速与压比的对应关系。

② 根据发动机进口边界条件(总压、总温)及发动机点火对应的物理转速,计算压气机进口换算转速;

$$\bar{N}_{\text{cor}} = \frac{N}{\sqrt{T_{t0}}} \bigg/ \frac{N_0}{\sqrt{T_t^*}} \tag{4.1}$$

式中：$\bar{N}_{\text{cor}}$ 为换算转速(r/min)；N 为发动机物理转速(r/min)；T_{t0} 为压气机进口总温(K)；N_0 为压气机设计转速(r/min)；T_t^* 为标准海平面大气温度，取值为 288.15K。

③ 根据压气机进口换算转速，结合压气机部件特性和换算转速与压比的关系，通过插值获取进口换算转速下对应的进口折合流量。

④ 结合发动机进口条件(总压、总温)，将压气机进口折合空气流量换算为物理空气流量，即为燃烧室进口空气流量：

$$\dot{m} = \dot{m}_{\text{cor}} \frac{p_{t0}}{p_t^*} \sqrt{\frac{T_t^*}{T_{t0}}} \tag{4.2}$$

式中：$\dot{m}$ 为压气机进口物理空气流量；$\dot{m}_{\text{cor}}$ 为压气机进口折合空气流量；p_{t0} 为压气机进口总压；p_t^* 为标准海平面大气压力。

⑤ 计算出压气机出口压力，当点火转速较低时，出口温度按照进口温度处理，可不考虑微弱的温升作用。

计算得到的全疆域范围内发动机点火转速下压气机出口流量和压力如图 4.2 和图 4.3 所示。

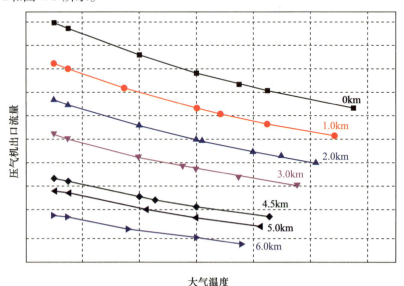

图 4.2　全疆域范围内点火转速下压气机出口流量计算结果

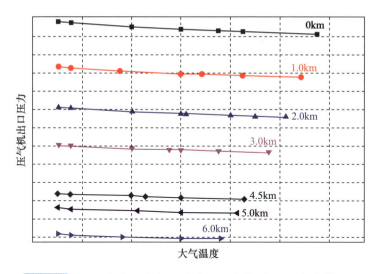

图 4.3　全疆域范围内点火转速下压气机出口压力计算结果

（2）燃烧室点火油气比计算。

① 燃烧室进行模拟地面和高空环境下的点火边界试验,获得不同进口温度、压力和空气流量下的点火油气比边界。

② 将不同进口温度、压力和空气流量下的点火边界处理成最低点火油气比随换算参考速度 $V_r\theta\delta$ 变化的曲线,获得最低点火油气比随换算参考速度的拟合公式。其中 V_r 为火焰筒参考截面的平均气流速度,θ 为无量纲压力,δ 为无量纲温度,计算公式如下：

$$V_r = \frac{W_a}{\rho A_r} \tag{4.3}$$

$$\theta = \frac{p_{t3}}{101325} \tag{4.4}$$

$$\delta = \frac{T_{t3}}{288} \tag{4.5}$$

式中：W_a 为燃烧室进口空气流量(kg/s)；ρ 为燃烧室进口空气密度(kg/m³)；A_r 为火焰筒参考截面面积(m²)；p_{t3} 为燃烧室进口总压(Pa)；T_{t3} 为燃烧室进口总温(K)。

③ 考虑发动机测量、燃烧室加工制造和压气机加工制造等的分散性,确定最低点火油气比的累加裕度,获得点火油气比边界随换算参考速度拟合公式的裕度系数。

④ 根据压气机提供的全起动包线范围燃烧室进口空气参数,计算燃烧室的换算参考速度,同时考虑裕度,获得全起动包线范围内的点火油气比边界。

图4.4给出了某型回流燃烧室最低点火油气比与换算参考速度的关系曲线。

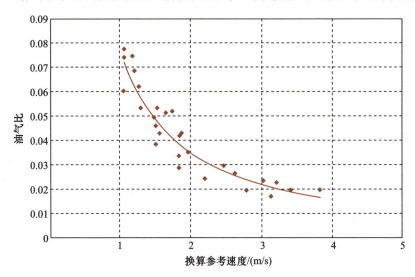

图 4.4　最低点火油气比与换算参考速度的关系

（3）发动机起动点火性能分析与评估。通过冷运转获得的压比和压气机部件试验数据，计算全包线燃烧室进口空气参数和全包线点火油气比，可以获得全疆域使用的涡轴发动机全包线起动时的点火供油规律。基于供油规律和燃烧室点火阶段的燃烧效率并结合转子转动惯量、压气机喘振裕度和涡轮效率等可准确评估和分析发动机的起动性能以及可能存在的风险，图4.5给出了基于上述方法获得的典型的全疆域使用的涡轴发动机起动点火供油规律。

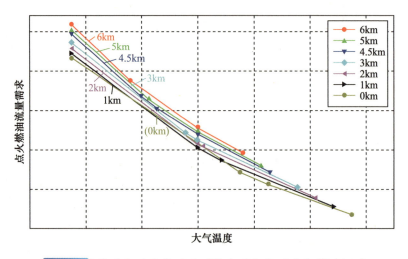

图 4.5　典型全疆域使用的涡轴发动机起动点火供油规律

4.1.1.2 影响燃烧室点火性能的主要因素

1. 点火器位置

点火器位置对点火性能有重要影响。有研究表明初始火核形成之后火焰传播方向取决于点火电嘴位置的程度要比流动状态的程度深,且回流区外的点火会首先在一侧产生轴向传播,随后开始向另一侧径向和切向上传播;而回流区内部的点火会使火焰传播向着钝体边缘移动来稳定火焰,当存在较强的旋流流动时,采用中心回流区内点火则无法成功。当点火电嘴产生的电火花位于负速度区、燃油粒径较小、平均当量比在可燃界限内点火成功概率更高。在相同气流条件下,火花持续时间长,点火成功概率更高。对于燃气轮机燃烧室,更应该考虑将点火电嘴布置在回流区宽度最宽处。整体流场测试、燃油粒径大小、分布以及当量比分布的测试,对于研究火焰传播、火焰稳定非常关键。图4.6和图4.7分别为不同点火位置的火焰传播过程和对点火性能的影响。

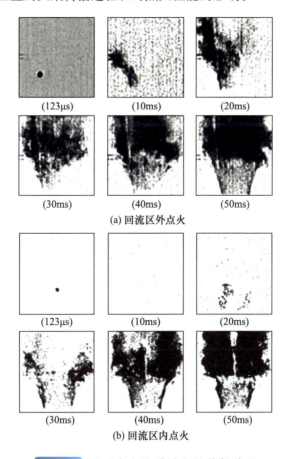

图4.6 不同点火位置的火焰传播过程

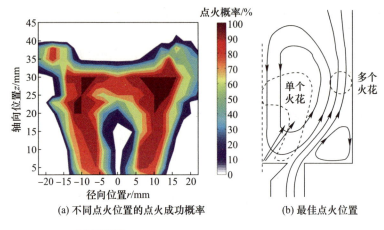

(a) 不同点火位置的点火成功概率　　(b) 最佳点火位置

图 4.7　不同点火位置对点火性能的影响

2. 燃油分级

对于涡轴发动机燃烧室起动时存在两种典型的燃油分级策略,如图 4.8 所示。第一种为点火起动时所有头部均供油。这种策略在发动机点火时每个燃油喷嘴的燃油流量很少,燃油压力低,燃油雾化很差,点火电嘴所在头部的燃油浓度较低,导致燃烧室点火电嘴所在头部的着火性能较差。但是,由于每个喷嘴均供油,点火电嘴所在头部着火后传到其他头部的性能较好,即联焰性能较好。为了解决上述方式带来的点火性能较差的问题,我们研究出了双油路喷嘴 + 双油路的供油方式。采用双油路离心喷嘴 + 双油路供油设计的燃烧室,副油路流量数通常仅为主油路流量数的 1/4～1/10 左右。在点火状态,仅副油路供油,此时,虽然单个喷嘴燃油流量没有增加,但喷嘴压差大幅增加,从而保证点火状态的燃油雾化质量;在非点火状态,主、副油路同时供油,实现大油量调节。

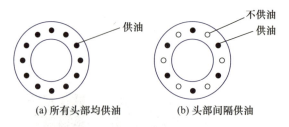

(a) 所有头部均供油　　(b) 头部间隔供油

图 4.8　两种不同的燃油分级策略

第二种策略是在发动机点火起动时仅一路喷嘴供油,间隔的喷嘴不供油,等到燃烧室点火联焰成功后,第二路才开始供油。这种供油方式增加了点火电嘴所在头部的燃油流量,燃油压力较高,燃油雾化改善,且点火电嘴所在头部的燃油浓度较高,导致燃烧室点火电嘴所在头部的着火性能较好。但是,由于间隔的喷嘴不供油,已着火头部向邻近供油头部传播的距离长,导致燃烧室的联焰性能不好,容易造成涡轴发动机起动超温和热悬挂。为了解决上述方式带来的联焰性能较差的问题,可以采用起动喷嘴+主喷嘴+值班喷嘴的多路供油模式,在点火状态,仅起动喷嘴(也称点火喷嘴,部分燃烧室还设置联焰喷嘴,起动喷嘴和联焰喷嘴同时工作)工作,而在非点火状态,仅主喷嘴与值班喷嘴工作。

3. 工况参数

工况参数对燃烧室点火性能的影响主要体现在燃烧室进口的空气流量、温度和压力。燃烧室进口的空气流量会影响燃烧室的压降(即空气流速),对于采用涡流器的燃烧室,随着空气流量的增加会出现点火性能(点火油气比)先减小后增大的趋势。这主要是由于气量增加后,离心喷嘴燃油流量增加,雾化压力增加,离心喷嘴本身的雾化改善。同时,空气压力降增加,进一步增加了气动力,亦改善了雾化。这二者作用使得雾化颗粒度减小,使燃油在高能电火花下更容易蒸发成油蒸气,导致贫油点火油气比减小。但当燃烧室进口的空气流量进一步增加时,其点火油气比会逐渐增大,这是由于涡流器出口区域气流速度的增大对点火的不利影响作用变得明显而导致的。

燃烧室进口空气温度对点火性能的影响主要有两方面。一方面,进口温度低,需要更多的能量将燃料/空气混合物加热到反应温度,也因为低空气温度下蒸发速率更低,更大比例的火花能量被吸收用于蒸发燃料液滴。同时,由于对流换热消耗的大量热量会导致化学反应速率变慢甚至是淬熄。另一方面,进口温度降低,特别是在高寒冷浸状态下燃油的黏性大大增加,导致燃油雾化性能恶化,燃油粒径变大,进一步影响燃烧室的点火性能。图4.9为环境温度对点火性能的影响。

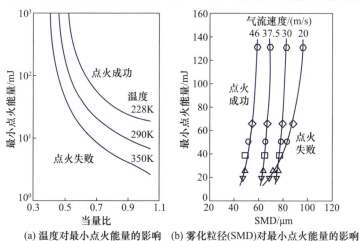

(a) 温度对最小点火能量的影响　(b) 雾化粒径(SMD)对最小点火能量的影响

图4.9　环境温度对点火性能的影响

燃烧室进口空气压力对燃烧室点火性能的影响也有两方面。一方面，由于空气压力的降低会使空气密度减小，空气中含氧量相对减少，空气对燃油的雾化性能恶化，雾化颗粒度大大增加，甚至平均直径达到几百微米。当雾化液滴直径大于 $40\mu m$ 的时候，火焰传播速度与液滴索太尔平均直径成反比。大尺寸的雾化液滴由于惯性大，会脱离空气的旋流轨迹，加之蒸发速率低，就会导致雾化液滴剧烈冲击燃烧室内壁，油气比分布不合理，进而导致燃烧室点火性能急剧恶化。另一方面，空气压力降低后，空气变稀薄，在燃烧室有效的头部空间内，氧分子个数大大减少，从而使氧分子与燃油蒸气的碰撞概率大大降低，燃烧链反应困难，化学反应速率减缓，进一步使燃烧室点火困难。

4. 头部流场结构

燃烧室头部进气比例对点火和燃烧稳定性能有较大影响，研究发现头部进气比例减小，其最大可点燃气流速度增大，但相同状态下点火边界变窄。而进气比例大，最大可点燃的气流速度低，高空点火高度将降低，地面和高空再起动点火困难。主燃区大小对点火性能也有较大影响，有研究结果表明主燃孔到头部距离与燃烧室参考截面高度比达到 60% 时，最大可点火速度最小；在比例达到 67% 时，贫油点火最大气流速度最大。但主燃区越大，相同状态下点火所需的油气比较低，点火更容易。

5. 油雾特性

油雾对点火性能的影响因素主要有：燃油的物性、油气比、雾化特性和燃油温度。

燃油的雾化特性主要包括燃油的平均直径和燃油的空间分布。燃油的平均直径越小，点火性能越好，这主要是由于小油滴更容易蒸发，从而核心火团温度高，释热速率大，点火容易。雾化特征之一的喷雾张角对主燃区的油气分布具有很大的影响，从而对点火性能、出口温度分布、污染排放及冒烟都会产生影响。这里所说的油气比是指主燃区有效的油气比，即已蒸发的燃油和主燃区空气的比例。有效油气比越接近于当量比，点火性能越好。燃烧室点火过程的第一步是核心火团的形式与存活，这就需要在点火电嘴附近有较高的油气比，以形成足够能量的核心火团，但往往油气比的分布是不均匀的，点火电嘴附近油气比高，有可能在回流区内的油气比就低，这样对点火过程的第二步即火焰传播就不利。所以，我们往往需要采用喷雾张角较小的喷嘴以使火焰传播有利，但亦需要平衡考虑火花塞附近油气比保持足够高的值。燃油温度的增加有利于点火性能的改善，这是因为燃油温度增加，燃油挥发性更好，燃油雾化也会变好。

低温低压条件对高空点火的物理化学机理产生了不利影响，特别是液态煤油的雾化。在低温低压的环境下,空气的密度减小,进口空气的动量减小,导致雾化质量的严重降低。研究发现,在低压环境下,雾化颗粒度大大增加,甚至平均直径达到了 $300\mu m$。而且低温使燃油物性发生改变,燃油的黏性随温度的降低会迅速增大,更加恶化了雾化质量。Ballal 和 Lefebvre 研究发现,流动的气液混合可燃物的最小点火能量是雾化液滴平均直径的四次方。Richards 和 Lefebvre 研究证明了当雾化液滴直径大于 $40\mu m$ 的时候,火焰传播速度与液滴索太尔平均直径成反比,这也同时说明了燃烧效率随雾化颗粒直径的增大而降低。大尺寸的雾化液滴由于惯性大,会脱离空气的旋流轨迹,加之蒸发速率低,就会导致雾化液滴剧烈冲击燃烧室内壁,油气比分布不合理。B. N. Caines 研究了负压条件对空气雾化特性的影响,研究总结了在高空再点火时的负压条件下的燃油雾化颗粒度的不均匀度增加,燃油雾化张角与理想状态相比减小了 30%,导致火焰传播速度降低了 50%,为高空再点火带来了困难。在低温低压条件下点火,为了保证燃油雾化的质量,需要从三个方面入手:

(1) 选择合适的空气雾化喷嘴;

(2) 在保证最低点火条件的前提下,调整燃烧室头部的流量分配,适当增加通过喷嘴的空气流量;

(3) 适当提高燃油温度。

4.1.1.3 高原高寒环境下燃烧室点火可靠性提高措施

1. 双油路离心喷嘴设计

燃油的雾化粒径直接影响燃烧室的点火性能,特别是在高原高寒环境下,燃烧室进口为低温低压条件,空气密度小,进口空气动量小,导致雾化质量严重降低,而且低温使燃油物性发生改变,燃油的黏性随温度的降低会迅速增大,进一步恶化了雾化质量。因此,通过选用双油路离心喷嘴改善起动点火过程中的雾化质量是提高燃烧室在高原高寒环境下的点火性能的重要措施。双油路离心喷嘴内有两条油路,一般称为主油路和副油路。双油路离心喷嘴是单油路离心喷嘴的改进型,其突出特点是燃油调节范围大。当燃烧室供油量较小时,即小状态下(如发动机起动和慢车状态)仅副油路工作,当燃烧室在大状态下工作时主副油路同时供油工作,这样可以保证在小状态下仍能获得较高的燃油压力,获得较好的雾化质量,有效保证燃烧室良好的点火性能和宽广的贫油熄火范围以及小状态下的燃烧效率要求。图 4.10 为某燃烧室单油路和双油路离心喷嘴在不同流量下雾化粒径的计算结果。结果表明,该燃烧室的双油路离心喷嘴由于在发动机点火时,仅副油路参与工作,提高了燃油喷嘴的进出口燃油压差,能极大改善雾化效果,从源头上保证点火起动状态的燃油雾化质量。

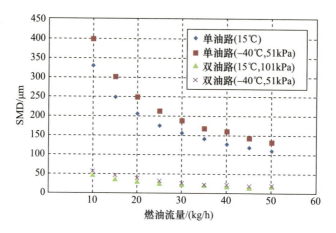

图 4.10　不同燃油流量下的燃油雾化粒径

图 4.11 研究了单油路离心喷嘴和双油路离心喷嘴的燃烧室点火性能。由图可知,相同换算参考速度下,双油路离心喷嘴的点火性能明显优于单油路离心喷嘴。换算参考速度越小,单油路离心喷嘴的点火性能越差,当模拟高度达到 6.0 km 以后单油路离心喷嘴无法点火成功。

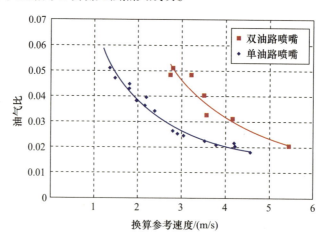

图 4.11　单油路与双油路离心喷嘴点火性能对比

此外,通过优化双油路离心喷嘴副油路喷口,适当减少副油路喷嘴流量数,持续改善燃油雾化质量是为进一步提高拓宽燃烧室的点火边界、提高高原高寒环境下点火可靠性的技术措施之一。图 4.12 给出两种不同副油路喷嘴流量数的雾化质量对比,其中喷嘴 B 在喷嘴 A 的基础上通过优化副油路喷口设计,将副油路喷嘴流量数减少了 25%,使小工况下的燃油雾化粒径降低了 20% 以上,有效改善燃油雾化质量,使高原高寒环境下的点火边界得到了有效拓宽,在同一状态下的点火油气比降低了 20% 以上。图 4.13 为不同副油路喷嘴流量数下的点火性能对比。

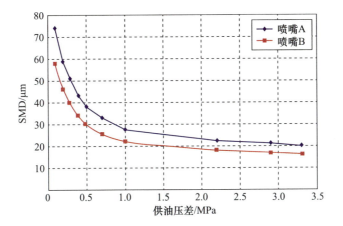

图 4.12 不同副油路喷嘴流量数下的燃油雾化粒径

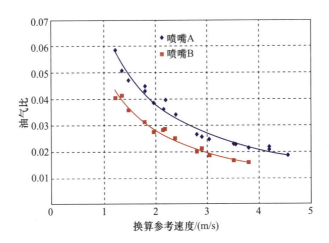

图 4.13 不同副油路喷嘴流量数下的点火性能对比

2. 旋流杯式涡流器设计

先进涡轴发动机燃烧室普遍采用旋流杯式涡流器对燃油进行进一步雾化和稳定火焰,如 MTR390 和 T700 等系列发动机。对于旋流杯式涡流器,其工作过程为燃油从离心喷嘴中喷出,冲击在文氏管上,形成薄油膜。在文氏管出口边缘上,油膜破碎成条,然后迅速地进入内外旋向相反的两股旋流剪切空气层中雾化。在剪切层中,破碎成条的油膜进一步雾化,形成油雾。因此,旋流杯式涡流器对燃油雾化也有很大影响。在设计时,应主要考虑双级涡流器的旋向、旋流强度和一、二级流量分配等影响因素。当一、二级涡流器旋向相反时,中心回流区的回流量会增加,具有更好的燃油雾化效果和更均匀的空间分布,同时适当增大一级涡流器的旋流强度有助于燃油的雾化和径向扩散。因此,在某回流燃烧室设计时采用了一、二级涡流器旋向相反,一级涡流器强旋的设计。在一、二级涡流器流量分配的设计上,由于一级涡流器的功能是产生高速旋转射流,增加气流与油滴间相对速度,起辅助雾化的作用,因此从改善点火的角度考虑,需要适当增加一级涡流器的流量,增大一级涡流器下游的气液比,以改善燃油雾化质量,最终确定一级涡流器的流量占整个涡流器的流量比例。图4.14为某回流燃烧室不同一级涡流器流量分配比例对高原高寒点火性能的影响。其中方案1-2在方案1-1的基础上将一级的气量分配比例增加了50%。由图可知,在换算参考速度小于4m/s时,增大一、二级涡流器流量分配比例能够有效改善高原高寒条件下的点火性能。方案1-1在换算参考速度大于4m/s时其点火性能与方案1-2相当,但当燃烧室进口温度低于-30℃,压力低于50.5kPa时无法点火成功。而方案1-2在燃烧室进口-40℃,50.5kPa(模拟高原高寒)的条件下能够成功点火联焰,在燃烧室进口-27℃,44.1kPa(模拟6.5km高空)的条件下也具有较好的点火性能。

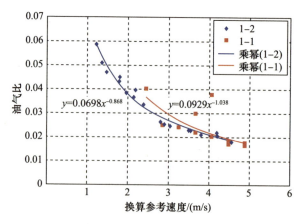

图4.14 不同一级涡流器流量分配比例对点火性能的影响

3. 主燃区流场设计

在燃烧室点火过程中,主燃区流场结构对燃油在火焰筒内的空间分布以及火焰稳定有重要影响,需要采取措施控制主燃区的流场结构。一方面,保证点火电嘴位于点火成功概率最高的位置,即将点火电嘴布置在主燃区回流涡的正上方,如图4.15所示;另一方面,控制主燃区的流场形态。为保证火焰传播过程中有合适的气流速度和雾化良好的燃油分布与湍流火焰传播相匹配,主燃区流场设计时需要给初始火核提供合适的传播路径使气流向头部涡流器传播并引燃整个头部。在对某回流燃烧室主燃区进行设计时,采用了大腔高、小载荷参数、高燃烧效率、富油的主燃区设计,使火焰筒参考速度控制在 10.0m/s 以下。同时,采用对称高稳定性主燃区的流场结构和高回流量的全尺寸回流区设计,充分利用火焰筒主燃区的空间,同时导流板采用流线型结构,引导油气混合物沿导流板的锥形母线方向流动,保证油雾在主燃区分布均匀以及点火电嘴附近具有足够的燃油浓度,以达到有效拓宽点火边界的目的。图 4.16 和图 4.17 给出了两种典型的主燃区流场结构及其高原高寒点火性能对比。方案 1-4 为非对称双涡主燃区流场,方案 1-3 为对称双涡主燃区流场。由图可知,主燃区流场结构对燃烧室高原高寒的点火性能有很大影响,当减少外环回流涡尺寸时,燃烧室的最小点火油气比增大了 40% 以上,且在燃烧室进口温度低于 -30℃,进口压力低于 50.5kPa 的条件下无法点火成功。这主要是因为方案 1-4 的内环主燃孔射流较强,外环主燃孔射流较弱,且内外环主燃孔射流相互之间略有错开,内环主燃孔大部分射流部分进入外环回流涡并对外环回流区产生了压制作用,导致外环回流涡明显小于内环。一方面,这种流场会造成靠近电嘴附近气流速度增大,导致点火困难;另一方面,内环主燃孔的高速射流对涡流器出口的旋转射流产生了破坏作用,进而影响涡流器出口速度剪切层的油气匹配,阻碍了初始火核向涡

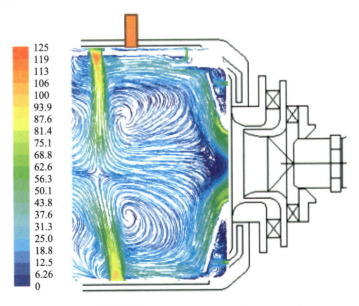

图 4.15 点火电嘴位置示意图

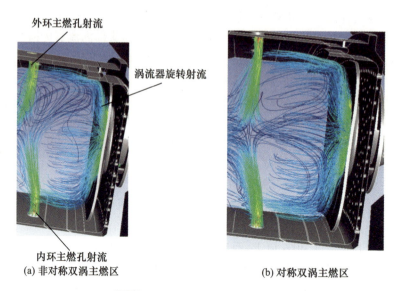

(a) 非对称双涡主燃区　　(b) 对称双涡主燃区

图 4.16　不同主燃区流场结构

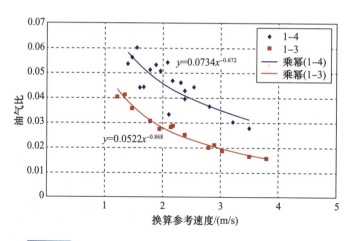

图 4.17　不同主燃区流场结构高原高寒点火试验结果

流器的传播。同时,外环过小的回流涡会使点火电嘴点燃的高温燃气不能将足够的热量输送给新鲜混气,使初始火核缺少足够向整个火焰筒头部传播的能力,从而加剧了燃烧室的点火性能的恶化。

4.1.2　面向起动加速性的转子轻量化设计

加速性设计是为了解决高原高寒发动机的起动和发动机在使用过程中良好的加速性,从而提高战时装备的作战灵活性。航空发动机的加速性设计除了考虑成附件外,主要是考虑转子加速性的设计。转子加速性与转子的转动惯量相关,通过减轻核心机转子的重量,降低其惯量,可以降低全包线范围内的起动功率,一方面能够提高高原、高寒环境下的起动可靠性,另一方面能够提高发动机的起动加速性,提高装备的灵活性和作战能力。

某发动机核心机转子面临转子超重问题,不能满足全疆域设计的需求。经过计算对比起动电机负载惯量和核心机转动惯量,在达到该发动机起动加速度要求时,核心机转子超重约12.3%,需要进行减重。

结构优化设计被广泛的应用于零部件减重,能够在不改变零部件材料的前提下,实现零部件的轻量化设计。本节主要从全疆域设计对转子轻量化的要求出发,提出一种高效的优化设计方法,然后利用该方法对某发动机核心机转子进行优化设计,重点介绍优化方法的应用和详细的优化设计流程,最后对优化结果进行分析。

4.1.2.1 基于降维和径向基神经网络的高效优化方法

轮盘作为核心机转子的关键件,在核心机转子重量中占较大的部分,是核心机转子减重的关键。轮盘设计需要考虑强度、振动、寿命、重量、尺寸限制、加工工艺性、装配可行性等要求。许多学者和工程技术人员对发动机转子轮盘减重进行了大量的研究。结构优化和新材料应用是轮盘减重的主要措施和研究方向。结构优化包括尺寸优化、形状优化和拓扑优化。尺寸优化通过改变结构的基本尺寸(如轮盘子午面的直线长度、角度、圆弧大小等)以提升结构性能。采用尺寸优化技术对盘体关键尺寸进行优化,可以获得尺寸更合理的结构,降低轮盘重量。尺寸优化较为成熟,但是只能改变尺寸的大小,因此不能得到最佳的盘体形状。形状优化由样条曲线表示轮盘的边界,在保持结构边界连续性不变的前提下,通过优化样条曲线控制点的坐标寻找理想的几何形状。理论上通过样条曲线可以形成任意形状的盘体轮廓。拓扑优化是在一个给定的结构设计区域内,寻求满足设计约束(如应力、位移等),并使目标函数(如重量等)达到最优的材料布局,即最优结构拓扑。拓扑优化得到的拓扑构型边界并不光滑,通常需要结合尺寸优化或形状优化进行进一步的优化。

优化设计过程中,当设计变量较多时,可以采用代理模型提高优化效率。除了对代理模型改进的研究,对样本点采集的研究也受到关注。由于工程实际中精确模型往往较为复杂,样本点的计算成本较大,因此序贯加点方法得到重视。在优化设计领域,由于没有必要提高全局的近似精度,因此发展了专门针对全局最优点附近区域的加点方法,主要有最大改进目标概率法、最大改进目标期望值法和最小统计下界法等。本征正交分解(POD)基于设计空间降维的思想被用于优化设计中。近年来,在代理模型中结合POD空间映射方法的研究得到关注。本书提出基于POD补充采样的径向基神经网络(RBF)代理模型构造方法,利用本征正交分解对代理模型中的采样过程进行改进,通过本征正交分解进行空间降维找到潜在的最优解区域,然后对该区域进行重点采样,从而在总样本点数相同的前提下,提高代理模型的精度,提升优化效果,并将其用于某核心机转子轮盘尺寸优化。然后,采用基于变密度法的拓扑优化方法对燃气涡轮盘螺栓孔附近区域的形状进行拓扑优化。在核心机转子强度、寿命满足要求的前提下,减轻了核心机转子的重量,满足了某涡轴发动机全疆域设计需求,解决了不同使用环境需研制不同型号发动机造成的费时费钱和使用不方便问题。

1. 本征正交分解技术

本征正交分解的基本思想是从样本空间中提取一个由基函数构成的最优正交子空间来近似表示一个目标函数。快照POD方法通过一系列的样本数据求得基函数。假设样本矩阵有 n 个列矢量,每个代表一个样本,也称为快照(snapshot),则快照矩阵为 $\boldsymbol{X}=[\boldsymbol{x}^{(1)}\cdots\boldsymbol{x}^{(i)}\cdots\boldsymbol{x}^{(n)}]$。

式中:$\boldsymbol{x}^{(i)}=[x_1^{(i)},x_2^{(i)},\cdots,x_m^{(i)}]^t$ 表示第 i 个样本;m 表示样本中有 m 个设计变量。

对快照矩阵进行最佳正交分解得到基函数。最佳正交分解也就是求解特征值问题,即

$$\boldsymbol{X}\boldsymbol{X}^t\boldsymbol{U}=\boldsymbol{U}\boldsymbol{\Lambda} \tag{4.6}$$

求解式(4.6)等价于:

$$\boldsymbol{X}\boldsymbol{X}^t\boldsymbol{\varphi}^{(i)}=\lambda_i\boldsymbol{\varphi}^{(i)} \quad (i=1,2,\cdots,n) \tag{4.7}$$

式中:$\boldsymbol{X}\boldsymbol{X}^t$ 为协方差矩阵;$\boldsymbol{U}$ 为 $\boldsymbol{X}\boldsymbol{X}^t$ 的特征矢量矩阵,$\boldsymbol{U}=[\boldsymbol{\varphi}^1\cdots\boldsymbol{\varphi}^{(i)}\cdots\boldsymbol{\varphi}^{(n)}]$,$\boldsymbol{U}$ 的列为基函数;$\boldsymbol{\Lambda}$ 为相应的特征值 λ_i 的对角矩阵;λ_i 为矢量 $\boldsymbol{\varphi}^{(i)}$ 对快照矩阵的贡献,值越大表明贡献越大,因此特征值 λ_i 是从大到小排列的,即 $\lambda_1>\lambda_2>\cdots>\lambda_n$。

基于POD理论,进行设计空间降维的直观表示是:如果数据在某一个方向上是占支配性的,将数据朝这个方向旋转可以更好地反应数据的规律和便于对数据进行降维。如图4.18所示,数据沿着 x' 方向是占支配性的,称为主方向。由于 y' 方向只包含数据的少量信息,因此忽略 y' 方向并不会丢失太多的数据信息。

在数学上,通过对数据进行坐标变换实现降维。坐标变换后的设计空间称为映射空间。坐标变换如下所示:

$$\boldsymbol{X}_{\text{proj}}[m,n]=\boldsymbol{A}[m,n]=\boldsymbol{U}^{\text{T}}[m,n]\boldsymbol{X}[m,n] \tag{4.8}$$

式中:下角标"proj"表示映射空间;$\boldsymbol{X}[m,n]$ 为快照矩阵,与前面提到的 $\boldsymbol{X}=\boldsymbol{x}^{(1)}\cdots\boldsymbol{x}^{(i)}\cdots\boldsymbol{x}^{(n)}$ 相同;$\boldsymbol{X}_{\text{proj}}[m,n]$ 为坐标变换为映射空间后的快照矩阵。

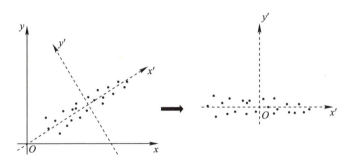

图 4.18 沿新坐标轴旋转数据

仅保留矩阵 $U[m,n]$ 少数的前几列就可以保留原数据的大部分信息。假设仅保留 k 列 $(k<m)$，在映射空间内建立的降阶模型为

$$X_{\text{ROM}}[k,n] = U^{\text{T}}[k,n]X[m,n] \tag{4.9}$$

式中：下角标 "ROM" 表示降阶空间；X_{ROM} 为降阶后的快照矩阵。

建立了设计空间降阶模型后，如果将之应用于优化设计中还需将映射空间内的数据返回到原设计空间，即根据降维后的数据重构原数据。优化过程中，在建立的映射空间内修改参数，数据重构后能够实现原设计空间内设计变量的变化。方法如下：

如果保留 $U[m,n]$ 所有的列，则通过下式可以将数据返回到原设计空间：

$$X[m,n] = U[m,n]X_{\text{proj}}[m,n] \tag{4.10}$$

在映射空间内给定一个点 $X_{\text{proj}}[m,1]$，则对应的原设计空间的点为

$$X[m,1] = U[m,n]X_{\text{proj}}[m,1] \tag{4.11}$$

如果仅保留 $U[m,n]$ 前几列，则基于下面的理论：

以一个二维空间数据为例，如图 4.19 所示，将二维数据进行 POD 分解后，只保留一个主方向，忽略 y' 方向的影响，降维后二维数据变为一维数据。假定点 $Q(x'=x_q, y'=y_q)$ 为原设计空间中的最优点，对于在映射空间内一个新的设计点 $P(x'=x_q, y')$ 来说，由于 y' 方向被忽略了，即 y' 未知，因此无法直接将点 P 数据返回到原二维空间，也就是说无法找到点 P 在原二维空间中对应的点。为此，我们假定点 P 在 y' 方向上的值与临近的点 Q 是相同的，这时点 P 的坐标为：$P(x'=x_p, y'=y_q)$，进而可将点 P 返回到原二维设计空间，找到其在二维空间对应的点。这样处理的影响是后续优化中只在 x' 方向进行优化，y' 方向采用的是原样本数据中最优点的值，由于 y' 方向对结果的影响较小，因此取一个较优的值是可接受的，尽管该值可能不是最优的值。

基于上述方法，对于给定的快照矩阵 $X[m,n]$，进行 POD 分解后，假定保留

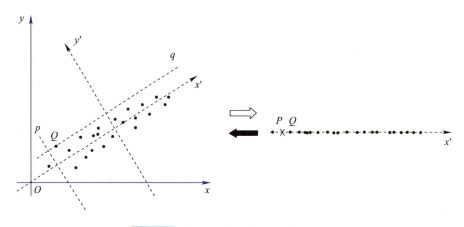

图 4.19 数据降维及数据重构示意图

了 k 个主方向,通过下式可以在映射空间内原最优点 X_{proj}^{opt} 附近寻找一个新的点 X'_{proj}:

$$X'_{proj}[m,1] = X_{proj}^{opt}[m,1]\mu[1,m] \tag{4.12}$$

式中: $\mu[1,m] = [\mu^1, \mu^2, \cdots, \mu^k, 1, 1, \cdots, 1]^T$,称为 POD 系数,在优化中 POD 系数作为新的设计变量,因此设计变量的个数缩减为 k 个,从而实现了设计空间的降维。

然后,通过下式将搜索过程中得到的新的计算点返回到原设计空间生成新的构形参数:

$$X[m,1] = U[m,n]X'_{proj}[m,1] \tag{4.13}$$

通过 POD 对设计空间进行降维,在优化中将 k 个 POD 系数作为新的设计变量,通过优化 POD 系数,在映射空间内修改设计变量,然后返回到原设计空间,生成新的变量(包括 m 个设计变量)。通过此方法,既能减少优化中设计变量的个数,又保证了原设计空间设计变量的完整性。

2. 径向基神经网络模型

径向基函数模型是一种采用合适的径向函数作为基函数,以未知待测点与已知样本点之间的欧氏距离作为基函数的自变量,通过线性加权叠加而构造出来的代理模型。其最大的特点在于通过欧氏距离的引入,把一个多维空间中的预测问题转化为以欧氏距离为自变量的一维问题。径向基函数模型的构造过程相对简单,具有较好的灵活性和较高的计算效率,对于高维非线性问题也有较好的适应性。现已广泛地应用于图像处理、结构优化等领域中。

径向基函数模型的数学原理如下:

对于给定样本点集合 $X = (x_1, x_2, \cdots, x_N)^T$,其对应的函数响应值矢量为 $Y = $

$(y_1, y_2, \cdots, y_N)^T$,则基于径向基函数的未知点 x 处函数值的表达式为

$$\hat{y}(x) = \boldsymbol{w}^T \boldsymbol{\phi} = \sum_{i=1}^{N} w_i \phi(\|x - x_i\|) \quad (4.14)$$

式中：$\|\cdot\|$ 为欧氏距离；N 为样本点数目；w_i 为第 i 个样本点 x_i 的权重系数，w_i 需由插值条件求得；$\boldsymbol{\phi} = [\phi_{ij}] = \phi(\|x_i - x_j\|)$，其中 $i, j = 1, 2, \cdots, N$；$\boldsymbol{w} = (w_1, w_2, \cdots, w_N)^T$。

利用所有已知样本点，求解步骤如下：

$$y(x_k) = \boldsymbol{w}^T \boldsymbol{\phi} = \sum_{i=1}^{N} w_i \phi(\|x_k - x_i\|) k \quad (k = 1, 2, \cdots, N) \quad (4.15)$$

式(4.15)的矩阵形式表达式为

$$Y = \boldsymbol{\phi} \cdot \boldsymbol{w} \quad (4.16)$$

当样本点不重合且 $\boldsymbol{\phi}$ 正定时，则上式有唯一解：

$$\boldsymbol{w} = \boldsymbol{\phi}^{-1} \cdot Y \quad (4.17)$$

式中

$$\boldsymbol{\phi} = \begin{bmatrix} \phi(\|x_1 - x_1\|) & \cdots & \phi(\|x_1 - x_N\|) \\ \vdots & \ddots & \vdots \\ \phi(\|x_N - x_1\|) & \cdots & \phi(\|x_N - x_N\|) \end{bmatrix}_{N \times N}$$

代入式(4.17)中即可进行未知点处函数预测。

以上各式中的 $\phi(r)$ 为径向函数；r 为样本点之间的欧式距离。

3. 基于 POD 补充采样的径向基神经网络代理模型

对于一个高维优化问题，需要大量的样本才能保证代理模型的精度。但是，在航空发动机实际应用中精确模型往往很复杂，单个样本点的计算成本很大，因此大量样本点的计算仍会导致计算成本高昂。如何在定义域内进行高效采样，实现以较小的成本建立满足精度要求的代理模型，是进一步提高优化效率的有效措施。采用代理模型代替精确模型进行优化时，提高代理模型的全局近似精度是不必要的，而只需提高其在全局最优点附近区域的近似精度，因此需要对代理模型潜在的最优区域进行重点采样。为此，提出了一种基于 POD 的代理模型补充采样方法，其流程如图 4.20 所示。

该方法以初始较少的样本点为基础，此时这些初始样本点构建的代理模型是不能满足精度要求的，然后进行本征正交分解，根据已有样本点的信息增加新的样本点。该方法通过本征正交分解，对设计空间进行降维后，在初始样本中潜在的最优区域增加更多的采样点，从而有针对性地添加精确模型信息，逐步达到

提高代理模型局部近似精度的要求。

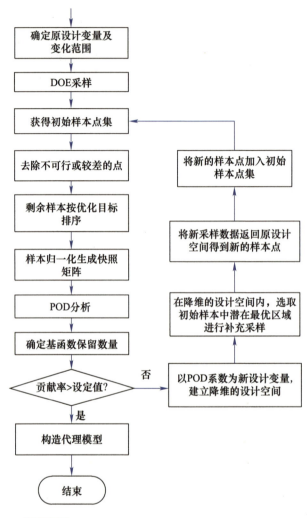

图 4.20 基于 POD 的代理模型自适应加点流程

4.1.2.2 核心机转子优化设计

1. 优化对象

某发动机燃气发生器由组合压气机、短环回流燃烧室、双级燃气涡轮等组成。核心机转子如图 4.21 所示。压气机包括 3 级轴流整体叶轮和 1 级带分流叶片的前倾、后弯式离心叶轮组成。涡轮由转子叶片、涡轮盘、挡板、涡轮轴等零件组成。涡轮盘与挡板连接的一种典型方式是通过周向均布的数个长螺栓连接（图 4.22）。为了便于挡板和涡轮盘贴合，并保证螺栓孔的强度、寿命，现有技术设计的涡轮盘通常盘体较厚,导致涡轮盘超重。如果将盘体减薄,螺栓孔应力会大幅上升。计算表明当通过减薄盘体减重约 20% 时,螺栓孔应力上升大约 46.2%。本书首先对核心机转子 6 个轮盘的盘体形状进行了优化,然后针对涡轮盘减重优化后螺栓孔部位应力偏大的问题,采用拓扑优化对涡轮盘螺栓孔周围的构型进行优化。

图 4.21 核心机转子示意图

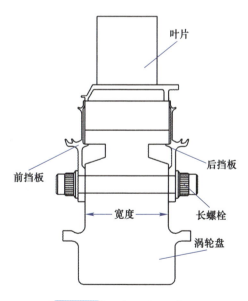

图 4.22 燃气涡轮示意图

该发动机核心机转子包括6个轮盘,每个轮盘包括十几个设计变量,优化规模较大,得到优化方案所需的时间较长,不能满足型号研制周期需求。为了节省优化所需的时间,采用了基于POD补充采样的RBF代理模型构造方法。轮盘优化流程可分为轮盘参数化建模、建立优化数学模型、代理模型构造、选择优化算法进行寻优4个环节。以压气机一级叶片盘为例,给出上述环节的具体过程。

2. 涉及的各学科设计准则

1) 电机功率与负载惯量设计准则

电机用于发动机起动发电系统,同电机控制器、电流互感器等配套使用。在飞机发动机起动时,由起动电源向电机供电,并由控制器控制完成发动机起动,当发动机达到规定转速后,转入发电状态运行。电机功率、转矩和惯量有如下关系:

转矩 T 可以由功率 P 和转速 N 算得

$$T = 9549 \frac{P}{N} \tag{4.18}$$

式中:P 为电机额定功率(kW);T 为电机额定转矩(N·m);N 为电机转速(r/min)。

理想下,电机转矩做功全部转为功能,从能量和做功的角度经推导得出:

$$T = \frac{1}{2} J \beta \tag{4.19}$$

式中:T 为转矩(N·m);J 为总惯量(kg·m²);β 为角加速度(rad/s²)。

从式(4.19)中可以看出,如果负载惯量已定,电机功率越大,则加速度越大,起动时间减少,但起动功率增加通常受到其重量的限制。如果电机功率已定,总惯量和加速度有直接关系,负载惯量越小,加速度越大,发动机起动性能越好。此外,也可以根据负载惯量和加速度要求,算出电机的输出转矩,作为电机的选型参数之一。

2) 核心机转动惯量设计准则

根据核心机的传动链计算各转动部件折算到起动电机轴线上的转动惯量。利用UG软件绘制各部/组件的三维实体模型,计算附件传动各齿轮、燃气发生器转子以及离心增压泵、泵调节器、交流电机、滑油泵的转子件绕其自身轴线的转动惯量,再根据传动链将各部组件的转动惯量折算到起动电机轴线上。

各转动件折算到起动轴线的转动惯量,按下式计算:

$$I_{M/K} = I_K (n_K/n_{M/K})^2 \tag{4.20}$$

式中:$I_{M/K}$ 为转动件折算到起动电机轴线的转动惯量;I_K 为第 K 个零部件绕自身轴线的转动惯量;n_K 为第 K 个零部件的转速;$n_{M/K}$ 为起动电机的转速。

核心机折算到起动电机轴线上的转动惯量,按下式计算:

$$I_M = \sum_{k=1}^{n} I_{M/K} \tag{4.21}$$

3) 起动性能设计准则

对发动机起动系统的基本要求是:在压气机不喘振和涡轮前不超温的情况下,在给定的时间内按照给定的起动和燃油控制程序点燃主燃烧室,并将发动机加速到慢车。起动加速性和可靠性评估方法如下:

设置电机目标转速为 2500r/min,功率为 11kW,燃气发生器点火转速为 7500r/min,由式(4.18)计算得到电机达到目标转速 2500r/min 时,起动转矩 $T = 42$ N·m。

由式(4.20)、式(4.21)计算燃气发生器的传动链各转动部件折算到起动电机轴线上的转动惯量。经计算,折算到电机轴上的转动惯量等于 1.3kg·m^2。折算到电机轴上的转动惯量等于电机的负载惯量。

由式(4.19)计算得到角加速度 β,经计算 $\beta = 64.6$rad/s^2。

由于角加速度随着时间是逐渐减小的,假定角加速度的变化率为恒定,则在燃气发生器转速从 0 到达点火转速时的平均角加速度为 $\bar{\beta} = 2\beta$。

点火时间可由下式计算得到:

$$\frac{N_p}{t} \cdot \frac{2\pi}{60} = \bar{\beta} \tag{4.22}$$

式中:N_p 为燃气发生器点火转速;t 为点火时间。

经计算可得点火时间 $t = 6$s。

假定电机脱开时的燃气发生器转速为 $n_{g1} = 14400$ r/min,从点火到电机脱开这段时间内的加速度略有减小,按经验取 0.85β。燃气发生器慢车转速 $N_{g1} = 24800$ r/min,从电机脱开到慢车这段时间,加速度略有增加,按经验取 1.25β。

$$N_p + k_1\beta \cdot \frac{60}{2\pi} \cdot (t_1 - t) = N_{g1} \tag{4.23}$$

式中:t_1 为电机脱开时间;k_1 取经验值 0.85。

$$N_{g1} + k_2\beta \cdot \frac{60}{2\pi} \cdot (t_2 - t_1) = N_{g2} \tag{4.24}$$

式中:t_2 为燃气发生器达到慢车的时间;k_2 取经验值 1.25。

通过式(4.23)求得 $t_1 = 19.1$s,通过式(4.24)求得 $t_2 = 32.5$s。

通过该方法可以估算点火时间和达到慢车时的时间,从而评估起动加速性。

4）轮盘强度寿命设计准则

轮盘的静强度设计需要具有足够的静强度储备,强度设计准则中规定了最小的储备系数。只要大于规定的储备系数,就能确保轮盘能够在允许可能出现的超转范围内工作而不破裂。但是,在这种情况下设计轮盘很容易笨重,有些储备系数设计得过大。究其原因,一方面,强度储备要评估轮盘子午截面、辐板喉部圆柱截面、含偏心孔的子午截面与辐板圆柱截面、内径处和榫槽等的平均应力强度储备。评估时要同时满足这些强度储备要求,并且这些强度储备相互之间有影响。例如,提高轮盘圆柱截面的强度储备,有可能导致子午截面强度储备降低。提高榫槽的强度储备,有可能导致轮心强度储备降低。另一方面,轮盘除了要保证不破裂外,对变形和寿命也有要求,并且对与之连接的叶片也有影响。轮盘笨重,有些强度储备系数过大,如果将轮盘减薄后,有可能导致轮盘变形增大,也可能影响与之连接的叶片振动。而且轮盘形状改变对轮心寿命有较大影响,减薄轮盘靠近榫槽部分,轮心寿命会增加,减薄轮盘靠近轮心部分,轮心寿命会降低。因此不能简单地认为某一处的强度储备系数大,就可以进行结构改进降低其储备,而是应该综合考虑其相互影响。

5）转子动力学设计准则

一般情况下,需将转子弯曲型临界转速调整在最大工作转速以上,刚体振型临界转速置于慢车转速以下;高于发动机最大工作转速的转子临界转速至少应高于最大允许的瞬态转速的20%,低于发动机工作转速范围的转子临界转速至少应低于慢车转速的20%;除此之外,还要满足转子弯曲应变能要求、转静子间间隙控制要求、支承结构载荷要求和转子稳定性储备要求。

针对全疆域设计对转子动力学的需求,本书提出了一种高转速、大功率、长跨距发动机转子动力学设计技术。该技术适用于高转速、大功率、长跨距的超临界发动机的转子动力学设计,通过共振模态危害性评级,实现发动机转子危险模态的识别及鼠笼-挤压油膜阻尼器与发动机转子的刚度匹配设计,解决发动机转子临界转速裕度难以满足要求、发动机过临界时振动过大的问题。

3. 面向全疆域设计需求的转子设计流程

面向全疆域设计需求的涡轴发动机核心机转子设计包括5个方面,具体内容如下:

（1）起动电机选型分析:初步选定电机型号,根据电机功率和转速,计算电机转矩,然后根据发动机起动加速度要求,计算负载惯量。

（2）核心机转动惯量分析:利用UG软件绘制各部/组件的三维实体模型,根据核心机的传动链计算各转动部件折算到起动电机轴线上的转动惯量。

（3）起动加速性评估:根据起动电机选型得到的负载惯量和计算得到的核

心机转动惯量,评估起动加速性是否满足需求。

(4) 轮盘强度、寿命评估:根据相应的标准,对轮盘强度、寿命进行评估。

(5) 转子动力学评估:对核心机转子动力特性进行评估。

(6) 轮盘结构优化:当核心机转动惯量、轮盘强度寿命、核心机转子动力特性不满足要求时,需要针对轮盘开展结构优化。

面向全疆域设计需求的涡轴发动机核心机转子设计流程见图 4.23。

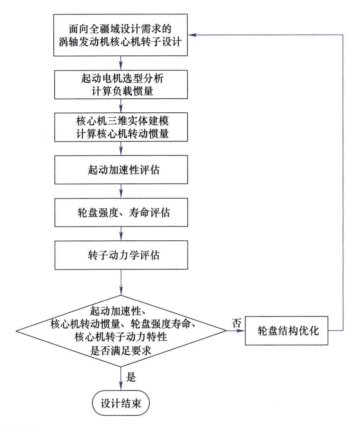

图 4.23 面向全疆域设计需求的涡轴发动机核心机转子设计流程图

4. 优化数学模型

电机选型、核心机转动惯量计算按前述规定的方法进行计算,强度、寿命以及转子动力学评估已有相应的评定标准,在此不再赘述。下面对轮盘优化设计方法进行重点介绍。

1) 参数化建模

以尺寸优化为例,对轮盘参数化建模进行介绍。强度、振动有限元分析中必须读入零件的几何模型,如何根据优化要求自动调整几何模型是决定能否实现优化的关键。参数化设计(parametric design)的主体思想是用几何约束、工程方程与关系来说明产品模型的形状特征,从而达到设计一簇在形状或功能上具有相似性的设计方案。参数化实体造型中的关键是几何约束关系的提取和表达、几何约束的求解以及参数化几何模型的构造。

本书中以结构造型软件(如 UG)为基础平台进行参数化建模。采用 UG 进行参数化建模可分为两种方法:①采用命令流的方式,并应用几何造型方法进行参数化实体造型。这种情况特别适合于通过增加与用户专业设计软件的接口功能,实现从专业设计到造型全过程的自动化。②采用 UG/Open 外部模式开发参数化造型软件。利用 UG 的草图、约束、表达式及更新功能实现参数化造型。这种办法适合于已具有零件完整 UG 模型的情况。在进行轮盘结构优化时,通常已建立了 UG 模型,因此采用 UG/Open 外部模式进行参数化造型,并开发了 Ugupdate.exe 接口程序,在 UG 中通过尺寸约束实现对几何形状的控制。接口程序的思路是通过调用 UG 函数,实现可以在不打开 UG 的情况下,使得模型自动变更。具体步骤第一步:初始化 UG api;第二步:调用 UF_PART_open 打开 prt 文件;第三步调用 UF_MODL_import_exp 更新模型表达式文件,然后调用 UF_MODL_update 更新模型;第四步:调用 UF_MODL_Save 保存模型,调用 UF_PART_close 关闭 Prt 文件;第五步:调用 UF_terminate 进行调用清理。优化过程中,优化软件通过 Ugupdate.exe 接口程序驱动二维草图(图 4.24)或三维模型中的尺寸改变,生成新几何模型,然后输出 x.t 或 .igs 格式模型给有限元软件进行强度、振动分析。

图 4.24　二维草图参数化

2) 确定优化数学模型

优化数学模型一般由三要素构成,即优化设计变量、约束条件及目标函数。轮盘优化时一般将轮盘子午面的草图尺寸作为设计变量。约束条件主要从强度、振动、寿命、工艺、装配等方面考虑。一般以轮盘体积为目标函数,也有以轮盘的应力为目标函数的情况,这时轮盘体积可作为约束条件。此外也可以将体积和应力同时作为目标函数,进行多目标优化。

本次约束条件主要有:

(1) 轮盘危险截面平均径向应力,确保危险截面强度储备满足要求;

(2) 子午截面平均周向应力,确保子午面强度储备满足要求;

(3) 叶根最大当量应力,对于压气机整体叶片盘,由于轮盘形状影响叶根应力,因此需要确保叶根强度储备满足要求;

(4) 轮心最大当量应力,确保轮心强度储备和寿命满足要求;

(5) 应力集中部位最大当量应力,确保如轮盘的偏心孔、连接螺栓孔、沟槽、转接圆角和榫齿根部等部位强度储备满足要求;

(6) 最大径向位移、最大轴向位移,确保转静子间隙满足要求;

(7) 振动裕度,对于压气机整体叶片盘,确保振动裕度满足要求;

(8) 叶片前缘最大当量应力,对于压气机一级叶片盘,需要确保满足抗外物损伤要求;

(9) 工艺、装配约束,确保轮盘加工工艺性、装配性满足要求,这一项主要通过草图尺寸限制来实现。

其中危险截面平均径向应力、子午截面平均周向应力限制值按不超过 0.1% 屈服强度 $\sigma_{0.1}$ 和强度极限 σ_b 规定的百分比,并根据经验额外保留了一定的安全系数。叶根及轮心的应力限制值根据叶根、内径处平均应力以及低循环疲劳寿命要求设定。

以压气机一级叶片盘为例,选择图 4.24 中的 12 个参数为设计变量,选择轮盘危险截面平均径向应力、子午截面平均周向应力、叶根最大当量应力、轮心最大当量应力以及工艺装配要求为约束条件,以轮盘体积为目标函数。数学模型如下:

$$\begin{aligned}&\text{Find } X = (x_1, x_2, \cdots, x_n) \\ &\min V \\ &\text{s. t. } \sigma_m \leqslant 520, \sigma_v \leqslant 560, \sigma_r \leqslant 350, \sigma_t \leqslant 320, \sigma_c \leqslant 1100, \delta \geqslant 10\% \end{aligned} \quad (4.25)$$

(工艺、装配满足要求)

式中:X 为设计变量;V 为轮盘体积(mm)^3;σ_m 为轮心最大当量应力(MPa);σ_v

为叶片叶根最大当量应力(MPa);σ_r为危险截面平均径向应力(MPa);σ_t为盘体平均周向应力(MPa);σ_c为盘体内径处平均周向应力(MPa);δ为共振裕度。

5. 转子轮盘尺寸优化设计

优化过程中,要实现计算分析过程的自动迭代,因此需要将强度、寿命和振动分析流程自动化,实现自动实体模型导入、有限元分网、材料设置、载荷和边界条件设置、生成计算文件、求解、结果输出和后处理。流程示意图如图 4.25 所示。以有限元分析软件 PATRAN 为例,主要过程如下:

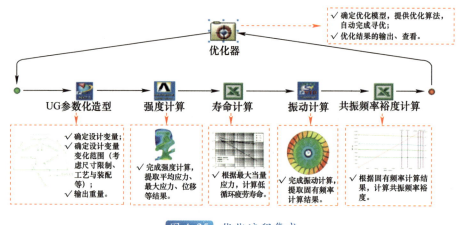

图 4.25 优化流程集成

(1)通过软件的录制 session 命令,将实体模型导入、有限元分网、材料设置、载荷施加和边界条件设置、生成计算文件等过程录制为命令流文件 Input.ses,通过软件调用 Input.ses 文件实现有限元分析前处理的自动化。

(2)通过计算软件求解.bdf 文件。求解完成后,生成强度计算结果.op2 文件和振动计算结果.f06 文件,强度计算结果需要读入.op2 文件后输出,振动计算结果在.f06 文件中。

(3)通过有限元软件的录制 session 命令,将后处理过程录制为 Output.ses。后处理过程包括读入计算结果.op2 文件,输出各应力、位移结果数据等。

(4)开发了低周疲劳寿命计算程序 LifeCal,从强度计算输出中读取轮盘的当量应力计算结果,根据相应的材料性能参数,计算出轮盘的低周疲劳寿命。

(5)将上述分析过程编写为批处理 bat 文件,实现程序调用的后台自动运行。

(6)选用优化平台软件 Isight 进行集成和优化。Isight 提供了多种优化算法,可以根据需要,选择相应的算法,并对算法的参数进行设置。

(7)如果优化过程中的仿真分析时间过长,也可以通过建立代理模型的方法节省计算时间。Isight 提供了多种代理模型可供选择。

在本例中,采用了基于 POD 补充采样的 RBF 代理模型构造方法。首先采用拉丁超立方试验设计进行 220 次采样;在 220 组解中,将不满足约束条件的解以及较差的可行解排除掉,得到 80 组可行解。将得到的 80 组可行解作为快照样本,生成快照矩阵;进行 POD 分解,求得基函数(即主方向)。每个基函数对应的特征值大小反映了该基函数对快照矩阵的贡献。将特征值按数值大小进行排列,计算出每个特征值的贡献率。按贡献率和精度需求保留 3 个基函数,然后在初始样本中选取 5 个较优的点,在其附近区域增加 60 个新样本点;将新的样本点加入样本点集,然后建立 RBF 代理模型。

采用商用软件 Patran/Nastran 进行强度分析。计算时取包含一个叶片在内的循环对称段作为计算模型。强度分析网格数约为 20 万,如图 4.26 所示。上述网格在细化后,当网格数为原来的 1.5 倍时,叶根及轮心应力的误差小于 1%,因此认为上述网格能够保证结果的有效性。计算时考虑了离心载荷、温度载荷和轴向预紧力,忽略了叶片气动载荷的影响。样本点采集过程中,通过在 Patran/Nastran 基础上的二次开发和部分自用程序的编制,实现模型输入、自动分网、载荷和边界条件设置、求解、结果输出和后处理。采用 Matlab 软件编写程序实现了 POD 分析。

图 4.26 有限元网格

选用优化平台软件 Isight 进行集成和优化,如图 4.27 所示。选用 Isight 自带的 Pointer 组合优化算法进行寻优。

对于本例,压气机一级叶片盘优化前、后设计变量对比见表 4.1,约束条件及目标函数优化前、后对比见表 4.2。优化后轮盘最危险截面平均径向应力、轮盘子午面平均周向应力有所上升,叶根最大当量应力与优化前基本相当,轮盘轮

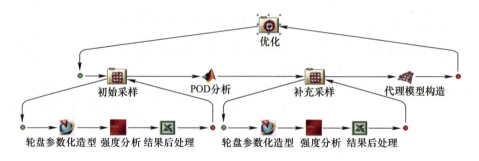

图 4.27 优化流程集成示意图

心最大当量应力略有降低,轮盘重量降低了 11.3%。限于篇幅,现只给出压气机一级叶片盘的详细优化流程,其余盘与之类似,只将结果列于表 4.3。优化前、后核心机转子结构对比见图 4.28,当量应力分布对比见图 4.29。由表 4.3 可知,优化后压气机二、三级盘叶根及轮心应力有所上升,最危险截面平均径向应力、轮盘子午面平均周向应力上升较多,重量减轻 11.0%。优化后离心叶轮叶根及轮心应力有所上升,最危险截面平均径向应力与优化前基本相当,轮盘子午面平均周向应力上升较多,重量减轻 8.4%。优化后燃气涡轮一、二级盘轮心应力比优化前略有提高,最危险截面平均径向应力、轮盘子午面平均周向应力上升较多,重量分别减轻 21.7% 和 22.2%。结果表明,优化后应力分布及盘体强度储备更趋合理。

表 4.1 一级叶片盘优化前后设计变量对比

设计变量	优化前/mm	优化后/mm
p1	95.0	95.9
p2	5.0	5.5
p3	33.0	35.0
p4	10.0	10.9
p5	31.1	29.0
p6	9.5	8.4
p7	4.0	5.0
p8	6.0	5.0
p9	18.0	35.0
p10	31.0	27.5
p11	0.0	40.0
p12	14.7	11.5

表 4.2　一级叶片盘优化前后约束及目标函数对比

	约束条件/目标函数	优化前	优化后	变化
约束条件	叶根当量应力/MPa	542	555	+2.4%
	轮心当量应力/MPa	536	511	-4.7%
	最危险截面平均径向应力/MPa	260.4	338.5	+30.0%
	子午面平均周向应力/MPa	285.9	312.5	+9.3%
目标函数	一级叶片盘质量/kg	3.595	3.188	-11.3%

注：该处未考虑改变材料导致的减重，表中仅为结构优化的减重

表 4.3　其余盘优化前后约束及目标函数对比

优化对象		约束条件/目标函数	优化前	优化后	变化
压气机二、三级盘	约束条件	二级盘叶根最大当量应力/MPa	533	616	15.6%
		二级盘轮心最大当量应力/MPa	681	749	10.0%
		二级盘最危险截面平均径向应力/MPa	279	446	59.9%
		二级盘子午面平均周向应力/MPa	432	599	38.7%
		三级盘叶根当量应力/MPa	545	604	+10.8%
		三级盘轮心当量应力/MPa	688	703	+2.2%
		三级盘最危险截面平均径向应力/MPa	329	434	+31.9%
		三级盘子午面平均周向应力/MPa	351	415	+18.2%
	目标函数	质量/kg	4.37	3.89	11.0%
离心叶轮	约束条件	叶根当量应力/MPa	686	759	+10.6%
		轮心当量应力/MPa	667	734	+10.0%
		最危险截面平均径向应力/MPa	366	370	+1.1%
		子午面平均周向应力/MPa	387	448	+15.8%
	目标函数	质量/kg	7.14	6.54	-8.4%
燃气涡轮一级盘	约束条件	轮盘轮心最大当量应力/MPa	1097	1141	+4.0%
		最危险截面平均径向应力/MPa	587	731	+24.5%
		子午面平均周向应力/MPa	596	723	+21.4%
	目标函数	燃气涡轮一级盘质量/kg	4.6	3.6	-21.7%
燃气涡轮二级盘	约束条件	轮盘轮心最大当量应力/MPa	1164	1200	+3.1%
		最危险截面平均径向应力/MPa	571	736	+28.9%
		子午面平均周向应力/MPa	524	723	+38.0%
	目标函数	质量/kg	4.5	3.5	-22.2%

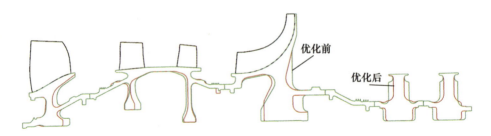

图 4.28 优化前后结构对比

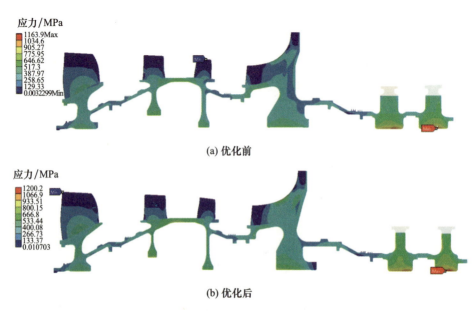

图 4.29 优化前后当量应力分布对比

需要指出的是:该轮盘材料在轮心温度下的屈服强度为 1160MPa,极限强度为 1530MPa,轮心处的应力限制有两个:①轮盘内径处平均周向应力,标准值为不超过 0.9 倍的屈服极限;②轮心的低循环疲劳寿命,该发动机要求低循环疲劳安全寿命不小于 6000 次。轮盘轮心的最大当量应力为 1200MPa,经计算轮心应力为 1200MPa 时,低循环疲劳安全寿命为 6852 次,满足设计指标要求。

6. 涡轮盘螺栓孔优化设计

优化后盘体减薄导致涡轮盘螺栓孔应力上升较多,燃气涡轮一级盘螺栓孔应力由 1043MPa 上升至 1533MPa,燃气涡轮二级盘螺栓孔应力由 991MPa 上升至 1427MPa,不能满足寿命要求。本书采用变密度拓扑优化法对涡轮盘螺栓孔附近区域的形状进行了优化。采用的优化软件为商用软件 TOSCA。以燃气涡轮一级盘为例，拓扑优化时选择图 4.30 中深蓝区域为设计域，以结构刚度(或应变能)为目标函数，以体积、轮心最大当量应力、螺栓孔最大当量应力为约束条件进行优化。

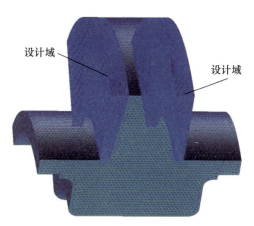

图 4.30　涡轮盘拓扑优化有限元模型

优化中设置最大迭代步数为 50 步，密度阈值为 0.3，优化后的结果如图 4.31 所示。根据拓扑优化结果，并结合涡轮设计经验，对涡轮盘进行几何重构，重构后的模型见图 4.32，应力分布对比见图 4.33。通过拓扑优化得到新的构型设计，使得基本保持原来减重效果的前提下，燃气涡轮一级盘螺栓孔应力由 1533MPa 降至 1141MPa。燃气涡轮二级盘采用相似的设计，应力由 1427MPa 降至 1077MPa。通过强度、寿命评估得知优化后燃气涡轮盘一、二级盘的强度、寿命能够满足要求。

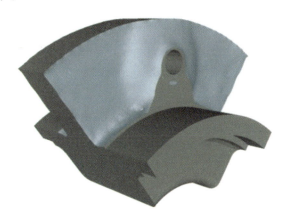

图 4.31　涡轮盘拓扑优化结果

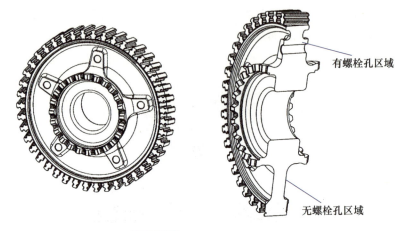

图4.32 优化后重构模型

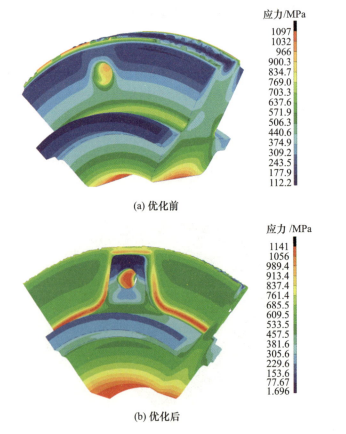

图4.33 优化前后当量应力分布对比

需要指出的是：孔边增加的凸台结构的确增加了加工难度，为了改善加工性，优化时轮盘辐板处约束成垂直的。如果单独从强度上考虑的话，辐板处有适度倾斜（辐板上部窄，下部宽）对强度是有利的。但是辐板中部有个凸台，设置成垂直更利于加工。经过加工厂家确定，这个结构在五轴数控铣床上可加工，质量可以保证。优化后大应力点仍位于轮心和螺栓孔内部，是疲劳寿命的最低处。凸台处的应力水平较轮心和螺栓孔处低，经过计算是满足要求的。此外，加工过程中通过加强控制凸台倒圆的加工质量，避免了尺寸超差导致过大的应力集中。

7. 优化设计方案验算

转子优化完成后，进行了详细的强度、寿命校核，另外对转子的振动、动力特性和刚度也进行了详细评估。

1）强度、寿命评估

强度、寿命方面，由于在优化过程主要进行的是盘体形状的优化，未能考虑一些细节结构，这些部位往往存在应力集中，有时还与装配、连接方式有关。因此，对优化后应力集中比较严重的部位进行了详细评估和改进设计。下面通过一个典型的例子进行说明。

燃气涡轮后挡板与叶片榫头部位相接触（图4.34），燃气涡轮转子按传统的方法进行强度分析时，通常按循环对称段进行分析，这时在模型处理时会把榫槽位置进行填充，如图4.35(a)所示。分析结果表明，后挡板通气槽处的最大当量应力为1574MPa，如图4.36所示。按传统的循环对称段强度分析模型，榫槽与后挡板真实的接触状态与实际不同，特别是接触位置开有通气槽的这种结构。为了模拟真实的接触状态，通过整体分析模型（图4.35(b)）进行有限元分析。按图4.34名义尺寸装配位置的模型进行分析，通气槽最大当量应力为1967.3MPa，如图4.37所示。按图4.34所示考虑公差后可能的装配位置的模型进行分析，通气槽最大当量应力为3143.2MPa，如图4.38所示。计算表明，后

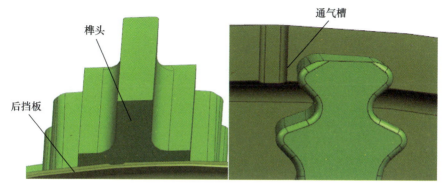

图4.34 后挡板与叶片榫头接触部位示意图

(a) 模型1　　　　　　　　　　(b) 模型2

图 4.35　燃气涡轮一级转子有限元分析模型

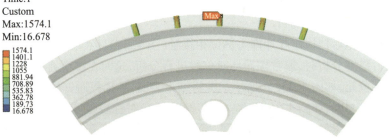

图 4.36　后挡板当量应力分布

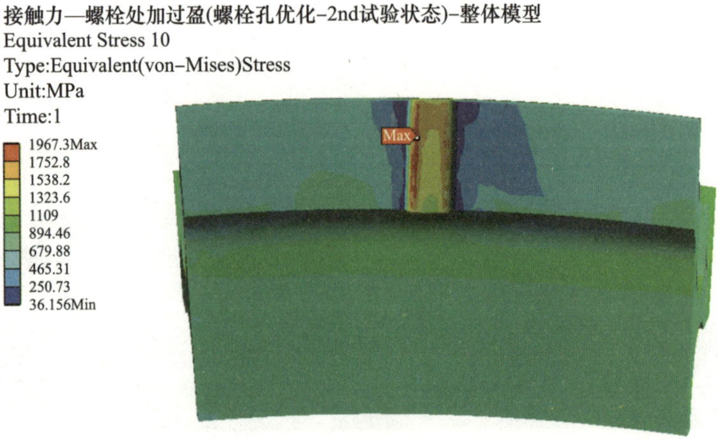

图 4.37　名义设计装配位置后挡板通气槽当量应力分布（模型2）

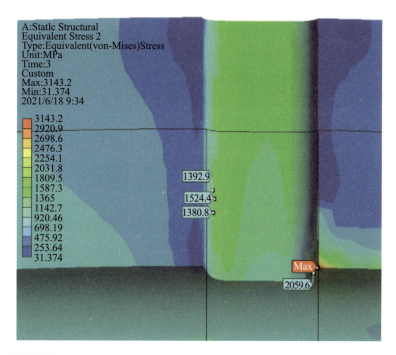

图4.38 考虑加工、装配公差时后挡板通气槽当量应力分布(模型2)

挡板通气槽处应力过大,寿命不满足要求,主要原因是后挡板通气槽位置设计不合理,当考虑尺寸和装配公差后,后挡板通气槽会与轮盘凸缘局部接触,导致通气槽局部应力急剧上升。改进方案是调整通气槽与榫接的相对位置并优化通气槽倒圆角尺寸。

2)振动评估

由于优化后只在结构上对盘体改变较大,叶型保持不变,从振型上看,盘体改变的影响较少,因此优化前、后叶盘固有频率和频率裕度变化均较小。此外,针对全疆域环境对振动设计的需求,采取了必要性的措施。①针对全疆域环境下不同状态对转速的影响,要求更宽的裕度设计。由于在设计过程中遇到复杂模态时,调频有较大的难度,为此,通过开发自动优化设计工具,同时利用智能优化算法结合高性能计算可以极大拓宽设计空间,实现智能调频设计。②为了避免潜在风险,进行了动应力测量,以确保高周疲劳满足设计要求。经计算,压气机二、三级叶片盘、离心叶轮、燃气涡轮一级转子前4阶频率裕度均满足评定标准要求,并且转速在80% N(N为设计转速)以上无共振点。压气机一级叶片盘、燃气涡轮二级转子虽有共振点,但是压气机一级叶片盘共振转速超过工作转速范围,发生共振破坏的可能性很小。燃气涡轮二级转子激振较弱,引起共振破坏的可能性较低。

3) 转子动力学评估

动力特性方面,考虑了弹性支承的减振作用,对高转速、长跨距的超临界发动机转子进行了模态共振危害性的评级,允许在发动机工作转速范围内存在部分危害性较小的模态,将危害性较大的转子模态设计在最大工作转速之上,并且将鼠笼-挤压油膜阻尼器的刚度匹配设计与发动机转子共振模态危害性分析结合起来进行。与现有的方法相比,发动机转子动力学设计更具有针对性,解决了现有方法中高转速、大功率、长跨距发动机转子临界转速裕度难以满足要求、过临界时振动较大的问题,实现全转速范围内整机振动响应在15mm/s以下。此外,该发动机转子间跨距较大,为了提高转子的稳定性,在结构设计上采取了必要措施。燃器发生器转子的全部轴向以及部分径向载荷通过弹性支座传递给进气机匣,并传递至前端的辅助安装节,后部转子载荷通过后部的燃烧室机匣传递至主安装节,两处支撑结构设计传力路线尽可能短,以提高转子刚度从而减小挠度,改善转子动力学特性。压气机与涡轮转子间以及它们各级之间的连接采用圆弧端齿连接,端齿相互啮合接触面积大,连接强度高,承载能力大,能可靠地传递扭矩。转动件通过中心拉杆拉紧成一体,保证转子在各种工作条件下端齿接触面不脱开,仍保持足够的刚性。机匣尽量采用等壁厚设计,薄壁机匣采用设计加强筋的方式对刚性和包容性予以加强。

4) 整机刚度和变形

发动机在整机刚度和整机变形设计方面进行了适应性的改进:一方面,为满足全疆域设计对起动加速性要求,进行了转子轻量化设计,整机刚性方面需要加强。通过分析,找出了结构设计的薄弱环节,从结构上进行了刚度优化设计;另一方面,盘体减薄容易导致转子变形增大,因此通过整机变形分析,进行叶尖间隙的设计。

对该涡轴发动机承力框架进行整机刚度分析。对于本发动机,根据整机机匣刚度计算结果,Y向刚度偏低,存在整机刚性不足。通过分析,识别并对薄弱环节(燃烧室机匣外型面)进行了调整,将原燃烧室机匣外部喷嘴安装面的直角拐弯段(图4.39(a)中序号1)改成锥形结构(图4.39(b)中序号1所示),同时为了保证燃烧室机匣内部气流通道型面一致,燃烧室机匣内部增加挡板结构(图4.39(b)中序号2),挡板采用氩弧焊与机匣内部连接。根据总体要求,燃烧室部件与压气机部件和涡轮部件间接口形式不变,刚度优化后燃烧室机匣靠涡轮部件侧延伸到排气框架前安装边(整机中取消动力涡轮机匣),改进燃烧室机匣轴向总长加长70mm(图4.39(b)中序号3),与原动力涡轮机匣集成为一体化设计。改进以后,整机刚性得到显著提升。

(a) 改进前

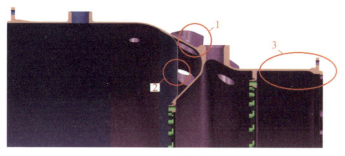

(b) 改进后

图 4.39　燃烧室机匣改进前后对比

另外,对排气框架刚度进行了优化设计,前安装边厚度增加,前安装边附近流道壁厚增加。台架状态 4 号轴承座对整机刚性的影响也较大,通过前安装法兰壁厚增加、花边改为整圆、以及外壁面布置 6 根加强筋以增强其刚性。与车台设备相连的转接段将 3 个零件减少为两个零件以减少螺栓连接的刚度损失,增加圆筒轴向厚度,增加圆筒与横杆之间的倒圆半径。改进情况如 4.40 所示。

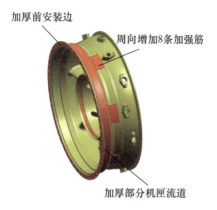

(a) 排气框架

(b) 4号轴承座

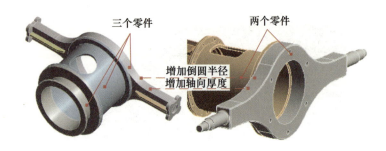

(c) 与车台设备相连的转接段

图 4.40　排气框架、4 号轴承座及与车台设备相连的转接段结构刚性改进示意图

通过一系列的优化改进后,台架状态整机刚性(刚度为 $2.72 \times 10^7 \text{N/m}$)提高了 48.6%,与某类似布局的发动机整机刚性(刚度为 $2.52 \times 10^7 \text{N/m}$)基本相当,本结构已经在试验台上得到了应用,已实现转速、性能达标,并通过了整机试验验证和试飞验证。

4.2　沙尘环境下发动机自主防沙系统设计技术

在沙尘环境下,沙尘将被高速吸入发动机,受沙尘颗粒的冲击及其造成的渐进性磨损作用,压气机叶片外形和结构完整性遭到破坏,燃烧室和涡轮将继续受到沙尘的冲刷,在一些回流结构区域还将造成沙尘积聚,导致发动机局部烧蚀或者严重改变转子不平衡量,导致发动机性能衰减、振动大、寿命降低,严重影响作战性能和耐久性,因此发动机压气机、燃烧室、涡轮、空气系统等部件/系统应根据各自的损伤模式开展相应的有效防沙设计,进而完成发动机自主防沙系统的构建。当发动机选择中等热力循环参数方案时,涡轮前温度可选择动叶材料可承受值,进行无冷却涡轮设计,同时压气机和燃烧室采取一定的防沙措施,可以获得良好的效果。

4.2.1　压气机自主防沙叶片设计

全疆域使用的航空发动机需在沙漠地带等恶劣环境下工作,作为进口部分的压气机叶片易受沙尘冲蚀,进而受到一定的切削损伤和疲劳破坏,严重时甚至会出现叶片断裂。因此,沙尘颗粒高速冲击发动机压气机叶片表面所导致的叶片损伤已成为影响全疆域航空发动机可靠性和耐久性的关键问题。

常规情况下,压气机进口级叶片盘(图 4.41)在工作中转速高,承受着由于高速旋转而产生的离心载荷以及转子不平衡等引起的振动载荷,同时易受外界大气环境影响。因此,压气机进口级叶片盘在设计选材时,要求叶片盘比强度高、有一定的抗裂纹扩展能力、耐腐蚀性好、抗冲蚀能力强、蠕变系数高等,以便具有较强的综合能力,目前主要选用钛合金和高强度不锈钢材料,详见表4.4。

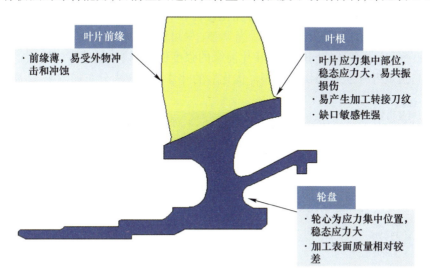

图4.41 压气机进口级叶片盘结构示意图

表4.4 常用的进口级叶片盘所选材料

材料牌号	长时间使用温度/℃	密度/(g/cm³)	备注
TC4(特级)	≤320	4.44	—
TC11	≤500	4.48	—
1Cr11Ni2W2MoV	≤500	7.8	耐腐蚀性能较差
13Cr15Ni4Mo3N	≤400	7.77	耐腐蚀性能较差,热处理工序复杂,工艺难度大
Ti180	≤450	4.63	对保载疲劳不敏感

发动机在设计时,综合考虑转子动力特性、电起动、防腐蚀、抗冲蚀等需求,压气机进口级叶片盘可选用钛合金TC4(特级)材料。TC4(特级)是一种中等强度的α-β型钛合金,采用三重熔炼工艺,具有良好的工艺性能,可进行各种形式的焊接和机械加工,是制造在350℃以下长期使用转子件的首选材料之一,并已在RTM322发动机、CFM56发动机、CF6-80C2发动机等上获得应用。

对于不采用粒子分离器的全疆域使用的涡轴发动机,由于工作环境比较恶劣、复杂,压气机进口级叶片盘前缘及叶身位置受到沙砾等细小的硬物颗粒撞击后易受到损伤,进而影响其安全、性能和寿命,设计时除了选取合适的零件材料外,还需制定相应的防护方案进行防沙设计,现阶段应用较好的方法主要有:开展叶片前缘设计及采用一定的抗冲蚀涂层。

1. 提高抗外物伤损能力的叶片前缘设计

为提高发动机防沙能力,设计时需考虑在尽可能保证组合压气机性能的前提下进行压气机进口级轴流转子的优化设计,其中最主要的办法是根据转子前缘沿叶高方向的稳态应力水平,适当调整(尽可能增加)叶片前缘半径分布规律,在降低应力水平的同时提高叶片前缘的强度储备、缺口敏感性,防止沙尘冲蚀缺口造成叶片裂纹损伤或断裂。优化后的叶片当量应力分布如图 4.42 所示。

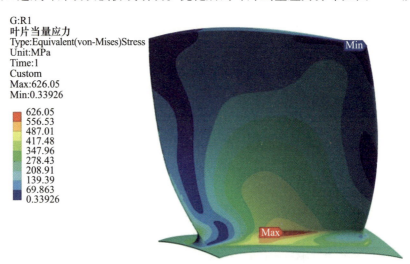

图 4.42 某进口级轴流转子叶片优化后当量应力分布

同时,对叶片前缘进行激光强化,叶身(除前缘外)进行机械喷丸,诱导叶片产生残余应力并使表面致密化。一方面,表面致密化使叶片表面硬度增强,有利于提高抗冲击能力;另一方面,诱导的残余压应力可有效地延缓外物初始损伤至失效的过程,提高外物损伤疲劳强度。

2. 抗冲蚀涂层

抗冲蚀涂层是一种通过热喷涂、化学气相沉积或物理气相沉积等制备工艺将陶瓷层和金属层交替排列喷涂到基体表面,提高表面抗磨耗能力的工艺手段。目前抗冲蚀涂层是提高航空发动机压气机叶片抗沙尘冲蚀性能的有效措施之一。

研究初期,涂层的硬度被认为是提高其抗冲蚀性能的关键,国外也曾为了提高压气机叶片的抗沙尘冲蚀能力,直接在叶片表面沉积了高硬度的 TiN 陶瓷涂层,但由于陶瓷涂层脆性过大,带有陶瓷涂层的压气机叶片依然受损严重。结构简单的高硬度陶瓷涂层无法满足航空发动机压气机叶片的防沙要求,于是在陶瓷涂层中增加金属材料的陶瓷/金属多层涂层应运而生。金属层的加入有利于降低涂层脆性,提高其整体韧性,与单层结构相比,具有更好的抗冲蚀性能。目前,对抗冲蚀涂层的研究主要集中在多层陶瓷–金属涂层,图4.43所示为多层涂层的结构示意图。此外,为进一步提高涂层韧性,缓解冲击载荷,可在多层涂层中增加延性金属。为获得理想的抗冲蚀效果,需结合相关试验及仿真技术,开展多层陶瓷–金属涂层厚度、延性金属层厚度、陶瓷–金属涂层比例、涂层层数等对抗冲蚀性能的影响研究。

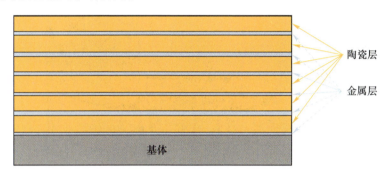

图 4.43　多层涂层结构示意图

当然,由于抗冲蚀涂层一般在高温环境下进行喷涂,压气机叶片表面增加抗冲蚀涂层对基体的材料力学性能有一定的影响,因此,涂层与基体的结合力控制以及涂层均匀度等涂层工艺难点还亟需进一步攻关。

4.2.2　回流燃烧室防沙设计

4.2.2.1　回流燃烧室沙尘运动特点

回流燃烧室匹配离心压气机,从压气机轴向扩压器出来的空气经过两次转弯后进入涡轮。第一次转弯是空气沿外机匣、内机匣绕火焰筒头部转180°流动;第二次转弯是空气从火焰筒头部涡流器、内外环上各排孔进入火焰筒内燃烧,燃烧后的高温燃气在排气弯管内转180°流入涡轮部件,见图4.44。当涡轴发动机在沙尘环境下工作时,由压气机过来的含沙尘空气一部分经外环二股通道折转90°进入安装喷嘴和涡流器的头部,然后再折转90°进入内环二股通道;另一部分则需要折转180°提供给大弯管进行冷却。由于涡轴发动机在多沙尘地理环境近地飞行或遭遇沙尘气候环境时主要吸入大量粒径为1~1000μm范围内的沙尘,因此沙尘在燃烧室中的危害主要是会堵塞孔径较小的冷却小孔,影响火焰筒冷却效率,进而可能会引起火焰筒烧蚀或裂纹。而对于回流燃烧室,由于其火焰筒外环冷却进气和大弯管冷却进气与二股通道气流的流动方向存在较大角度,特别是当火焰筒外环采用发散冷却时,沙尘颗粒在惯性作用下很难流经火焰筒外环冷却孔和大弯管的冷却孔,大部分的沙尘颗粒将经火焰筒头部从火焰筒内环冷却孔及小弯管冷却孔进入火焰筒内。特别是在小弯管处,由于气流速度低,大量沙尘颗粒将会积聚在小弯管冷气侧的空腔内。因此,对于回流燃烧室需要特别关注火焰筒内环和小弯管处的冷却孔堵塞问题。

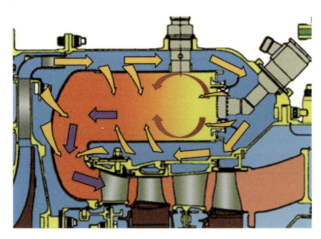

图 4.44　典型回流燃烧室气动特点

4.2.2.2　回流燃烧室沙尘轨迹运动模拟

在发动机中更多关注的是涡轮叶片的颗粒堵塞和沉积问题,对燃烧室的沙尘堵塞和沉积仿真研究很少。燃烧室气动热力仿真本身计算难度高、计算量大,在其基础上增加气固两相流将会进一步增加计算量,同时收敛难度提高。

为准确获得燃烧室内沙尘在各个进气位置的堵塞概率,降低计算量,提出了一种用于快速分析沙尘在燃烧室部件中运动轨迹的仿真方法,具体仿真计算和分析过程如下:

(1) 将沙尘粒子颗粒处理为包含粒径等信息的"无体积"粒子,计算粒子的运动过程时,把粒子堵孔现象与粒子的运动进行解耦,从而降低仿真计算难度,同时仍可保持仿真计算的精度;

(2) 采用颗粒轨道模型对燃烧室内气固两相流动进行数值模拟获取沙尘流动轨迹,采用惰性沙尘颗粒及高步长的沙尘粒子追踪方法,尽量保证沙尘在燃烧室内的运动情况被精确、完整捕捉;

(3) 根据沙尘粒子实际与壁面的相互作用特征,设定壁面与粒子的相互作用为 wall-Jet 模型,保证沙尘的运动被精确捕捉;

(4) 由于燃烧室火焰筒上开有上万个气膜孔,因此计算结果数据量非常大、数据处理难度高,需要统计各个开孔位置通过的空气流量、沙尘数量、沙尘粒径等参数。基于数值计算输出的火焰筒不同位置沙尘监测数据文件,采用自定义函数法,快速得到各个位置的颗粒数、颗粒粒径等,并分析得到火焰筒沙尘堵孔的具体结果,降低了以往分析各处沙尘运动及堵孔情况的难度,解决超大数据量沙尘堵孔仿真算例的分析问题。

通过对沙尘流动轨迹的模拟与分析,可获得燃烧室易堵塞区域与燃烧室流场特点的关联性,准确预估发动机长时间吞沙环境下运行时燃烧室不同区域的堵孔概率,为燃烧室防沙尘设计提供重要的技术手段。图 4.45 给出了一种沙尘粒子轨迹的仿真结果。

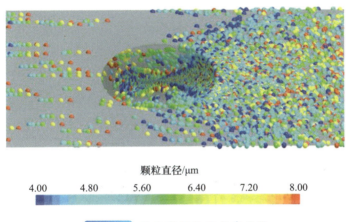

图 4.45 沙尘粒子轨迹仿真结果

4.2.2.3 回流燃烧室防沙设计措施

为了减轻沙尘环境对燃烧室的影响,减少空气中的沙尘在回流燃烧室火焰筒中的积聚,减缓沙尘对火焰筒冷却孔的堵塞和对火焰筒表面的黏附,回流燃烧室可以从以下几方面采取措施:

(1) 增大火焰筒冷却孔孔径。从火焰筒冷却孔防沙尘堵塞方面考虑,采用机加环气膜冷却或是 Z 形环冷却相比发散孔冷却更有优势。

(2) 在大、小弯管的出口处设计排沙孔,方便沙尘能够从回流燃烧室中顺利排出。

(3) 在燃烧室中设计相应的沙尘收集装置,用于收集流经燃烧室的沙尘,减少沙尘对燃烧室火焰筒的堵塞和黏附。

在上述解决措施中措施(1)和措施(2)属于燃烧室被动防沙设计,措施(3)为燃烧室主动防沙设计。为了解决涡轴发动机长时间在沙尘环境下工作后沙尘堵塞火焰筒冷却孔和涡轮的问题,本书提出了一种回流燃烧室主动防沙设计结构(图 4.46)。该主动防沙设计的工作原理是:当发动机工作时,含沙尘的高压空气进入回流燃烧室后,大部分空气经外环二股通道流经燃烧室头部和内环二股通道,由火焰筒外壁上的外环主燃孔、外环掺混孔、外环冷却孔,火焰筒内壁上的内环主燃孔、内环掺混孔、内环冷却孔,头部圆环上的冷却孔和涡流器进入火焰筒内,形成外环主燃孔气流、外环掺混孔气流、外环冷却气流、内环主燃孔气流、内环掺混孔气流、内环冷却气流,以及头部圆环冷却气流和涡流器气流,并在火焰筒内与燃油混合完成燃烧,燃烧后的高温燃气经弯管段外壁和弯管段内壁构成的排气段流出燃烧室进入燃气涡轮,另一小部分空气经弯管段外壁上加工的冷却孔进入火焰筒对弯管段外壁进行冷却保护。当涡轴发动机在沙尘环境下工作时,泄沙座堵头将泄沙座堵住,由于沙尘的密度远大于高压空气,因此在惯性作用下,回到燃烧室中的大部分沙尘颗粒将经沙尘收集盒前壁上的沙尘收集孔进入沙尘收集盒内。当涡轴发动机进行清洗或冷运转时,将泄沙座堵头卸掉,在气流作用下沙尘收集盒内积聚的沙尘将排泄出来,完成回流燃烧室的排沙工作。

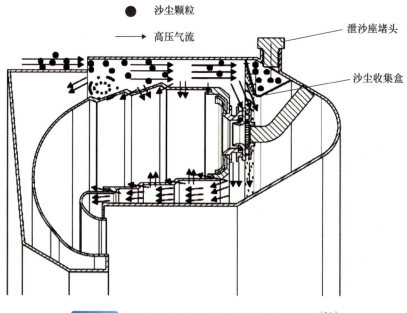

图 4.46　一种回流燃烧室主动防沙设计结构[36]

4.2.3　适应重沙尘环境的燃气涡轮设计

对于燃气涡轮工作叶片,在沙漠环境下,沙尘由发动机进气道进入到燃气和冷却空气、封严空气中去,对于叶身开设气膜孔的叶片,极易造成气膜孔堵塞引发叶身冷却不畅,导致叶片烧蚀。针对该问题,全疆域高温无冷却燃气涡轮高效气动设计方法的引入,很好地解决了沙尘环境下的叶片烧蚀问题;此外,过于粗糙的叶身涂层也容易造成细沙在叶身沉积,在燃气的高温作用下酸性沙尘容易引发叶身涂层腐蚀,发展下去会引发叶身涂层剥落进而腐蚀叶身基体材料,进一步造成叶身掉块,因此叶身涂层在选取时应考虑沙尘沉积及与沙尘产生高温化学腐蚀的问题,应尽可能选取表面粗糙度低且不与沙尘产生高温化学腐蚀的涂层。燃气工作叶片冷却示意图如图4.47所示。

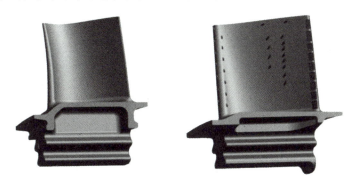

图4.47 燃气工作叶片冷却示意图

对于燃气涡轮导向器,在沙漠环境下,导向器过于复杂的冷却系统,容易增加气膜孔堵塞和沙尘沉积的可能性。为了降低上述风险,全疆域使用的涡轴发动机燃气涡轮导向器宜采用整环结构,冷却方式采用冲击加扰流的强化复合方式,冷却前缘和中弦区域之后的冷气通过尾缘的偏劈缝排出并在尾缘外表面形成冷气膜保护,导向器的冷气需求量可控制在3%以内,在实现防沙设计前提下,冷却用气少、冷却效果好。具体结构如图4.48所示。

图4.48 整环无气膜孔导向器示意图

4.2.4 空气系统防沙设计

直升机经常需要在近地空域执行任务,涡轴发动机将不可避免地吸入大量的沙尘,图 4.49 给出了发动机近地飞行环境。图 4.50 给出了某涡轴发动机空气系统内部沙尘堆积的情况,该发动机常年在我国西北多沙环境中服役,可以看出其在离心叶轮后侧存在严重的沙尘堆积。空气系统承担轴承腔滑油封严的功能,为避免损伤轴承滚珠,进入轴承腔的封严空气必需是清洁的。同时,沙尘在空气系统内部积聚,将会堵塞流道或者影响转子动力学,因此需要空气系统具有防沙尘能力。

图 4.49　发动机近地飞行环境

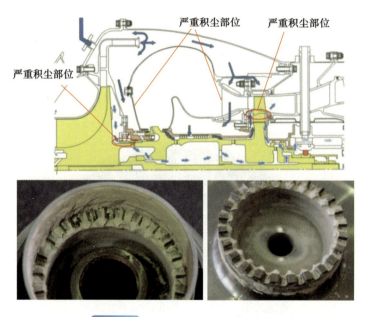

图 4.50　某发动机沙尘堆积情况

全疆域航空发动机具有全天候执行任务能力,因此在空气系统防沙尘方面需要进行优化设计。主要采用两种手段,优先在气源干净的主流道位置引气,其次空气系统沿程流动过程中设置分离、排沙尘通道。由于沙尘的密度远大于空气,可利用离心力实现沙尘与空气的分离,对于主流道而言,沙尘在离心力作用下将主要集中在主流道外侧,主流道内侧的空气是干净的,因此尽可能在主流道内侧引气。对于无法在主流道内侧引气的流路,通过在沿程设置多个除沙通道,从而避免沙尘在空气系统内部堆积,并沿程逐步提升用于轴承腔封严空气的清洁度。发动机空气系统采取的防沙尘措施如图 4.51 ~ 图 4.53 所示。

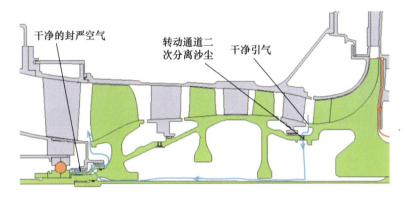

图 4.51 压气机空气系统流路

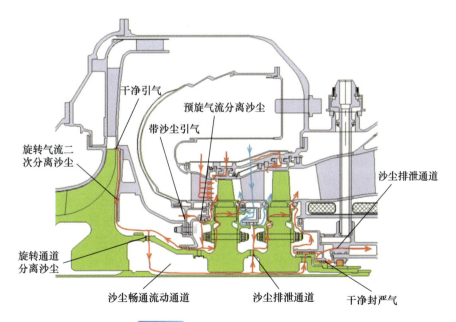

图 4.52 燃气涡轮空气系统流路

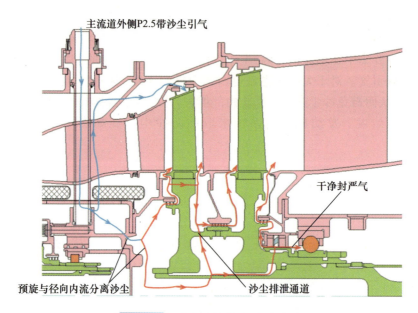

图 4.53 动力涡轮空气系统流路

对于图 4.50 所示空气系统内部沙尘堆积情况,原因主要是此处燃烧室与离心叶轮背腔的密封为大压差密封,且高压侧未进行沙尘分离,沙尘在大压差作用下进入离心叶轮背腔,又由于密封结构半径较低,沙尘得不到有效的分离从而进入密封结构与后轴颈的狭窄环形通道,并进一步进入鼓筒轴、甩油盘内部。进入鼓筒轴、甩油盘内部的沙尘需要克服离心力才能向后流动,导致沙尘流动不畅,造成在鼓筒轴、甩油盘有大量堆积。发动机空气系统具有多处排沙尘通道,且沙尘向下游移动的路径通畅,可避免上述问题。

4.3 结冰环境下发动机高效防冰设计技术

在温度低于 0℃ 的云层中存在过冷水滴或冰晶,当飞机穿越结冰云层时,过冷水滴或冰晶就会撞击在旋翼、进气道和发动机流道上,撞击在部件表面的过冷水滴会立即产生结冰现象,图 4.54 给出了飞机及发动机结冰情况。发动机结冰后,会造成发动机进气道堵塞,功率下降甚至是熄火,严重影响飞行安全。国内外已发生过多起由于直升机穿越结冰云层导致的飞行事故,例如国内的米-8 直升机多次出现过结冰故障,国外的空客 EC130B4 由于发动机结冰发生了直升机坠毁。为了避免发动机结冰导致的飞行事故,适航规章和国军标均规定发动机应在结冰条件下正常工作,不能发生严重的持续性能下降,不能产生不可接受的发动机损伤。因此,对于全疆域使用的涡轴发动机,为保证直升机的全天候飞行能力,要求发动机具备主动/自主防冰能力。

图 4.54　飞机及发动机结冰

4.3.1　国内结冰气象条件

由于冷暖气流流动,空气绝热膨胀及冷却、水滴与空气换热,导致空气中水的形态不断变化,产生了各种结冰气象条件。与飞机或发动机结冰相关的气象条件包括过冷云、冻雨、冻雾。过冷云、冻雨、冻雾等都是在0℃以下出现的,因此结冰气象条件一般出现在秋季、冬季和春季。夏季也有可能出现结冰气象条件,但是比较罕见,一般出现在高度较高的空中,大多在6000m以上。冻雾一般出现在冬季,冻雨一般出现在冬季和初春季。

从地理环境看,结冰气象条件一般出现在湖区、海洋等水汽充足的区域上空,但是受大气中冷暖气流运动的影响,陆地、山地也会出现结冰气象条件,比如在新疆乌鲁木齐地区就经常出现结冰气象条件。

对于结冰气象条件类型的发生区域,过冷云条件在湖泊、平原、山地、高原均会出现。冻雨一般出现在湿度较大的山区,比如贵州、安徽等。冻雾一般出现在温度较低且又有暖湿气流的地区,这种条件在国内一般出现在东北、华东以及新疆乌鲁木齐局部地区。

从产生结冰条件的空中高度看,结冰条件一般出现在气压海拔高度1000~3000m,同时温度在-10~0℃的区域。因为,-10~0℃温度下,液态水含量最大,同时空中的结冰气象条件大多是过冷云条件。

根据气象卫星资料,按照产生结冰气象条件的频率划分,中国国内一般分为5个结冰区域,分别是:

Ⅰ区:春季积冰高发区,主要分布在我国青藏高原。这一地区春季积冰发生频率较高,一些地区可达70%以上,但其余三季飞机积冰发生频率相对较低。

Ⅱ区:冬季积冰易发区,主要包括云南、贵州、广东、福建、江西、湖南、四川等地。其冬季积冰发生频率相对较高,一般在20%~30%左右。

Ⅲ区:积冰少发区,分为两个部分,一个在我国河套地区,包括陕西、山西、山东、河南等地。另一个在新疆的45°N以北的小部分地区。这一地区全年的积冰发生概率皆小于10%,且夏季无积冰。

Ⅳ区:冬夏无积冰区,主要包括我国东北地区。其积冰一般发生在春秋两季,冬夏季一般无积冰,但即使是春秋两季,其积冰频率也不高,一般不超过5%。

Ⅴ区:全年无积冰区主要包括两个部分:一个位于我国新疆的大部分地区、青海、甘肃,以及内蒙古的少部分地区;另一个主要包括云南的西南部、广西和广东的南部地区。这一地区全年基本上无积冰发生。

从上述分析可以看出,国内大部分地区均存在产生结冰的气象条件,且局部地区的结冰频率较高,全疆域航空发动机的使用范围覆盖国内各地区,为确保其在各种复杂结冰环境下仍具备执行任务的能力,因此需要具备高效的防冰能力。

4.3.2 防冰方法

到目前为止,已发展出了多种用于商用和军用飞机及发动机的结冰保护方法,分为除冰和防冰两大类。除冰系统是通过降低冰与部件表面的附着力来进行周期性除冰的。除冰系统包括热气除冰、电除冰和机械除冰三种类型。除冰系统一般用于对飞机外表面进行保护。但是这种系统不能用于对发动机进气道进行保护,因为脱落的冰会被吹入发动机中,打伤叶片,造成发动机损坏。因此,对发动机进气道表面需采用防冰系统来进行持续的防冰保护。防冰系统主要用于阻止或减小部件表面的冰聚集。防冰系统通常有化学防冰和热防冰两类。化学防冰系统需在防冰的表面喷上一层液体,该液体通过降低水的凝结点来达到防冰的目的。由于化学液体在表面的流动是受表面张力影响的,因此很难控制它的流动,通常这些液体会布满整个表面。此外,还需频繁补充液体,并且输送液体的导管也会发生堵塞。因此仅在起飞前对飞机或发动机用化学方法进行防冰和除冰。

目前大部分航空发动机都是利用热能来进行防冰。从防冰热源类型来分,热能防冰系统分为电加热防冰系统和热气/滑油防冰系统。电加热防冰系统利用从发动机提取的电能通过铺设在零件表面的加热电阻片来对防冰表面进行加热。热气/滑油防冰系统利用发动机引出的高温气或轴承腔的回油对防冰表面进行加热,起到防冰的作用。与热气/滑油防冰系统相比,电加热防冰能量利用效率最低,对发动机性能影响最大。这是因为电热防冰系统的能量来自于航空发动机,而航空发动机热效率较低,一般在 0.3 以下。与之相比,热气防冰系统中的热气在对进气部件进行防冰后温度明显降低,热能利用效率高,一般在 0.6 以上。由于采用热气防冰效率较高、结构简单,因此国内外的涡轴发动机上均采用热气来对发动机进气道进行防冰。热气来自压气机的压缩空气,经过导管,然后被输送到进气道表面。在热气防冰系统中,若热气的引气量太小,则防冰系统不能可靠的工作;若引气量太大,又会对发动机性能产生过大的负面影响。因此,要想提高防冰系统设计的可靠性,使发动机在空中安全、可靠的工作,同时又将引气对发动机的负面影响尽可能降低,就必须对防冰系统进行优化研究。

4.3.3 发动机高效防冰设计

4.3.3.1 双引气掺混加热防冰设计

一般来说,涡轴发动机的进气锥、进气道内外环、进气道内外环之间的支板、压气机零级导叶属于易结冰区域,需要配置防冰系统以确保发动机安全可靠地工作。为应对全疆域使用的复杂服役环境,涡轴发动机的防冰系统在可靠性方面提出了较高要求,防冰系统宜采用效率较高、结构简单的热气防冰方式。从压气机引出热气进行防冰会导致发动机功率损失,为降低发动机的功率损失,需严格控制防冰引气量。考虑到防冰设计的流程和分析方法在其他图书中已有介绍,本章节不再赘述,本章节将侧重介绍全疆域使用的涡轴发动机采用的防冰引气方式,该引气方式为防冰提供了合适的热气温度。

当前,大功率涡轴发动机的压气机压比均在 10 以上,压气机大都采用轴流+离心的组合方式。若在离心叶轮前进行防冰引气,则防冰引气温度偏低,在慢车状态下的引气温度可低至 40℃,导致引气需求量偏大且防冰加热能力较弱。若在离心叶轮后进行防冰引气,则防冰引气温度偏高,在大状态下的引气温度可高达 400℃,防冰加热能力将显著增强且引气量大幅减少,但要求发动机进气装置等防冰部件具有一定的承温能力,进气装置不宜选用轻质铝合金而应选用承温能力较高的钢合金,这将以增加重量为代价。考虑到从离心叶轮前后单独引气进行加热防冰的不足,提出了双引气掺混的加热防冰方案,即从离心叶轮前后分别引气进行掺混以获取合适的防冰热气温度,从而在不增加重量的前提下进行高效的加热防冰。

双引气掺混加热防冰的方案示意图如图 4.55 所示。在该方案中,该装置需要两个阀门,分别为电动阀和单向阀,需要一个双合金调节机构。采用的电动阀只有开、关两挡,无需调节阀门开度,其结构简单可靠、重量轻。采用的单向阀可自动根据两侧的压力来实现开关,无需外部传力输入,其结构简单可靠、重量更轻。双合金调节机构具有流量调节功能，可以根据温度自动调整流通面积，流通面积与温度基本呈线性反比关系，即在发动机大功率状态时适当地减少流通面积，在小功率状态时适当地增加流通面积，该调节机构也无需外部传力输入，结构简单可靠、重量轻。如图4.55所示，当需要防冰引气时，电动阀处于全开状态，此时位置③的压力小于位置①和②，高温高压和低温低压的两股气流同时被引气，并在位置③进行掺混变成中温低压的气流，掺混之后的气流在通过双合金调节机构时进行流量调节，将两股气流的总流量控制在适合的范围内。为了避免位置③的压力大于位置②的压力，从而出现仅有高温高压单股气流引气的情况，在位置①和③之间设置节流孔，节流孔将两侧的气流压比控制在临界压比之上，即无论怎么降低位置③的压力，节流孔的流量都不会增加。除此之外，还需要位置③和④之间管、电动阀、双合金调节机构的流通面积足够大（相比节流孔的流通面积），以将位置③进行一定程度的卸压，确保单向阀处于正向流通状态。对于两股气流的流量分配比例控制，由于节流孔两侧的气流压比在临界压比之上，因此高温高压气流的流量由节流孔来控制，其流量基本不受双合金调节机构流通面积的影响。双合金调节机构的流通面积仅影响低温低压气流的流量，通过调节双合金调节机构的流通面积来控制低温低压气流的流量。当需要关闭防冰引气时，电动阀处于关闭状态，此时位置①和③的压力基本相同，两者均处于高压状态，且两者的压力均大于位置②，从而单向阀也处于关闭状态，避免了位置①的高温高压气流向位置②流动。同时，由于电动阀处于关闭状态，也无气流流向防冰部位。

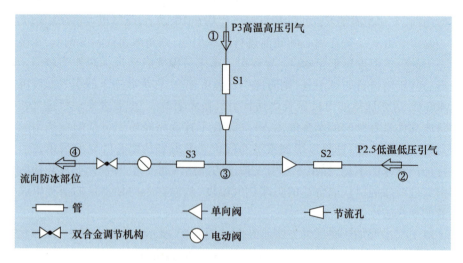

图4.55 双流路掺混引气方案

在双引气掺混加热防冰中,高温高压引气的流量由节流孔控制,低温低压引气的流量则由双金属调节机构控制。双金属调节机构由一个旋转角度随温度变化的转动挡板来调节流通面积,其结构示意和旋转特性如图4.56所示。表4.5给出了双引气掺混的流动特性,可以看出:不同发动机功率状态下的两股气流引气比例各异,发动机功率越大,高温高压引气的比例越大;通过掺混,可将防冰引气的最低温度提升至78℃,最高引气温度降低至237℃;在相同的发动机工作状态下,结冰环境的温度越高,防冰引气量越小,防冰引气量变化趋势与防冰设计所需的临界加热量相吻合,达到了节约防冰引气的目的;在极度热天环境下,当防冰活门误操作时可将掺混温度控制在313℃以内,可有效保护铝制合金的进气装置。图4.57给出了双金属片流通面积对两股气流气量的影响,可以看出双合金调节结构的流通面积仅影响低温低压的P2.5流量,对高温高压的P3流量无影响。

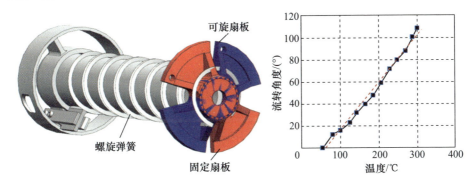

图4.56　双金属调节机构的流通面积调节原理

表4.5　各工作状态的气流掺混参数

发动机工作状态	P2.5流量/(g/s)	P3流量/(g/s)	总流量/(g/s)	掺混温度/℃	P3流量:P2.5流量
高度0m,50℃,最大状态	70.9	52.9	123.9	313	1:1.34
高度0m,−20℃,最大状态	73.7	75.3	149.0	237	1:0.98
高度0m,−20℃,巡航状态	80.7	67.2	147.9	211	1:1.20
高度0m,−20℃,空中慢车状态	55.5	38.7	94.2	109	1:1.43
高度0m,−20℃,地面慢车状态	56.3	27.9	84.3	78	1:2.02
高度0m,−10℃,地面慢车状态	54.9	27.1	82.0	90	1:2.03
高度0m,−5℃,地面慢车状态	54.7	26.6	81.3	96	1:2.06

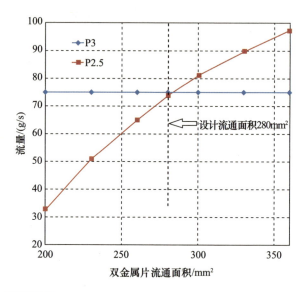

图 4.57　流通面积与两股气流气量的关系(最大状态)

在双引气掺混加热防冰方案中,需要对两股高低压气流的掺混效果进行优化,从而使得气流掺混之后的温度更均匀、压力损失也更小。由于该防冰引气方案采用了双合金流量调节机构,掺混气流的温度均匀性将影响流量的调节精度。在小状态下,由于发动机的低压引气压力偏低,为提升防冰引气量也需要减少该股引气在掺混过程中的压力损失。为优化两股气流的掺混效果,可设计与低压引气管同轴的外围集气腔,高压引气进入集气腔之后流经周向均布的斜孔与低压引气掺混,斜孔偏向低压引气的流动方向。表 4.6 给出了斜孔与垂直孔的压力掺混效果,可以看出:斜孔对低压引气具有引射作用,可将低压引气进行适当增压。低压引气获得适当增压,其效果相当于提升了掺混气流的总压,这将对阀门的通径选取提供了更多的选择,从而有利于引气管路的减重。图 4.58 给出了斜孔掺混结构示意图,图 4.59 给出了斜孔与垂直孔的温度掺混效果,可以看出:垂直孔的温差达 70K,而斜孔的温差仅 14K,斜孔有效地改善了气流温度的均匀性。

表 4.6　斜孔的引射效果

发动机工作状态	P2.5 进口总压/ kPa		掺混气出口总压/ kPa		引射增压效果/ kPa
	垂直孔	斜孔	垂直孔	斜孔	
大状态	323		313	355	42
空中慢车状态	175		169	191	22

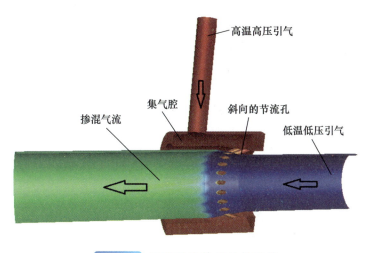

图 4.58 两股气流掺混结构设计

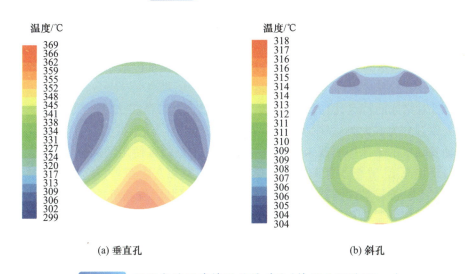

(a) 垂直孔   (b) 斜孔

图 4.59 两股气流温度掺混效果对比(掺混孔下游70mm)

在双引气掺混加热防冰方案中,虽然采用了两个阀门,但这两个阀门的结构紧凑、功能简单,且可进行集成设计,因此重量较轻。同时,双合金流量调节机构也可与引气管路进行集成设计,也有利于减重。图 4.60 为集成了电动阀、单向阀、双合金流量调节机构的实物,质量为 1.3kg,与单股引气的传统防冰活门相当。

4.3.3.2 压差式结冰探测设计

装有防冰系统的直升机应设置结冰探测器,通过结冰探测器的警示及时告知驾驶员已经进入结冰环境,需开启加热防冰进行应对。在直升机中,由于发动

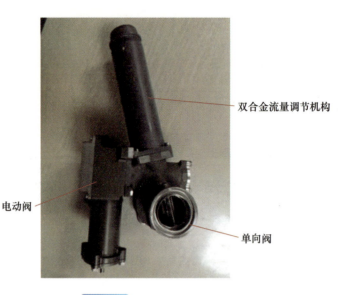

图 4.60　双引气掺混防冰阀门

机需要吸入大量的空气,发动机进口是易结冰部位,该部位结冰对直升机安全产生影响,因此,有必要对该部位进行结冰探测。

针对结冰的特点,国内外已开发了多款结冰探测器,根据测量原理的不同可大致划分为五大类:光学类、热学类、电学类、波导类、机械类。目前,应用于涡轴发动机的结冰探测器未见公开报道。对于全疆域使用的涡轴发动机,其进口环境恶劣,光学类探测器的光学镜头难以克服灰尘覆盖、沙尘打磨,热学类、电学类、波导类探测器容易受到雨水的干扰,因此,发动机进口宜采用机械类的结冰探测器。在机械类结冰探测器中,又可细分为谐振式、阻碍式和压差式结冰探测器,结构示意图如图 4.61 所示。其中,谐振式结冰探测器利用了结冰可以改变振动体振动频率的原理,一般采用激振电路为振动体提供交变磁场,该结冰探测器工作可靠、强度高、性能稳定,但其探头体积较大,对发动机进口的气流总压损失较大;障碍式结冰探测器利用了结冰引起旋转运动阻力增加的现象,通过扭矩异常增大数据来探测结冰,一般采用小型电机驱动圆筒进行旋转运动,该结冰传感器容易受到沙尘堵塞干扰且扭矩测量装置复杂,工作可靠性较低;压差式结冰探测器通过感受空气来流存在总静压差来探测结冰,一般采用膜盒来感受压差并将压差转化为电信号,在探头的迎风面、背风面分别设置若干小孔来感受气流总压、静压,当结冰时迎风面小孔将被堵塞,膜盒感受的压差为 0,该结冰传感器的小孔易被沙尘堵塞,膜盒内部也存在沙尘堆积问题而影响测量精度。

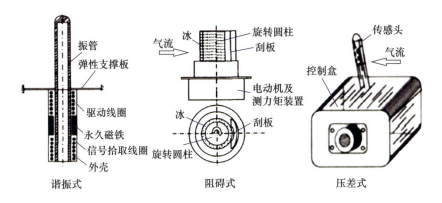

图 4.61 机械类结冰探测器

针对全疆域使用的涡轴发动机的工作环境,以及根据涡轴发动机进气装置的特点,本小节提出了新型的压差式结冰探测器。通过利用总静压差形成的小股流动气流来驱动旋转的微型磁电感应线圈,监测磁电感应线圈的交变信号状态以判断是否结冰,当探头存在一定程度的结冰时,小股气流的流量变小、速度下降,磁电感应线圈的转速低于某一特定值将触发结冰警示信号。该新型压差式结冰探测器的工作原理如图 4.62 所示,工作原理如下:

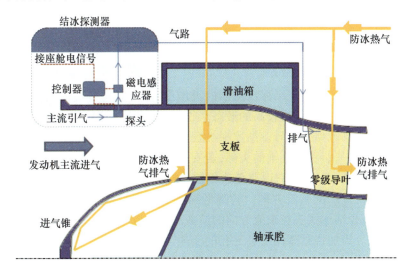

图 4.62 压差式结冰探测器工作原理

(1) 利用发动机进气装置存在负压区,组织管路形成气流流动并驱动微型磁电感应线圈以获得交变频率。

(2) 当处于非结冰环境时,交变频率正常,不发出结冰报警信号。

（3）当处于结冰环境时，结冰探头形成结冰并堵塞管路，管路内部无气流流通，交变频率异常，发出结冰报警；接到结冰信号后，结冰信号处理器给结冰探头供电加热，加热时间30s即可将结冰探头的冰块清除干净，停止供电加热90s，若此刻交变频率仍异常，则持续结冰报警；重复加热30s、停止供电90s，直至交变频率恢复正常，则发出结冰报警结束信号。

（4）当发动机接收到结冰报警信号之后，发动机防冰系统开启，当发动机接收到结冰报警结束信号之后，发动机防冰系统关闭。

结冰探头结构及结冰传感器如图4.63所示。

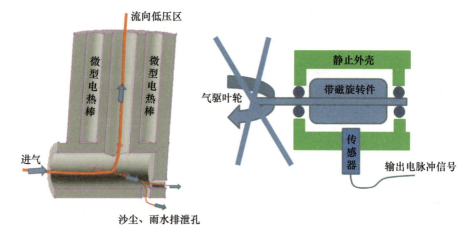

图 4.63　结冰探头结构及结冰传感器

为提升该新型压差式结冰探测器的灵敏度，需要选定合适的结冰探头安装位置，以确保结冰探头获得较高的液态水收集量，从而迅速堵塞结冰探头的进气孔并及时发出结冰报警信号。结冰探头宜安装在液态水收集系数较高的发动机进口区域，如进气装置进气锥的头部，若安装在进气装置的内外流道，结冰探头需伸入进气流道15mm左右以避免边界层流场的影响，同时，结冰探头的进气孔需正对发动机进口的来流方向。为降低结冰探头对发动机进口流场的负面影响，应尽量减少结冰探头在来流方向的横截面积，结冰探头采用翼型或者椭圆柱的结构形式。为加快结冰探头进气孔的流通面积堵塞速率，进气孔前端可设置网状栅格结构，单个栅格的横截面长、宽尺寸宜控制在1.5mm左右，栅格厚度尺寸宜控制在0.6mm左右。图4.64给出了有无栅格结构的进气孔结冰情况，可以看出：在结冰1min后，无栅格结构的进气孔流通面积堵塞率约为15%，而有栅格结构的堵塞率高达50%以上。同时，从图4.64也可以看出，除进气孔之外，结冰探头的结冰区域主要集中在翼型前缘，且结冰形状流畅、仍基本呈翼型形状，从而有利于减少对进口流场的负面影响。

(a) 无栅格　　　　　　　　　(b) 有栅格

图 4.64　探头结冰情况对比

在结冰探头的结冰到达一定程度并触发结冰报警信号之后,需要尽快对结冰探头进行加热除冰。由于结冰探头的体积小,除冰的需求热量也小,其需求热量约 30W 左右,加热装置宜采用结构简单、紧凑的电加热方式。同时,结冰探头宜采用铝、铜等具有高热传导能力的金属材料,以提高结冰探头内部的热量传递能力从而达到简化结构的目的。图 4.65 和图 4.66 给出了结冰探头的温度分布和结冰探头低温点随时间的变化特性,可以看出:采用铝合金的结冰探头温度较为均匀,表明热源向结冰探头各部位的热传递能力较强;网状栅格有利于减少热量向低温区域的传导阻力,在 20s 以内即可将低温区的结冰除掉并达到温度稳定。

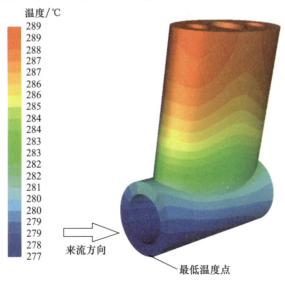

图 4.65　结冰探头温度分布

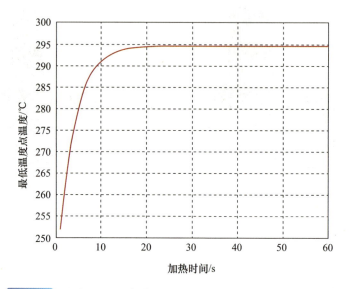

图 4.66 结冰探头温度最低点的温度随加热时间的变化关系

结冰探头在防沙尘、雨水方面也进行了考虑,通过在进口孔下游设置与来流平行的小孔,从而为进入进口孔之后的沙尘与雨水提供排泄通道,同时,驱动微型磁电感应线圈的小股气流在转折 90°的过程中也可进行一定程度的沙尘与雨水分离,进一步提升小股气流的干净度,从而避免沙尘与雨水对磁电感应线圈的干扰,以减少结冰探测器的误报警。

4.4 海洋环境下发动机腐蚀防护与控制技术

在海洋环境下,由于海上的大气环境湿度大、氯盐含量高,发动机全程处于近海的大气环境时,发动机内部和外部不可避免地要遭受各种形态的腐蚀,包括化学腐蚀、电偶腐蚀、热盐腐蚀和霉菌等。同时海洋大气的湿度大,含盐粒子积存在钢铁表面形成导电良好的电介质,是电化学腐蚀的有利条件,使得发动机各种结构的腐蚀速率加快,特别是直升机在 3 级及以上海况条件(浪高大于1.25m)下贴海悬停时,飞溅的海浪可能在旋翼的搅动下吸入发动机,海盐粒子在飞溅带上积聚的量要比海洋大气中高 5 倍,甚至十几倍,而且在峰值附近含盐粒子量更高,这是造成激烈腐蚀的主要外因。因此,面向全疆域设计需求的涡轴发动机需开展有效的防盐设计,在材料选择上应优先选择耐腐蚀性能好的材料,同时发动机外部应无油液积聚结构,能进行擦拭,而内部流道除具备冷态清洗能力外,还应具备热态冲洗的能力。

4.4.1 材料选用

合理的选材方案是实现零件功能的基础。选材需根据发动机不同构件的设计要求,综合分析材料的成分、性能、成本、工艺性、应用经验等信息,确定合理的选材方案。面向全疆域使用的涡轴发动机,在设计上需要考虑平原、高原、海洋、沙尘、高温、高寒等全疆域各种复杂环境,发动机长期处于温度高、湿度大、盐碱重、风暴多的恶劣环境中,使得发动机的腐蚀防护设计面临着巨大挑战。因此,必须从顶层和整体的角度进行合理的选材,保障发动机在各种环境下的安全、稳定、长寿命服役。

4.4.1.1 材料选用原则

材料选用原则如下:

(1) 对于金属材料:在满足力学、工艺和结构要求的前提下,材料的选择应优先考虑耐蚀性,尽可能选用经使用或试验证明具有良好耐蚀性的材料,应按材料-环境组合体系选择合适的热处理状态,尽量避免对腐蚀敏感的热处理状态,应采用表面防护措施,除特殊要求外,原则上不允许裸材直接使用。

(2) 对于非金属材料:应具有良好的抗降解、抗老化、抗疲劳、耐湿热、耐盐雾和抗霉菌等性能;材料应与其接触的金属材料具有相容性,不应引起金属材料腐蚀。否则应按 GJB 1720 进行表面防护处理,应考虑吸水性和透水性对非金属材料本身性能及相接触金属材料腐蚀的影响,在使用过程中,材料所逸出的气体不应引起周围金属结构及镀层产生腐蚀,材料之间也应具有相容性。

(3) 对于金属镀(涂)覆层或化学覆盖层:应综合考虑材料的特性、热处理状态、强度级别、使用条件和部位、结构形状和公差配合等因素,确定金属镀(涂)覆层或化学覆盖层及其厚度;金属镀覆层和化学覆盖层可参考 GJB/Z 594A 进行选择,镀覆工艺对基体材料力学性能有不同程度的影响,对于主要受力件,应考虑其对力学性能的影响,应考虑金属镀(涂)覆层和化学覆盖层的使用温度,耐蚀性较差的金属零件应尽量选用阳极性镀层,凡需镀覆的零部件,应尽量减少孔、槽、缝、接头,并有足够的坡度,以防止腐蚀介质的聚集和滞留,不同镀覆层接触时,应防止产生接触腐蚀,在密闭情况下应考虑有机挥发气氛对锌、镉镀层的腐蚀作用。

(4) 对于有机涂层:应根据零件的材料、使用部位、环境条件等要求选择有机涂层体系。除应考虑其防护性能、耐湿热、盐雾、霉菌性能和耐大气老化性能外,还应考虑其与基体的附着力、涂层之间配套相容性和施工工艺性等。有机防护涂层应优先选用经使用或试验验证具有良好耐蚀性的有机防护涂层,底漆与面漆、底漆与密封胶应相互配套,零件内表面可只涂底漆,外表面应涂底漆和面漆。

4.4.1.2 各零部件选材

总体零件基本上为外露件,与外部大气环境直接接触,在海洋环境下使用主要受盐雾腐蚀。总体零件主要由管接头、管子、支架、垫圈、卡箍、吊挂、固定板等零件组成,材料选用不锈钢0Cr18Ni10Ti。0Cr18Ni10Ti为铬-镍奥氏体不锈钢,相较其他在航空发动机上常用的奥氏体不锈钢(如0Cr18Ni9),0Cr18Ni10Ti中加入钛并降低碳含量以降低晶间腐蚀倾向。针对奥氏体不锈钢焊接部位容易产生锈蚀现象,特别是焊缝附近热影响区最易产生晶间腐蚀,所以有焊接的零件表面整体进行涂漆。

全疆域使用的涡轴发动机在海洋环境下,由于压气机主要零、部件大都为外露件和流道件,外露件与外部大气环境直接接触,流道件与进入的外部空气直接接触,尤其在海洋环境下极易受盐雾腐蚀。在盐雾环境下,由于盐雾液体作为电解液存在,加速了电化学腐蚀,使金属、涂层等容易产生生锈、起泡等,从而使零、部件产生一定的失效,影响使用性能及寿命,因此发动机压气机设计时不仅从结构细节上采用一定的防盐雾腐蚀措施,而且对于材料的选择也十分的苛刻,合金不仅需要具备优异的力学性能,还必须具备优异的化学性能、物理性能等。因此,压气机选用耐腐蚀性能较好的钛合金、高温合金、铬含量较高的不锈钢等,并在不同金属表面增加相应的防护措施,进一步提高发动机的腐蚀防护能力。

燃烧室部件主要由燃烧室外机匣、火焰筒、大弯管、涡流器和喷嘴等零件组成。经前期调研,选用结构钢的燃烧室机匣及选用奥氏体不锈钢的燃烧室机匣,在外场使用后均出现不同程度的腐蚀,因此燃烧室材料选用以高温合金为主,在温度较高的部位,如火焰筒,增加了防护涂层。

涡轮部件腐蚀主要为结构钢的腐蚀,以及高温合金发生的燃气腐蚀等。因此,涡轮部件选材以耐蚀性较好的高温合金为主,在涡轮、导向器等零件上增加涂层、渗层以提高零件的耐热腐蚀性能。

进气装置与附件传动装置采用一体化设计。经前期调研,其他型号选用1Cr18Ni9Ti的进气整流罩焊接部位有腐蚀现象,选用LF5铝合金+阳极化的进气帽罩有腐蚀现象。因此,发动机进排气装置与附件传动装置选用奥氏体不锈钢增加钝化处理,铝合金进行阳极化并增加涂漆处理,以提高零件的防腐蚀能力。

过渡减速器为独立的单元体结构,主要由机匣、齿轮系、轴承、输入弹性轴、输出传动轴等组成。机匣选用ZL114A铝合金,该材料具有高的比强度和比刚度、一定的疲劳性能以及良好的铸造性能。为满足防腐蚀的需求,整个机匣进行铬酸阳极化,外露表面涂漆。

4.4.2 结构防腐设计

在零件的结构设计中,尤其是对于外露的所有零件,应避免积水,精良消除缝隙结构,防止水、灰尘、盐雾的沉积。在结构设计中采取有效措施,例如提出较高的粗糙度要求,使得零部件的任何部位不出现液体的聚积,形成积水的死角。对易于聚积污垢和水的地方,应布置排水通道,有效地引导其排出畅通。同时应根据结构使用环境条件和内部设备的要求,在潮湿水汽易于积聚区域,尽可能布置通风设施,以防湿气滞留和聚集。对于焊接部位,尽量采用连续封闭焊,避免间断焊,同时应严格控制焊接质量,对焊缝内缺陷数目和焊缝表面质量进行控制。

在零件进行装配时,配合面应形状简单、平直,便于良好贴合,不用紧固件连接的独立零件之间应有足够的间隙,避免零件相互摩擦、碰撞,损坏零件表面的防护层。结构件装配一般不应锉修,以免破坏零件表面防护层,若无法避免,应在锉修部位补涂底漆或润滑脂后装配,易进水、外露件装配部位应采取密封措施,如湿装配等。同时,在结构设计时针对大平台壁面设置一定斜度,防止液体滞留,对外露凹槽设置引流及排漏管路。图 4.67 给出了扩压器机匣的防积水设计。

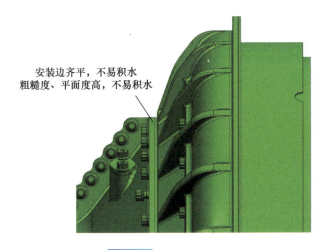

图 4.67 防积水设计

发动机涡轮部件除却动力涡轮排气框架、涡轮轴承座是外露件外,其余零件均包裹在发动机内部。对于外露部件,如排气框架(图 4.68),需要重点防止水、灰尘、盐雾沉积,外廓尽可能设计为周向回转结构,减少因水、灰尘、盐雾沉积而引起的腐蚀问题。

图 4.68 排气框架外廓结构示意图

在海洋潮湿盐雾环境下，工作叶片及导向器基体（以下简称涡轮叶片）材料极易发生腐蚀，因此在叶身及流道涂覆抗氧化、耐腐蚀涂层对保护叶片、提高叶片寿命至关重要。目前的叶片涂层有抗氧化腐蚀、热障两种，其中抗氧化腐蚀涂层为铂铝涂层等。热障涂层利用陶瓷的耐热性、耐磨性和低导热率，使其以涂层形式与涡轮叶片基体结合，从而屏蔽热量，降低涡轮叶片的温度，提高涡轮叶片在高温环境下的工作能力。由于全疆域高温无冷却燃气涡轮高效气动设计方法的引入，全疆域使用的涡轴发动机燃气涡轮叶片采用无冷却设计，因此在选取涂层时主要选取抗氧化涂层，抗氧化腐蚀涂层为铂铝涂层、石墨烯涂层等。

4.5 强电磁干扰环境下发动机抗战能力提升技术

燃油与控制系统的全疆域适应性设计，重点考虑自然环境的较宽范围适应性、复杂电磁环境适应性、复杂战场环境工作可靠性和安全性。明确到以下环节：高温工作、高寒工作、高空工作、强电磁辐射环境工作、自动控制结合手动备份的任务可靠性、海洋环境抗腐蚀能力、燃油介质抗污染能力等。带机械液压手动备份的燃油调节系统对电子信号不敏感，同时带步进电机的燃油调节系统在受到电子攻击时，可以锁定当前的导叶位移，把当前的燃油流量锁定，从而保持燃油控制的步位。由于控制系统是连续采集，可以记忆燃油调节系统的油针压力、燃油流量等信息，提供给带机械液压手动备份的燃油调节系统作为参考值，在强电磁干扰导致数控系统失效的情况下自动转换到机械液压备份工作，保证装备安全使用。

针对全疆域设计涡轴发动机的总体需求分解,结合控制系统的功能和组成特点,控制系统的全疆域设计要素考虑以下方面:

(1)应对军用涡轴发动机全疆域使用的任务特点,采用机械式手动应急备份控制方案;

(2)考虑军用涡轴发动机在内陆、边疆和海上舰载环境使用所面临的复杂电磁环境,采用综合的抗电磁干扰能力的控制系统方案;

(3)燃油系统的抗污染设计,应对燃油介质污染和抵御多源外来物对燃油系统的影响;

(4)控制规律设计,考虑高空、高寒、舰载条件的发动机工作特性,满意地完成发动机控制。

4.5.1 带机械式手动应急备份功能的燃油泵调节器设计

涡轴发动机需要的计量燃油流量由燃油泵调节器提供,同时,需要对导叶进行调节的发动机,调节导叶的任务也由燃油泵调节器完成。

燃油系统一般由低压泵、高压泵、燃油泵调节器、燃油滤、压力信号器、压差活门、定压活门、燃油滤目视堵塞指示器、分配器、作动筒、停车活门、增压活门等组成。

在燃油系统的设计上,燃油泵调节器作为燃油系统主要附件和控制系统的执行部件,实现流量调节和导叶调节两大主要功能,本书结合了机械液压式和数字控制式调节方式。在实现燃油流量自动控制的前提下,有手动应急备份燃油流量控制保驾护航,保证可以全量程范围内实现燃油流量的全面控制,并且具备防喘振和防熄火功能;导叶调节采用机械液压式方案不受强电磁干扰的影响,工作安全。

燃油泵调节器组成包括高压齿轮燃油泵、压差活门、计量活门、增压活门、手动控制杆、作动筒位移传感器、作动筒、计量油针位移传感器、分油活门、反馈杠杆。高压齿轮燃油泵在发动机燃油系统初步压力和流量基础上,对燃油压力进一步增压,达到燃烧室燃烧需要的燃油压力和流量;压差活门通过调整计量油针前后压差恒定,使燃油计量流量仅与计量活门开度相关;计量活门设计有计量油针,计量活门通过计量油针的轴向移动改变计量窗口的面积,从而调定给发动机燃烧室的供油量;当需要发动机停车时,关闭增压活门切断供油;作动筒位移传感器通过杠杆与作动筒活塞杆机械接触,用于测量作动筒的位置信号,并将该直线位移机械信号转换成电压信号反馈给电子控制器,所转换的电压信号与机械位移信号呈线性函数关系;转速和温度传感器给出位移信号推动分油活门运动,改变作动筒两腔的油压,作动筒由活塞两腔压力差推动进行直线运动,计量油针位移传感器感受计量活门的位置信号,反馈给发动机电子控制器。手动控制杆在手动应急进入工作时,调节燃油流量的大小;膜盒在手动应急进入工作时,限制发动机的最大燃油流量,防止发动机喘振。

4.5.1.1 总体设计

燃油泵调节器的燃油流量控制采用步进电机驱动计量油针架构,导叶控制采用液压机械控制架构。为提高发动机可靠性,燃油计量部分配置手动控制功能,在主控失效的情况下,能平稳切换到手动备份控制,保证飞行安全。

燃油泵调节器采用模块化设计,将整个产品分为三个部分,分别为供油装置部分、燃油计量装置部分(含手动控制)和导叶控制装置部分,燃油泵调节器的组成框图如图 4.69 所示。

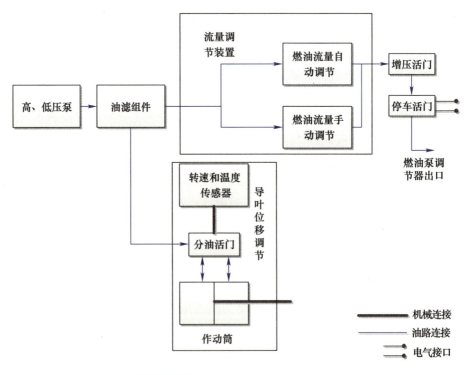

图 4.69　燃油泵调节器的组成框图

4.5.1.2 供油装置设计

1. 齿轮泵

齿轮泵出口燃油主要有两个用途:①供给发动机燃烧室,即发动机工作时需用燃油;②作为导叶控制装置的油源,控制和驱动作动筒对发动机导叶位置进行调节。

2. 功耗校核

当燃油系统以最大转速供油时,齿轮泵出口燃油流量为 Q_t,燃油出口压力最大为 p_{max},进口压力最小为 p_{min},此时齿轮泵进出口压力差为 Δp,系统所做的液压功为 W,满足小于 $W_{发动机}$ 的要求。

3. 燃油温升校核

在最大供油状态下,系统的燃油温升主要由齿轮泵回油时的液压功产生。上述功耗校核中计算出了极限情况下系统所做的最大液压功为 W_{max},理想情况下,若这部分液压功全部转换为热量,并与计量出口燃油充分掺混,对计量出口燃油产生的温升预计为 ΔT;除了做功产生的温升,还有由于热传导产生的温升。

4. 油滤

考虑到泵后燃油不仅供给燃烧室,还作为伺服油来驱动导叶作动筒,因此伺服燃油清洁度较高,需要安装一个过滤精度较高的油滤来过滤伺服油。同时油路中存在两处喷嘴挡板机构,也要求较高精度的伺服油。而计量燃油的过滤精度要求不高,综合考虑精度需求、流量损失和安装尺寸的要求,在油路中分别设置4个油滤:齿轮泵后设置粗油滤,过滤计量燃油;设置细油滤,过滤伺服燃油;在离心飞重伺服喷嘴挡板机构前设置一个油滤;在压气机进口温度 T_1 伺服喷嘴挡板机构前设置一个油滤。

5. 安全活门

安全活门打开压力为最大压力的1.4~1.5倍。在结构上采用比较常用的锥阀形式。

6. 起动放气活门

起动放气活门采用球阀结构。在起动前,低压泵使燃油流经起动放气活门和齿轮泵返回到油箱;起动后,齿轮泵后建立燃油压力将使起动放气活门关闭,实现自动放气和关闭。

7. 引射装置

为满足进口压力短时工作压力为负压的要求,设计了一套引射装置,将压差回油通过一个收-扩流道引射至齿轮泵前,以改善燃调进口压力较低时齿轮泵的进口条件,保证齿轮泵能在较低进口压力下正常、安全地工作。

4.5.1.3 燃油计量装置设计

燃油计量装置主要包括计量活门、压差活门、增压活门、停车活门等部件以及手动备份装置。

1. 计量活门

采用油针式计量活门,油针的型面暂定为线性型面。主要结构包括计量油针、计量活门衬套、导向装置等。油针组件其结构形式类型是薄壁阻尼孔的节流,随着油针的位移,改变过流面积从而调节燃油流量的大小。

2. 压差活门

(1) 最小回油量:齿轮泵进出口最大压差为 Δp_{max} 时,回油量为 Q;最大回油量:齿轮泵进出口最小压差为 Δp_{min} 时,保证回油量足够。

(2) 计算计量油针前后压差额定值 Δp。

3. 增压活门

在换算转速为规定状态下,要求导叶作动筒输出力不小于 N_{min},由增压活门间接保证控制燃油的压力。

4. 停车设计

停车功能有两处设计:①自动停车功能是,在得到停止向发动机燃烧室供油的指令后,由电子控制器控制计量油针关小燃油流量的供给,直至发动机熄火停车,确保在要求的时间内完成指令的执行;②手动停车功能是,手动控制杆移动到停车活门的停车位置,使手动停车活门处于燃油关断位置,切断向燃烧室的供油。

5. 步进电机

采用双通道步进电机,接收电子控制器的指令,实现主控的燃油计量功能。当泵调节器处于自动控制模式时,手动控制杆保持固定位置,手动控制机构锁定。步进电机控制计量油针移动,同时感受计量油针位置信号的位移传感器将油针位置反馈给电子控制器。这种结构工作可靠、控制精度高,同时由于步进电机采用电脉冲驱动,无需伺服油源,相对于电液伺服阀等控制方式可以极大地提高燃油系统的抗污染能力。

6. 角位移传感器

在齿条上设置角位移传感器,感受计量油针的位移,输出反馈信号至电子控制器,实现主控的燃油计量闭环控制。

7. 手动控制装置

当电子控制器失效时,步进电机被锁定,手动控制杆带动油针移动。油针的开度受 P3 膜盒限制,防止供油量过大而导致发动机富油熄火或超转;最小流量限制装置设定最小供油流量,防止突然减小供油而导致发动机空中熄火。

4.5.1.4 导叶控制装置

导叶控制采用液压机械式结构,并按换算转速(N_{gcr})对作动筒位移进行控制。

4.5.2 采用双步进电机的燃油泵调节器电控调节设计

在导叶调节的发展型上,考虑对导叶位移进行锁定功能,以保证发动机在故障时保持当前状态,锁定当前的导叶位移,同时把当前的燃油流量锁定,通过采用步进电机对导叶位移调节和燃油流量调节的方式实现导叶位移的锁定和燃油流量的锁定。由于步进电机为机械传动部件,抗污染能力强于电液伺服阀,在发展型燃油泵调节器的设计上,可以更加适应燃油污染的油液环境。燃油泵调节器原理框图如图 4.70 所示。

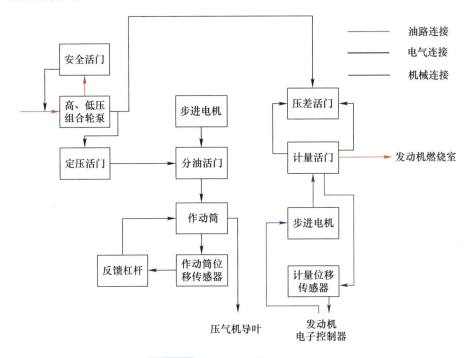

图 4.70 燃油泵调节器原理框图

高、低压组合泵由一根传动轴传动,减少了附件机匣的安装空间和传动轴的数量,使得发动机可以进行小型化设计。高、低压组合泵后设计有安全活门,对高压泵的过压情况进行安全保护;定压活门为作动筒提供稳定的伺服油源,使得作动筒可以有推动活塞运动的驱动力,并保持工作稳定,步进电机接受发动机电子控制器的指令给出位移,推动分油活门移动,分油活门将伺服油进行油路分配,进入作动筒活塞的左、右腔,使作动筒移动;反馈杠杆将作动筒的位移负反馈给分油活门,控制作动筒稳定在需要的位置;作动筒位移传感器与作动筒机械连接,反馈作动筒的位置信号给电子控制器,可以进行作动筒位移闭环调节;当故障发生时,通过锁定步进电机,从而锁定作动筒的位移,保持发动机在当前功率状态。

燃油计量模块设计有压差活门和计量活门,压差活门通过调整计量油针前后压差恒定,使燃油计量流量仅与计量活门开度相关;计量活门设计有计量油针,计量活门通过计量油针的轴向移动改变计量窗口的面积,从而调定给发动机燃烧室的供油量;当需要发动机停车时,关闭计量油针,切断给燃烧室的供油。

总体方案如下:

在燃油泵调节器正常工作状态下,电子控制器发出电信号给计量步进电机,计量步进电机通过齿轮齿条带动计量活门移动,调节计量窗口面积,同时油针位移传感器把计量活门的位置反馈给电子控制器,计量过的燃油通过增压活门进入发动机燃烧室,给发动机供油。

导叶控制步进电机接收电子控制器信号,带动齿条平移,齿条通过杠杆驱动分油活门运动,分油活门将高压油引导至作动筒的其中一腔推动作动筒运动,而作动筒的运动通过杠杆反馈至分油活门,使分油活门回到中立位置形成稳定状态,同时线位移传感器将导叶作动筒位置反馈给电子控制器,实现压气机导向叶片角度控制。

发动机停车形式为电停车。需要停车时,电子控制器发出电信号,停车电磁阀通电,控制增压活门关闭,切断计量后燃油,实现停车功能;同时可以通过控制器给出计量步进电机指令,关小计量活门开度,使燃油流量减少,直至发动机停车。

1. 增压与供油模块设计

燃油增压模块主要由液环泵(低压)、齿轮泵(高压)、安全活门、起动放气活门组成。主要作用是为泵调节器各个模块提供必要的燃油压力,并在起动前排除内部油路中的空气。

经液环泵、齿轮泵两级增压后的燃油通过燃油计量模块供给发动机燃烧室,同时为导叶作动筒提供控制油;在异常过载的情况下,安全活门开启,保证齿轮泵后最高压力不超过限定值。

2. 齿轮泵设计

齿轮泵出口燃油主要有两个用途:①供给发动机燃烧室,即发动机工作时的需用燃油;②作为导叶控制装置的油源,控制和驱动作动筒对发动机导叶位置进行调节。

3. 安全活门设计

安全活门保证燃油泵调节器的最高工作压力,并使得高压泵后压力超过一定高压时,将高压与低压接通,对高压泵进行保护。

4. 起动放气活门设计

起动放气模块的作用是在发动机起动前,将燃油泵调节器内部的空气排出。当发动机转速达到规定值时,泵后高压将起动放气活门关闭,燃油系统进入工作状态。

5. 计量活门设计

计量活门为燃油泵调节器的重要部件,其关系数控系统的控制精度与稳定性。采用油针式计量活门,根据流量要求对油针的型面进行设计。油针的型面定为线性型面。主要结构包括计量油针、计量活门衬套、导向装置等。油针组件其结构形式类型是薄壁阻尼孔的节流,随着油针的位移,改变过流面积从而调节燃油流量的大小。计量活门的流通面积示意图如图 4.71 所示。

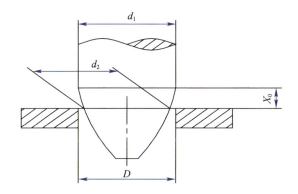

图 4.71 计量活门的流通面积示意图

根据局部节流流量公式:

$$Q = C_q A \sqrt{\frac{2\Delta p}{\rho}} \tag{4.26}$$

式中:C_q 为流量系数;A 为流通面积;Δp 为压差;ρ 为燃油密度。

根据发动机要求的最大流量计算计量油针所需最大过流面积。

如图 4.71 所示,计量油针位移为 X_0 时,所对应的计量活门流通面积为

$$A = \pi \frac{D^2 - d_2^2}{4} \tag{4.27}$$

式中:D 为计量窗口直径;d_1 为计量油针的最大直径;d_2 为计量油针通过计量窗口时的直径。

由式(4.26)和式(4.27)得出油针型面。

6. 压差活门设计

压差活门设计选用移动压差活门的结构形式,设计压差为 Δp,对弹簧进行设计。该型压差活门采用金属温度补偿片,补偿温度变化对计量后燃油体积流量的影响,使得相同状态下供给发动机的燃油质量流量在一定程度上保持恒定。

7. 停车模块设计方案

增压停车模块主要功能是在燃油泵调节器正常工作时,保证调节器内部燃油的最低压力;需要停车时实现停车切油功能,由停车电磁阀、增压活门等元件组成。

发动机正常工作时,停车电磁阀关闭,此时活门左腔为计后燃油,活门右腔为低压燃油,左腔压力高于右腔,活门打开并对燃油进行增压;当停车电磁阀接收到停车指令后,电磁阀打开,活门左、右腔均为计后燃油,压力相等,活门在右端弹簧力的作用下关闭,切断供油。

8. 增压活门设计

增压活门的作用为控制燃油泵调节器内部的最低压力,保证导叶控制功能的正常实现。

4.5.3 耐海洋环境和抗复杂电磁环境的电子控制器设计

4.5.3.1 总体设计

发动机电子控制器作为数字式电子控制部件,在全疆域设计中重点考虑了耐海洋环境和抗复杂电磁环境问题。

电子控制器采用 A、B 双数控通道 + 独立超转保护模块的架构设计,A、B 双数控通道功能、电路结构、形式相同,互为热备份,当一个通道故障时,可平滑切换到另一个通道进行控制。独立超转保护模块采用了与双数控通道解耦的独立硬件设计,可对动力涡轮转速 N_p 进行高可靠性的超转保护。电子控制器内置环境压力传感器,用于相关控制规律的高度修正。

电子控制器采用典型的上下箱体设计,各部件之间通过螺钉紧固连接。机箱内共装有多个结构上相对独立的功能电路板。模块、隔板与箱体之间通过螺钉紧固连接,箱体内部模块通过插头、插座、柔板结构实现电气连接。面板通过航空插座实现控制器与外部的电气连接。

4.5.3.2 结构与工艺设计

电子控制器中除外部机箱外,内部包含较多电子元器件、印制电路板、导线等材料,为保证内部电路可靠安全的工作,必须进行密封性设计,隔离外界恶劣的自然条件。目前电子控制器主要采取结构设计、密封垫、密封条设计以及凸筋凹槽结构保证良好的密封性。

针对海洋性气候防护要求，电子控制器中所有电路模块均采取专用三防漆涂覆处理，可对霉菌、湿热和盐雾进行有效防护。

电子控制器通过外部航空插座与电缆进行信号连接，航空插座端口面是密封性设计的薄弱点，在工艺设计上，可通过涂覆密封材料，增加机箱密封性。

4.5.3.3 电磁环境适应性设计

1. 屏蔽措施

为了隔断干扰信号的传播途径，屏蔽处理是较为常见的措施，具体有：

(1) 机箱壳体选用抗电磁辐射效果好的专用金属材料；

(2) 机箱面板、盖板、航空插座与箱体连接处，选用具有屏蔽作用的密封材料进行密封。

2. 接地措施

接地是电流返回其源的低阻抗通道，接地设计是解决电磁兼容问题的重要手段，主要措施有：

(1) 电子控制器机箱面板上设计有专门的接地铜带；

(2) 电子控制器内所有二次电源的"地"分别接至电子控制器箱体；

(3) 电路模块中数字电源地和模拟电源地在 A/D 转换器处一点相连；

(4) 电源滤波器和直流转换器外壳与电子控制器箱体之间保持低阻抗连接。

3. 滤波和去耦措施

高频信号噪声需要通过滤波处理，降低元件耦合到电源端的噪声需要通过去耦电路处理，具体措施有：

(1) 直升机直流电源输入经过 EMI 滤波器处理；

(2) 二次电源输出经过滤波处理；

(3) 所有输入电子控制器的模拟量、频率量、离散量信号都要经过相应的滤波处理；

(4) 集成电路电源输入端布置去耦电容；

(5) 电子控制器接口信号设计防雷及滤波电路。

4. 降低达到易损的电气和电子电路的瞬变水平

为降低瞬变，减少电位差，使磁场与信号导体之间的耦合减小到不重要的水平，采用的设计防护措施有：

(1) 电子控制器箱体为全金属屏蔽结构，理论上形成完全的电屏蔽，并与直升机基本结构有良好的搭接；

(2) 对信号电缆线进行屏蔽，且屏蔽层与直升机基本结构具有良好的搭接；

（3）除搭接终端外，任何位置上的带电零件与直升机基本结构保持绝缘；

（4）对搭接部位采用相应的防腐蚀控制措施。

通过提高电路的损伤和功能失常阈值来减小它们的易损性，为使进入电子控制器的瞬变不至于损伤电路或使电路功能失效，在设计时采取的防护措施有：

（1）在电子控制器的敏感电路之间增加瞬变抑制器，降低到电路能够承受的水平；

（2）选型时提高器件参数等级，选用具有一定防护的器件，增加过压过流保护；

（3）电路设计中应尽量减小单点故障的影响范围，采用功能冗余设计和故障隔离技术，防止故障蔓延和扩大。

5. 防止雷电热效应设计

电子控制器机箱表面采用静电粉末喷涂处理，该喷涂层不含有机物质，不会因雷电产生燃烧现象。

6. 防高强度辐射设计

对于高强度辐射，主要在机箱设计方面采取预防措施：

（1）采取全封闭结构，屏蔽所有波长的电磁干扰；

（2）与外表相通的零件接触面上采取多道折弯结构，避免产生直通外部的缝隙；

（3）采用高屏蔽性能的电连接器来连接电子控制器与外部的电信号；

（4）电子控制器与直升机基本结构具有良好的搭接性能；

（5）采用高导电率材料包括基体材料和导电橡胶材料；

（6）导电滤波器与基体良好的电接触。

7. 其他措施

（1）内部电气信号的电缆尽量采用屏蔽电缆，且弱信号与强信号线的布置保持合理间隔；

（2）模块上元器件布置尽可能紧凑，减少布线尤其是高频总线的长度；

（3）采用高可靠性的针形印制电路板插座；

（4）印制电路板设计时设置镜像地线和电源，减小地环流，高速时钟信号尽量在同一印制电路板层走线，尽量减小印制电路板的过孔，相邻两信号层尽量避免平行走线；

（5）对于开关量输入和输出电路进行必要的处理，输入和输出电路的地线分开布置，以避免输入和输出的地线和电子控制器外部电气系统的地线形成地

线的闭合环路,影响电子控制器的抗干扰能力;

(6)电子控制器内部各个电路的电源采用隔离的直流变换器,电子控制器的内部电路采用分区涡轴走线,在各种信号需要汇集的地方,根据各信号流向进行需要的信号连接。由于各通道的电源是独立的,通过上述的走线可以避免构成地线的闭合环路而影响信号质量。同时,在电源和通信线等重要接口上加装防雷击器件,使电子控制器具有抗击瞬时过压的能力。

4.6 小　　结

针对全疆域航空涡轴发动机环境使用功能设计,分别从起动可靠性设计、防沙设计、防冰设计、防腐蚀设计和复杂电磁环境设计等方面进行了分析,得到结论如下:

(1)针对全疆域环境下对发动机起动可靠性的要求,从主燃区油雾控制出发,采用"双油路离心燃油喷嘴匹配旋流杯式涡流器"的燃油雾化技术及全尺寸回流区技术,最大限度拓宽了回流燃烧室的点火边界。

(2)针对全疆域环境下对发动机起动可靠性的要求,在方案设计阶段,采用基于多目标优化算法的发动机转子综合优化方法减轻转子重量,降低了转动惯量,提高了发动机在高原、高寒环境下的起动可靠性。

(3)针对全疆域环境下对发动机防沙的要求,分别给出了压气机自主防沙叶片设计、燃烧室沙尘收集腔设计、适应重沙尘环境的燃气涡轮设计以及空气系统防沙设计方案,实现不带粒子分离器的涡轴发动机在沙尘环境下满意工作。

(4)针对全疆域环境下对发动机防冰的要求,提出了紧凑高效双流路掺混引气防冰系统设计技术,解决了小功率状态时引气温度偏低导致防冰能力不足、大功率状态时引气温度偏高而影响进气装置选材的问题,较好地兼顾了各功率状态的防冰需求热量与供给热量平衡。

(5)针对全疆域环境下对发动机材料防腐的要求,分别从材料选用、结构防腐设计等方面进行了阐述,从而为全疆域航空发动机的材料选择及防护措施选取提供了理论及技术基础。

(6)针对全疆域环境下对发动机抗电磁干扰的要求,采用带机械液压备份功能的全权限数控系统满足强电磁干扰军事对抗战需求;采用双步进电机控制,实现燃油流量精确控制和压气机导叶精细调节,提升了控制品质,增强了系统抗燃油污染能力;采用考虑耐海洋环境和抗复杂电磁环境的电子控制器设计,提高了电磁兼容能力。

参考文献

[1] 林宇震,许全宏,刘高恩. 燃气轮机燃烧室[M]. 北京:国防工业出版社,2008.

[2] 杨谦. 燃烧室内两相旋流液雾强制点火研究[D]. 北京:北京航空航天大学,2016.

[3] WANG B,ZHANG C,LIN Y Z,et al. Influence of Main Swirler Vane Angle on the Ignition Performance of TeLESS – II Combustor[J]. Journal of Engineering for Gas Turbines and Power,2017,139(1):011501.

[4] PHILIP M,BOILEAU M,VICQUELIN R,et al. Simulation of the Ignition Process in an Annular Multiple – injector Combustor and Comparison with Experiments[J]. Journal of Engineering for Gas Turbines and Power,2015,137(13):1 – 9.

[5] AHMED S,BALACHANDRAN R,MARCHIONE T,et al. Spark Ignition of Turbulent Nonpremixed Bluff – body Flames[J]. Combust Flame,2007,151(1):366 – 385.

[6] MARCHIONE T,AHMED S,MASTORAKOS E. Ignition of Turbulent Swirling N – heptane Spray Flames using Single and Multiple sparks[J]. Combust Flame,2009,156(1):166 – 180.

[7] LEFEBVRE A H. Gas turbine combustion[M]. London:CRC Press,2010.

[8] MELLOR A M. Design of modern turbine combustor[M]. London:Academic Press,1990.

[9] 邓甜,王方,黄勇. 多点喷射燃烧室冷态流场特性研究[J]. 工程热物理学报,2008(05):876 – 880.

[10] BALLAL D R,LEFEBVRE A H. Ignition and Flame Quenching of Flowing Heterogeneous Fuel – Air Mixtures[J]. Combustion and Flame,1979,35:155 – 168.

[11] READ R W. Experimental Investigations into High – Altitude Relight of a Gas Turbine[D]. Cambridge:University of Cambridge,2008.

[12] CAINES B N,HICKS R A,WILSON C W. Influence of Sub – Atmospheric Conditions on the Performance of an Air – blast Atomiser[R]. Utah:AIAA 2001 – 3573,2001.

[13] 王良,刘丽娟,邹俊,等. RP – 3 和 RP – 5 燃油对全环回流燃烧室点火影响研究[J]. 推进技术,2021,43(8):211 – 219.

[14] 郭昕,杨志军. 航空发动机高、低温起动及高原起动试验技术探讨[J]. 航空动力学报,2003,18(3):327 – 330.

[15] 仆英. 航空燃气涡轮发动机起动性能分析[J]. 航空动力学报,2003,18(6):777 – 782.

[16] 陆山,李轮未. 航空发动机高负荷涡轮盘双辐板结构优化设计[J]. 推进技术,2011,32(5):631 – 636.

[17] 李伦未,陆山. 基于 ANSYS 的多辐板风扇盘结构优化设计技术[J]. 航空动力学报,2011,26(10):2245 – 2250.

[18] 陈铁锋,金赛英. 基于 Isight 的民用航空发动机轮盘优化设计[J]. 现代制造技术与装备,2017,(6):67 – 70.

[19] 董少静,申秀丽,康滨鹏,等. 高推质比双辐板涡轮盘结构研究及光弹试验验证[J]. 航空动力学报,2015,30(1):114 – 120.

[20] 刘超. 涡轮盘结构拓扑与形状优化方法研究[D]. 南京:南京航空航天大学,2010.

[21] 宋健,温卫东,崔海涛,等. 航空发动机多辐板风扇盘拓扑优化与形状优化设计技术[J]. 推进技术,

2013,34(9):1188-1196.

[22] 宋健. 多辐板风扇盘拓扑优化设计方法研究[D]. 南京:南京航空航天大学,2015.

[23] 陈秋旺,郭海丁,刘小刚. 涡轮盘双轴对称异型孔结构建模与优化[J]. 航空动力学报,2013,28(6):1251-1256.

[24] 韩佳欣,郭海丁. 轮盘超椭圆异型螺栓孔均衡优化设计[J]. 航空发动机,2018,44(2):57-63.

[25] 黄章俊,王成恩. 基于Kriging模型的涡轮盘优化设计方法[J]. 计算机集成制造系统,2010,16(5):905-911.

[26] YAO W,CHEN X. A Sequential Radial Basis Function Neural Network Modeling Method Based on Partial Cross Validation Error Estimation[C]. The 5th internation conference on natural computation,Tianjin,2009.

[27] JONES D R. A Taxonomy of Global Optimization Methods Based on Response Surfaces[J]. Journal of global optimization,2001(21):345-383.

[28] SIMPSON T W,MAUERY T M,KORTE J J,et al. Kriging Metamodels for Global Approximation in Simulation-based Multidisciplinary Design Optimization[J]. AIAA Journal,2001,39(12):2233-2241.

[29] 张立章,尹泽勇,米栋,等. 基于本征正交分解的离心压气机多学科设计优化[J]. 推进技术. 2017,38(2):323-333.

[30] 张立章,尹泽勇,米栋,等. 基于自适应本征正交分解的涡轮级多学科设计优化[J]. 推进技术. 2017,38(6):1249-1257.

[31] 包幼林,张立章,赵艳云,等. 面向全疆域设计需求的涡轴发动机转子减重优化[J]. 推进技术. 2022,43(2):210328.

[32] 包幼林,张立章,高洁,等. 一种涡轴发动机燃气发生器转子设计方法和系统:202111442555[P]. 2021-03-01.

[33] 何光宇,李应红,柴艳,等. 航空发动机压气机叶片沙尘冲蚀防护与涂层关键问题综述[J]. 航空学报,2015,36(6):1733-1743.

[34] 肖逸奇,唐雯,杨丽,等. 航空发动机压气机叶片防护涂层冲蚀破坏模拟[J]. 湘潭大学学报:自然科学版,2020(3):116-126.

[35] TRENT M W,CHRISTOPHER P B,JEFFREY P B. The Effect of Particle Size on Deposition in an Effusion Cooling Geometry[C]. 2018 AIAA Aerospace Sciences Meeting,Florida,2018.

[36] 康尧,王朝晖,曾海波,等. 一种设有沙尘收集装置的回流燃烧室及其排沙方法:202111141141[P]. 2021-12-24.

[37] ALBERTO C,BRUNO F,LORENZO T,et al. Combined Effect of Slot Injection,Effusion Array and Dilution Hole on the Cooling Performance of a Real combustor Liner[C]. ASEMTurbo Expo 2009;Power for Land,Sea,and Air,Orlando,Florida,2009.

[38] 徐倩楠,胡峰,肖友洪,等. 航空发动机进气及叶栅通道内沙粒动力学特性分析[J]. 航空动力学报,2021(8):1776-1782.

[39] 陈欣,候馅勇,陈蔚兴. 某涡轴发动机防沙改进研究与验证[J]. 机械工程师,2014(6):86-88.

[40] 苏洪宇. 一种具有防沙功能的发动机进气系统:201921662430[P]. 2020-08-25.

[41] 苏洪宇. 一种集成防沙、防冰及旁通功能的发动机进气系统:201921656824[P]. 2020-05-26.

[42] 杨晓军,祝佳雄. 涡轮叶栅通道内颗粒物沉积过程的数值模拟[J]. 航空学报,2017,38(5):31-42.

[43] 马志宏,李金国,张景飞. 军用装备沙尘环境试验技术[J]. 装备环境工程,2017,4(6):30-33.

[44] 陆宏志. 叶轮机叶片前缘流动与前缘形状优化[D]. 北京:北京航空航天大学,2003.

[45] 王新炜,张军,王胜国. 中国飞机积冰的气候特征[J]. 气象科学,2002(3):343-350.
[46] 包幼林,廖乃冰,李立新,等. 双流路引气掺混防冰装置及方法、航空发动机:202010539869[P]. 2020-10-30.
[47] 包幼林,廖乃冰,李立新,等. 压气机引气防冰装置和发动机:2020105111055[P]. 2020-09-04.
[48] 赵振国,包幼林,杨华斌,等. 离心压气机防冰引气结构及发动机:202110888324[P]. 2021-09-21.
[49] 刘国朝,苗海丰,贾琦,等. 一种用于燃气涡轮发动机进口可调导叶的防冰装置:201910701954[P]:2017-05-31.
[50] 张杰,周磊. 飞机结冰探测技术[J]. 仪器仪表学报,2006,27(12):1578-1586.
[51] 张镇,叶林,等. 直升机主动式红外旋翼结冰探测系统研究[J]. 武汉理工大学学报,2010,32(10):121-125.
[52] 李微,陈迎春,等. 基于光波导技术的新型飞机结冰探测系统[J]. 仪器技术与传感器,2009,12:85-87.
[53] 王波. 涡轴发动机零级导叶热气防冰系统性能的计算机与实验研究[D]. 上海:上海交通大学,2007.
[54] 吕元伟,张婧周,单勇,等. 一种利用合成射流辅助连续性射流的航空发动机防冰装置:201610885083[P]. 2017-02-15.
[55] 龚欢,李云单,苗海丰,等. 一种发动机防冰系统:201710095140[P]. 2017-05-31.
[56] 杨倩. 发动机进气道防冰系统设计研究[D]. 北京:北京航空航天大学,2002.
[57] 宣益民,梁久立,连文磊. 一种适用于航空发动机支板和机翼的防冰结构:202011470796[P]. 2021-04-20.
[58] 曹玉璋. 航空发动机传热学[D]. 北京:北京航空航天大学出版社,2005.
[59] 林宏镇,汪火光,等. 高性能航空发动机传热技术[M]. 北京:国防工业出版社,2005.
[60] 田野良一,蒙特·桑顿. 燃气轮机冲击冷却技术[M]. 高杰,董平,译. 北京:国防工业出版社,2016.
[61] 包幼林,甘明瑜,廖乃冰,等. 一种全疆域适用的燃气涡轮:202110979883[P]. 2021-10-26.
[62] 梅庆. 某涡轴发动机新材料手册[M]. 北京:航空工业出版社,2021.
[63] 国防科学技术工业委员会. 异种金属的腐蚀与防护:GJB 1720—1993[S]. 北京:中国船舶工业总公司,1993.
[64] 雷冰. 航空发动机封严涂层腐蚀行为及防护技术研究[D]. 沈阳:中国科学院金属研究所,2014.
[65] 定江,潘庆军,夏成宝. 军用飞机的腐蚀与防护[M]. 北京:航空工业出版社,2006.
[66] 中央军委装备发展部. 金属镀覆层和化学覆盖层选择原则与厚度系列:GJB/Z 594A—2019[S]. 北京:国防科工委出版发行部,2019.
[67] 刘道新. 材料的腐蚀与防护[M]. 西安:西北工业大学出版社,2016.
[68] 张令波,程丛高. 舰载直升机环境条件确定方法探讨[J]. 航空标准化与质量,2011(5):27-31.
[69] 吴红光,董洪远,等. 舰载武器装备海洋环境适应性研究[J]. 海军航空工程学报,2007,22(1):161-165.
[70] 由宝财,腾佰秋,邢丕臣,等. 海洋环境下航改燃气轮机腐蚀防护与控制[J]. 航空发动机,2010(4):41-44.
[71] 王国辉. 海洋环境下盐雾腐蚀对压气机性能的影响研究[D]. 黑龙江:哈尔滨工程大学,2015.
[72] 宋佳,王璐,袁福河,等. 耐海洋环境腐蚀的航空发动机封严涂层技术及其发展[J]. 航空制造技术,2016(14):37-40.

[73] 石瑶,子琳,袁珂. 三种航空发动机常用金属材料盐雾腐蚀试验研究[J]. 航空标准化与质量,2020(3):52-55.
[74] 石瑶,包幼林,王强,等. 全疆域腐蚀环境下涡轮叶片力学性能衰减模拟评估方法:202210083377[P]. 2022-07-15.
[75] 井勇智,金国,李昕瑶,等. 海洋工况下航空发动机冷端叶片的冲蚀损伤与防护概述[J]. 装备环境工程,2021,18(6):17-21.
[76] 林琳. 机载电子产品的环境适应性研究[J]. 可靠性与环境试验技术及评价,2006,24(4):34-37.
[77] 赵亮. 影响中性盐雾试验结果的主要因素[J]. 化工设计通讯,2019,7(45):185.
[78] 张绍基. 航空发动机燃油与控制系统的研究与展望[J]. 航空发动机,2003,29(3):1-10.
[79] 聂恰耶夫. 航空动力装置控制规律与特性[M]. 单凤桐,程振海,译. 北京:国防工业出版社,1999.
[80] 蔡良宝. 一种抗电磁干扰的燃油泵:202021234122[P]. 2021-01-26.
[81] 郝青青,郭彬彬,李拓彬. 某航空发动机电子控制器电磁兼容设计[C]. 中国航空学会第十八届航空发动机自动控制专业学术交流会,成都,2016.
[82] 郭文卿,丁祎明,王保国,等. 航空发动机电子控制器电磁耦合的防护仿真研究[J]. 安全与电磁兼容,2020(3):83-86.

第 5 章
使用经济性设计

满足全疆域使用的发动机,如果没有人能买得起,那也是没有价值的。因此,发动机设计时不能只考虑发动机的性能和功能,而忽略使用经济性。环境空域特性设计中整机耗油率会影响发动机使用经济性。发动机热力循环参数的选取会影响发动机的寿命和可靠性,对发动机使用经济性有影响。环境使用功能设计时,特别是当考虑防盐设计和防沙设计时,会涉及材料的选材,进而影响经济性。发动机起动可靠性设计中的转子轻量化设计会影响发动机的寿命和可靠性,同样会影响发动机使用经济性。因此,发动机使用经济性设计与发动机全疆域使用是密不可分的。

发动机的使用经济性(或者说发动机的经济可承受性)主要由两方面构成:一方面是采购成本;另一方面是使用成本。这两项成本很大程度上是由发动机设计决定的。航空发动机在设计阶段的投入较小,但对航空发动机的成本影响却很大,设计结束时 85% 的成本已经确定,航空发动机技术冻结后进行设计更改的代价巨大,因此有必要在设计阶段实施限价设计。以往型号发展比较注重性能,而经济可承受性则要求在关注性能、适用性、耐久性、可靠性、维护性等技术指标的同时关注经济可承受性指标,并要求在全寿命周期内通过新的设计、制造、管理和维修方法来实现有效的成本控制。因此要实现费用过程中的费用-效能权衡,在满足需求下允许通过权衡适当调整费用与性能的指标,从而将装备的效能与费用高度统一起来。发动机具有长的使用寿命和低的燃油消耗率是使用经济性设计的重要环节,可以显著降低发动机的使用成本。

本章主要从限价设计,效费权衡设计和保证长寿命、低油耗的可靠性设计三个方面阐述了全疆域设计中的使用经济性设计,介绍了基于国内现有的成熟材料和工艺水平,如何保证发动机具备良好的使用经济性。

5.1 限价设计技术

5.1.1 限价设计规划

限价设计(design to cost,DTC),是美国自20世纪70年代开始采用的管理办法,当时被称为革命性的技术。依据美国国防部文件,限价设计是指在系统发展过程中确立严格的费用目标,并通过在使用能力、性能、费用以及进度间进行权衡的方式,对系统的费用(全寿命周期)予以控制,使之达到既定目标。在限价设计过程中,费用作为一项关键的设计参数,与技术、性能和进度同等重要,在系统发展过程中要连续不断地予以审核。

限价设计是一个需要不断创新、不断发展的工作理念。图5.1为限价设计工作总框架图,其中包含了限价设计工作的主要内容,并体现了各工作之间的关系。首先要从顶层工作入手,制订限价设计的制度文件,并建立相应组织机构。然后开展流程体系建设,保证限价设计工作能够有效、有序推进。第三要提供资源保障,其中情报跟踪与人才培养是基本保障工作,技术方法研究与工具平台建设是限价设计创新与进步的核心和工作落实的重要途径。限价设计是一个大的工作循环,制度、组织机构、流程、资源发展上的成果需要在具体型号项目上应用实践,在实践中发现问题、提出问题、解决问题,实现限价设计工作理念与技术方法的持续发展。

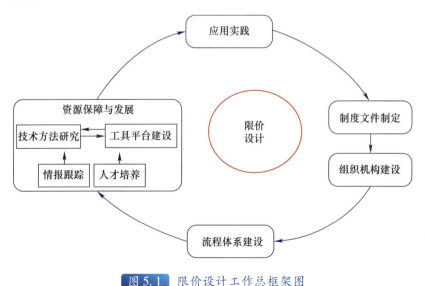

图5.1 限价设计工作总框架图

限价设计的准则，是限价设计工作的基本规范化要求。通过建立型号限价设计工作准则，能够帮助设计人员和其他相关人员时刻保持成本意识，将限价设计的理念贯彻到研制的全过程。限价设计准则包括限价设计基本准则、结构设计准则、材料设计准则与工艺设计准则。

1. 限价设计基本准则

限价设计基本准则是贯穿于研制阶段的通用的基本工作准则。在研制过程中，无论是论证阶段、方案阶段、工程研制阶段还是设计定型阶段，都必须贯彻限价设计理念，并将限价设计工作融入到发动机设计工作中去，而落实好限价设计基本准则，是实现此目的与要求的有效途径。基本准则包括继承性设计、通用性设计、可生产性设计、技术经济设计、风险规避设计等。

2. 结构设计准则

结构设计工作是发动机研制设计的主要工作。从整机的结构设计到系统级、分系统的结构设计，再到大部件、零件、组件的设计，整个结构设计工作就是发动机结构设计实现的过程。在结构设计过程中，为保证设计出来的发动机在满足基本性能需求的前提下，做到结构合理、结构精简、不易损耗、便于维修、技术先进，从而更好地满足发动机的限价设计需求，需要遵循如下几项结构设计准则：简化设计、采用先进技术、采用成熟技术、分离面设计、维修性设计等。

3. 材料设计准则

发动机的材料是实现发动机性能特性的关键之一，也是影响发动机全寿命周期费用的主要因素之一。在满足发动机性能指标需求的前提下，选择成熟的材料或成品，对发动机进行低成本材料设计和选择，能够提高发动机的经济性。材料设计准则包括采用成熟成品及材料、低成本材料设计、低成本材料选择等。

4. 工艺设计准则

工艺设计是在研制阶段后期的主要工作，是与生产工作联系最紧密的设计工作。工艺设计的好坏将直接影响生产质量、生产过程的难度和复杂度以及生产费用的高低。因此，落实好发动机工艺设计准则是影响发动机全寿命周期费用的关键。在工艺设计过程中，要充分考虑生产阶段的工作状态与工作环境，从零部件的制造，到组件的组装，再到整机的组装，所有工作都需要把握一定的限价设计准则，从而保证生产过程符合经济性的要求。工艺设计准则包括制造工艺、装配工艺、一般措施等。

在充分掌握设计单位具体情况的基础上，建立限价设计工作流程，全面反映型号限价设计在各阶段需要开展的工作活动以及相关的输入输出，如图 5.2 所示。此外，型号限价设计的工作流程还应包括目标成本约束的迭代过程，当目标成本超出约束时，应当基于目标成本约束进行优化，实现目标成本控制。

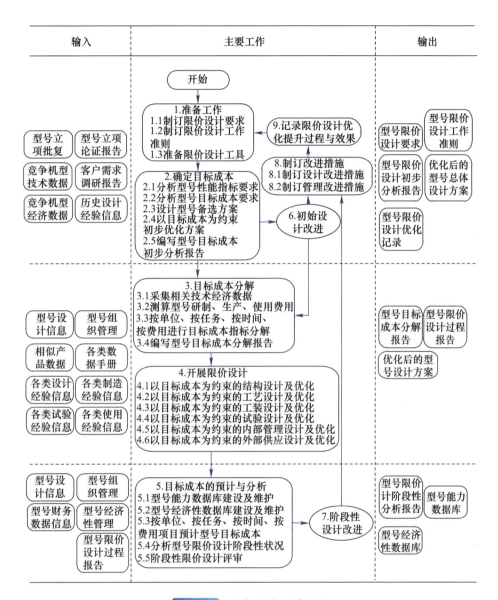

图 5.2 限价设计工作流程

5.1.2 发动机限价设计

如第 2 章所述,采用系统工程解决问题的三维结构思路对涡轴发动机限价设计进行全面分析,如图 5.3 所示。

采用系统工程思维模式,限价设计流程框架可分为层次维、阶段维和逻辑维

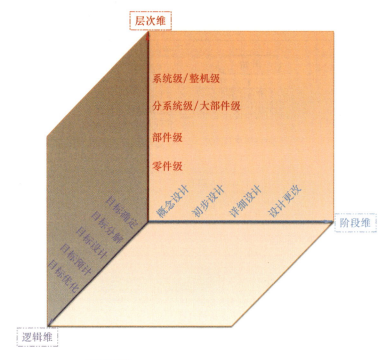

图 5.3 限价设计工作流程三维逻辑图

3个维度。层次维针对发动机的产品结构,将分解为系统级、分系统级、部件级与零件级 4 层级别;阶段维根据研制流程,将阶段分解为概念设计、初步设计、详细设计 3 个阶段;逻辑维根据限价设计的主要工作逻辑,将工作分为目标确定、目标分解、目标设计、目标预计与目标优化 5 个逻辑阶段。从上述系统工程三维结构的角度,全方位、全角度、全结构的解析限价设计工作流程,能够保证限价设计工作科学有效、有序地实施。在限价设计工作中,对于发动机成本的估算是限价设计的基础工作。在不同的阶段相应的方法和模型也会有所不同。

对应上述发动机设计的 3 个不同阶段,分别制订成本估算模型:①面向概念设计阶段的基于整机特征参数的整机级成本估算方法;②面向初步设计阶段的基于部件结构特征和制造技术的部件级成本估算方法;③面向详细设计阶段的基于制造工艺的零件级成本估算方法。3 个估算模型按层次排列如图 5.4 所示。

发动机成本估算采用参数成本估算方法由系统特征参数作为输入,通过参数成本估算模型来建立特征参数与相应成本之间的联系,并以此来估算系统成本。

参数成本估算模型的基本数学形式可以用下式表示:

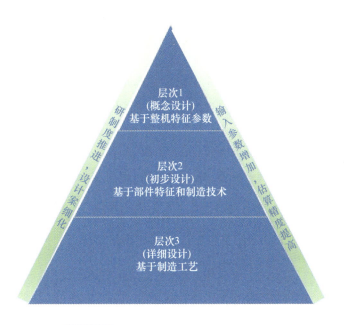

图 5.4　发动机成本估算的 3 个层次

$$y = f(x_1, x_2, \cdots, x_n) \tag{5.1}$$

式中：y 为成本；x_i 为成本驱动因素，$i = 1, 2, \cdots, n$。

可用的数学函数很多，然而大部分从实践中提取的成本数据形式都很简单。这就使得简单函数也能很好吻合数据。这些函数大部分是一次和二次多项式、幂函数、指数函数、对数函数，以及一些其他变化形式。最常用的初等函数是一次多项式，也就是直线。如果散点图中的数据可以连成一条直线，那么这个函数就是直线方程，也就是：

$$y = ax + b \tag{5.2}$$

这里 a 和 b 是常量。图 5.5 显示了这样一个散点图。

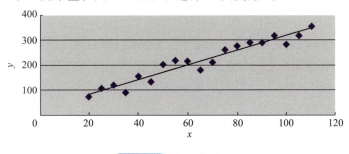

图 5.5　线性散点图

参数估算法的实质是从已建立的数据库外推,因此,有一点必须予以强调,就是在使用参数估算法时,首先要判断数据库中相似系统的数据对未来新系统的适用性。

根据国外公司研究报告,科研阶段单台发动机生产成本估算模型如下:

$$C_{单台发动机} = 1548 \times (0.0195 \times T_M + 243.25 \times M_M + 1.7442 \times T_T - 2228)$$

(5.3)

式中:$C_{单台发动机}$为科研阶段单台发动机采购成本(1986年美元币值);T_M为发动机的最大推力(kgf),1kgf≈9.8N;M_M为发动机最大飞行马赫数;T_T为涡轮进口总温(K)。

生产成本估算模型可由研制阶段的相关成本模型推导得到,考虑批量和熟练曲线因素,即可得到相应的批产阶段采购成本估算模型。考虑熟练曲线效应的发动机系统生产成本计算公式为

$$C_{批产} = C_{科研} \frac{N_P^{\lg S/\lg 2}}{1 + \lg S/\lg 2}$$

(5.4)

式中:$C_{批产}$为批产阶段的平均成本;$C_{科研}$为科研成本;N_P为批产数量;S为熟练曲线斜率。

由前述章节中所形成的科研阶段的单台发动机成本模型,考虑批量和熟练曲线因素,即可得到批产阶段发动机生产成本估算模型:

$$C_{单台发动机批产} = C_{单台发动机} \frac{N_P^{\lg S/\lg 2}}{1 + \lg S/\lg 2}$$

(5.5)

该模型适用于涡扇发动机生产成本的估算。针对涡轴涡桨发动机,中国航空工业发展研究中心长期进行发动机经济性与成本估算相关研究,在综合分析的基础上,建立涡轴涡桨发动机生产成本估算模型如下所示:

$$C_{单台发动机批产} = A_1^{0.0064} \times A_2^{-0.0239} \times A_3^{-0.0273} \times A_4^{0.0320} \times A_5^{-0.0132} \times A_6^{-0.0088} \times A_7^{-0.0249} \times$$
$$A_8^{0.0324} \times A_9^{0.0288} \times A_{10}^{0.0320} \times A_{11}^{-0.0039} \times A_{12}^{0.1106} \times A_{13}^{-1.6069} \times A_{14}^{-0.0705} \times 10^{6.6647}$$

(5.6)

式中:$A_1,A_2,\cdots,A_{14}$为性能参数;分别为起飞功率(kW)、耗油率[kg/(kW·h)]、质量(kg)、涡轮前温度(℃)、功重比、空气流量(kg/s)、总增压比、直径(mm)、宽度(mm)、高度(mm)、压气机转速(r/min)、燃气发生器涡轮转速(r/min)、自由涡轮转速(r/min)。

该模型以研制初期可获取的性能参数为主要因子,建立性能参数与生产成本之间的关系模型,为研制初期进行涡轴、涡桨发动机整机级生产成本的估算提供了一个有效的方法。它是基于部件结构特征和制造技术的部件级成本估算方

法,面向发动机初步设计阶段。初步设计阶段中的一项重要工作是进行结构方案设计,结构方案设计阶段可初步确定各零部件所选用的材料类型、重量指标和制造方法等。有了较多的关于结构方案的信息,此阶段可对成本进行更细化的估算,从材料类型、制造技术和部件几何复杂性等方面综合分析部件成本的影响情况,建立成本估算模型。

发动机初步设计阶段的工作是依据国家正式批准的作战使用要求和战术技术指标,通过工作说明(SOW)和技术要求文件(TRD),对发动机技术要求、工作要求和管理要求进一步明确、完善、细化,进行主要设备的总体布置,选择结构方案、系统原理方案及配置,对可靠性、维修性、安全性、测试性、保障性、环境适应性、电磁兼容性、适航性等指标进行初步预估和分析论证。

其中,结构设计需要开展的主要工作是确立结构方案,完成主承力构件布置;完成结构选材方案、工艺方案和结构装配方案;建立有限元分析模型,完成有限元分析及结构参数优化计算、圆整;建立结构详细协调电子样机;完成结构与系统的安装三维协调。

通过上述工作,形成本阶段主要设计输出:

(1)结构设计基准模型;

(2)结构有限元分析数模;

(3)结构方案报告;

(4)结构协调电子样机。

从上述初步设计阶段的主要工作描述可以知道,在发动机初步设计阶段,已经可以得到发动机结构部件重量、材料、工艺、几何外形的初步信息。

工时成本估算可根据部件的几何结构复杂性信息、加工工艺信息和详细材料信息,以重量为基础测算基准工时,再通过几何构型、材料构成、加工工艺等信息进行调整,进而得到该部段的工时、工时成本。

工时成本估算模型如下:

工时成本 = 工时 × 工时费率(C_H)

工时 = 基准工时 × 工时调整系数(α)

基准工时 = 结构质量($W_{结构}$) × 工时标准($H_{标准}$)

工时调整系数 = F(几何构型、材料、加工工艺)

其中:

(1)工时费率包括生产工人工资及福利费、制造成本、管理成本和燃料动力费等,按照制造厂家的经营情况计算。

(2)工时标准的单位为 h/kg,需根据经验判断、取值。本书基准工时以中等复杂度普通铝合金传统机械加工时为基准。

(3) 工时调整系数可反映几何构型、材料、加工工艺的影响,根据几何构型复杂度类型,结合其材料构成及加工工艺,计算调整系数。对于某部件,假设有 a 种材料/加工工艺组合和 b 种复杂度,计算工时的调整系数用下式表示:

$$\alpha = \sum_{i=1}^{a} \sum_{j=1}^{b} S_i^j \gamma_i^j \tag{5.7}$$

式中:S_i^j 为第 i 种材料/加工工艺组合对应第 j 种几何复杂度的结构质量百分比;γ_i^j 为第 i 种材料/加工工艺组合对应第 j 种几何复杂度的工时调整系数(即相对工时)。

综上,发动机结构部件生产的工时成本计算公式可表示为

$$C_{\text{工时费用}} = W_{\text{结构}} \times C_H \times H_{\text{标准}} \times \sum_{i=1}^{a} \sum_{j=1}^{b} S_i^j \gamma_i^j \tag{5.8}$$

式中:$C_{\text{工时费用}}$ 为部件的工时成本;C_H 为小时费率。

材料费估算可根据部件的加工工艺信息和详细材料信息,通过材料构成、加工工艺等信息获得材料利用率,再通过各种材料的质量和单价获得部件材料费。假设部件共采用 a 种材料和 b 种加工工艺,材料成本估算模型如下:

$$C_{\text{材料费用}} = W_{\text{结构}} \times \sum_{i=1}^{a} \sum_{j=1}^{b} \left(\frac{S_{ij}}{L_{ij}} \times P_i \right) \tag{5.9}$$

式中:$C_{\text{材料费用}}$ 为部件的工时成本;S_{ij} 为第 i 种材料对应第 j 种加工工艺的结构质量百分比;L_{ij} 为第 i 种材料对应第 j 种加工工艺的材料利用率。材料利用率指实际制造出的发动机零部件质量占所购买的原材料质量的百分比。在制造过程中会产生材料的损失,包括材料处理过程中的损失、加工和切削过程中的材料损失、报废零件造成的材料损失和制造过程中其他操作引起的材料损失等。P_i 为第 i 种材料的价格。原材料价格时常发生波动,要根据当时的市场情况进行调研询价。影响材料价格的因素包括市场需求程度、竞争程度等。当供不应求时,价格上涨,当供大于求时,价格下降。

材料利用率受材料类型、加工工艺的影响。例如,采用自动铺层技术的复合材料的利用率高于手工铺层。

面向发动机详细设计阶段。在详细设计阶段可确定各零部件的几何特征(面积、周长、装配长度等信息)、制造工艺方法和装配方法等。在这一阶段,可采用基于详细制造工艺的成本估算模型来估算成本。零件级成本估算方法大致分为两种:一种是基于制造过程;另一种是基于详细工艺参数。

5.1.3 限价设计应用

通过预估发动机研制成本和统计发动机主要零件的实际生产成本,明确限

价设计工作的基本要求与工作方式,针对典型零部件提出限价设计评估方法。根据相似航空发动机生产成本估算模型,评估得到发动机生产成本。为保持发动机的竞争力,以降低发动机采购成本 20% 为目标,从材料、工艺、结构、生产组织模式等方面开展降成本的分析工作。

下面主要从各部件展开降成本分析,需要指出的是以下介绍的仅是一些典型的案例,并不能涵盖该发动机采取的所有降成本措施。

1. 压气机部件

压气机部件主要从降低原材料成本、降低零件报废率和降低加工成本等方面进行降成本设计。

在保持气动性能不降低的情况下,通过减少体积,降低离心压气机外径,从而在加工难度相当的情况下降低原材料成本,零件的锻铸件成本降低,涉及的零件主要有径向和轴向扩压器以及扩压器机匣,如图 5.6 所示。改进后,扩压器机匣外径由 578mm 降低至 547mm,径向和轴向扩压器外径由 535mm 降低至 504mm,降低比例为 5.3% 及 5.8%,从而零件的原材料成本有一定的降低,同时加工成本也略有下降。

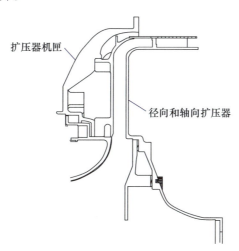

图 5.6 离心压气机外径降低示意图

通过避免曲面设计降低加工成本,改进前扩压器流道为样条曲线,如图 5.7(a) 所示。由于径向扩压器叶片的存在,该处加工及保证加工后表面质量均有一定难度,喉道面积极易超差,故将该处流道改成直线,如图 5.7(b) 所示。这样,既有利于零件的加工以及焊接变形控制,又有利于加工后流道及喉道面积的计量。径向和轴向扩压器改进前合格率为 30% 左右,通过优化更改后,合格率提高至 60%。

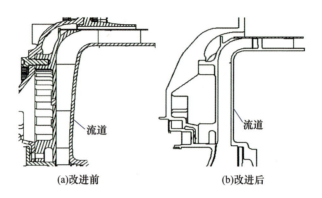

图 5.7　扩压器流道示意图

另外,压气机轴流机匣前止口刚性较差,由于该止口为设计基准,故其超差对整个零件的验收有着较大的影响,影响该零件的合格率。轴流机匣改进前合格率为 50% 左右,止口形式更改后,合格率提高至 70%。

2. 燃烧室部件

燃烧室部件主要从降低原材料成本、降低加工成本和降低维修成本等方面进行降成本设计。

燃油喷嘴零件由棒料机械加工成型改为铸件机械加工,以减少加工成本。燃油喷嘴组件下属零件作为燃烧室部件中加工精度要求最高的零件,为了控制燃油喷嘴加工成本,根据不同的功能,尺寸公差精度等级在 IT6~IT10 间选取,形位公差等级在 4~8 级间选取。在保证燃油喷嘴性能的前提下减少机械加工成本,对于燃油接触面,为了减少流路损失,表面粗糙度要求不低于 $Ra0.4\mu m$;涡流器、副喷口和主喷口接触区域起密封性作用的位置,表面粗糙度不低于 $Ra0.8\mu m$;其余不重要的表面粗糙度要求不低于 $Ra6.3\mu m$。喷嘴结构示意图如图 5.8 所示。

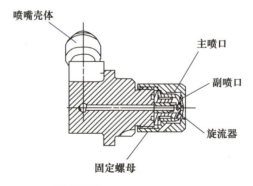

图 5.8　喷嘴结构示意图

相对于环形锻件,燃烧室机匣前、后段采用模锻件机械加工,可以免去不必要的材料损耗,节省原材料采购和机械加工成本;机匣中段采用钣金成型,亦可降低材料和机械加工成本;燃烧室大尺寸焊缝采用氩弧焊,小尺寸焊缝采用电子束焊,以降低焊接成本。燃烧室机匣结构示意图如图5.9所示。

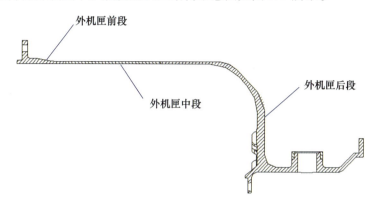

图 5.9　燃烧室机匣结构示意图

火焰筒内外环组件设计成分体式结构,避免单一组件失效时需更换整个火焰筒;为了防止螺纹损坏导致整个组件报废,在火焰筒外环组件和燃烧室机匣组件螺纹孔处分别设计了扩口自锁螺母和钢丝螺套,当螺纹损坏时,单独对扩口自锁螺母和钢丝螺套进行更换即可;燃油总管接头处外套螺母设计成可拆卸结构,当螺纹损坏时可单独对外套螺母进行更换;燃油喷嘴组件中主副油路喷口可单独更换,避免单一零件失效时更换整个燃油喷嘴。火焰筒结构示意图如图5.10所示。

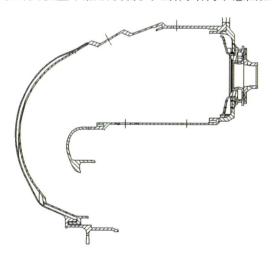

图 5.10　火焰筒结构示意图

3. 涡轮部件

涡轮部件主要由燃气涡轮组件和动力涡轮组件构成,主要从降低加工、装配成本等方面进行降成本设计。

通过工艺攻关,提高了燃气涡轮一级导向器组件(图 5.11)、轴承座组件(图 5.12)的加工合格率,缩短了加工周期,提高了发动机装配性。一级导向器由上、下缘板及叶身组成,上缘板左端与燃烧室小弯管搭接,右端与燃气涡轮机匣之间采用涨圈进行封严。下缘板的凸耳与一级导向器内支撑凹槽联接,实现轴向、周向定位。3#轴承座弹支安装边上翻,保证 3#轴承内环顺利装入动力涡轮二级盘。通过简化设计,发动机取消在动力涡轮轴位置的测扭要求,改为其他位置测扭,仅在 4#轴承座后段对动力涡轮进行转速测量。3#轴承座也相应取消 3 处 Np 传感器安装座,3#轴承座进、回油接嘴也按低成本设计要求做出相应调整。另外,涡轮机匣与燃烧室机匣融合一体化设计,减少了装配数量、缩短了装配工时,降低了加工、装配成本。

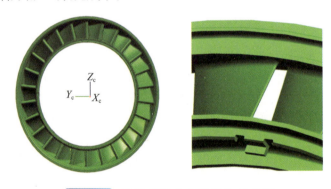

图 5.11　燃气涡轮导向器结构示意图

(a) 改进前　　　　　　　　　　(b) 改进后

图 5.12　燃气涡轮轴承座结构示意图

4. 附件传动部件

附件传动部件(图5.13)采用了精密铸造高精度复杂机匣制造技术,为了降低成本,对浇注系统的工艺进行了优化,去除了不必要的浇道,减小不作为补缩用途的浇道尺寸,根据不同组合工艺铸件的内部冶金质量,优化了机匣工艺方案。机匣部分位置增加了加强筋等结构,增大零件整体架构的刚性,减小了应力变形,提高了加工质量和稳定性。根据实际情况,适当放宽了齿轮的部分尺寸公差、粗糙度要求以及不平衡量要求。通过上述措施,提高了附件传动部件的加工合格率。

图 5.13　进气与附件传动部件结构示意图

5. 成附件

为了推进装备竞争性采购,建立规范的准入制度,通过竞争推进型号研制进度和提高技术发展,提高供应商服务水平,降低采购成本,成附件采用竞争性采购择优的方式选择更适合型号发展的配套成附件。成附件大量采用成熟技术,并进行诸如电火花加工、高速磨削、高精度硬车等工艺改进和控制器功能器件的设计优化、元器件选型优化。

6. 生产组织方式

发动机生产采用两个厂家承担的双总承模式,在一定程度上形成良性竞争互补,两家单位之间可以相互交流学习、优势互补,较好地解决发动机装配、试验、外场保障等方面可能出现的问题。一方面,促使两家单位努力提升能力,确保进度和质量,降低成本;另一方面,可以提高战场的生存能力,防范风险。

5.2 发动机效费权衡设计

在发动机研制过程中,每一次费用估算,每一次效费评审,都伴随着效费权衡。效费权衡的结果,应该是方案在费用与效能综合指标上的更优。不论是多方案的权衡还是同一方案的权衡,效费权衡都是将费用指标与技术性能指标相结合的过程,是真正实现效费设计的过程。因此,效费权衡是效费分析的关键过程。

同样地,正因为效费权衡需要将费用指标与技术性能指标相结合,使得效费权衡的过程变得复杂。在研制阶段的效费权衡过程中,需要考虑研制成本、生产成本、维修保障成本,同时需要考虑发动机的性能指标、可靠性指标等。这些指标互相影响、互相制约,实现它们的权衡是一个多学科优化的复杂工程,因此是效费分析过程中的难点。

5.2.1 效能评估模型

通常,武器系统的效能是指在特定条件下武器系统被用来执行规定任务所能达到预期可能目标的程度。按照武器系统运筹研究的需要,其效能可分为单项效能、系统效能和作战效能。本书使用系统效能的概念对军/民用涡轴发动机效能进行分析。

首先分析军/民用涡轴发动机效能指标体系,然后以国外成熟的效能模型为基础,通过使用层次分析法与算术平均法等综合计算方法,求得可信性与固有能力各效能指标重要度系数,同时,构建可用性模型。最终建立涡轴发动机整机效能评估模型。

5.2.1.1 民用涡轴发动机整机效能模型

1. 民用涡轴发动机整机效能指标体系

在国外成熟效能模型的基础上,充分结合国内民用涡轴发动机具体情况,建立了民用涡轴发动机整机效能指标体系,如图5.14所示。

可用性进一步落实到可靠性、维修性与保障性三个质量特性,并用平均故障间隔时间、平均修复时间与平均保障时间三个指标来最终体现。平均故障间隔时间是发动机在两个相邻故障间隔期内正常工作的平均时间,也称为平均无故障工作时间,是衡量一台发动机的可靠性指标。平均修复时间是描述发动机由故障状态转为工作状态的修理时间的平均值,是衡量发动机维修性的指标。平均保障时间是指发动机在使用保障期间,由于保障工作而导致的发动机不能工作的时间,又称为平均保障不能工作时间,是反映发动机保障性的一项参数指

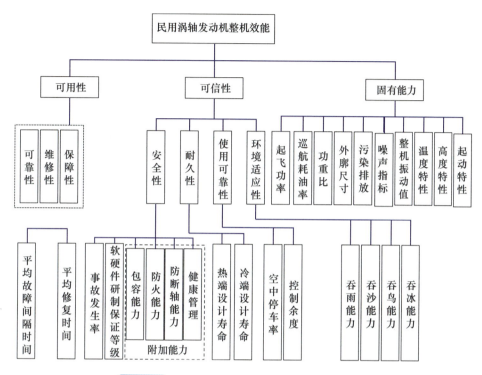

图 5.14　民用涡轴发动机整机效能指标体系

标。这三个参数指标能够反映发动机在可用状态或不可用状态的具体情况。综合三项指标值,能够计算得到发动机处于可用状态的时间比例,代表了发动机的可用性。

可信性由安全性、耐久性、使用可靠性与环境适应性来体现。安全性是指在正常状态下,涡轴发动机能够承受可能出现的各种作用的能力,以及在偶然时间发生时和发生后,仍保持必要的整体稳定性的能力。因此,我们将安全性进行进一步的分解,通过事故发生率与软硬件研制保证等级来体现,事故发生率体现了能够影响涡轴发动机安全性的相关级别事故的发生率,软、硬件研制保证等级是在研制阶段,设计部门进行安全性设计的重要指标,这两项指标反映了国内涡轴发动机的安全性。同时,我们增加包容能力、防火能力、防断轴能力与健康管理作为附加项。若该涡轴发动机上述几项能力设计或设置了健康管理系统,则该涡轴发动机的安全性就在原有基础上有更大的提升。

耐久性通过热端设计寿命与冷端设计寿命两个指标体现,使用可靠性通过空中停车率、控制余度来体现,环境适应性通过吞雨能力、吞沙能力、吞鸟能力与吞冰能力来体现。

第二层的固有能力指标分解到第三层，分解为起飞功率、巡航耗油率、功重比、外廓尺寸、污染排放、噪声指标、整机振动值、温度特性、高度特性与起动特性等指标。上述10项性能指标参数从各个方面对固有能力进行了表述。起飞功率、巡航耗油率与功重比从各方面体现了涡轴发动机的动力能力。外廓尺寸反映了发动机的外在形状和体积。污染排放通过污染物排放量来体现，噪声指标通过最大噪声值来体现，这两项指标反映了涡轴发动机是否满足环保要求，整机振动值反映了涡轴发动机的稳定特性，这些都是民用涡轴发动机的关键需求。温度特性、高度特性与起飞特性通过具体的温度值、高度值与起飞时间来表示，是反映涡轴发动机稳定工作状态的固有指标。这10项指标全面反映了涡轴发动机的固有能力。

经过上述的分析，该民用涡轴发动机整机效能指标体系充分考虑了影响民用涡轴发动机整机效能的各个方面，在国外成熟效能模型的基础上，充分结合了国内民用涡轴发动机的研制情况，从实际的角度，将指标一步步分解到可以定量的底层参数，使效能指标体系能够全面反映民用涡轴发动机整机效能的同时，更具有评估可操作性。

2. 民用涡轴发动机整机效能模型

民用涡轴发动机整机效能评估模型如下：

$$E = a_1 \times a_2 \times a_3 \tag{5.10}$$

式中：E 为涡轴发动机整机效能；a_1 为可用性；a_2 为可信性；a_3 为固有能力。

1）可用性模型建立

针对发动机的系统效能，我们选择固有可用度来表示发动机的可用性，如下式所示：

$$a_1 = \frac{\text{MTBF}}{\text{MTBF} + \text{MTTR}} \tag{5.11}$$

式中：MTBF 为平均故障间隔时间；MTTR 为平均修复时间。

2）可信性模型建立

可信性可用式(5.12)表示。在此次涡轴发动机效能指标体系综合计算过程中，我们针对建立的效能指标体系，邀请航空发动机先进研制生产单位的数位专家，对效能指标体系中各效能指标进行重要度打分。根据层次分析法计算原理与过程，对收集的专家层次分析法打分结果进行综合计算，求得安全性、耐久性、使用可靠性与环境适应性相对于可信性的重要度系数。

$$a_2 = (1/x_1, x_2, x_3, x_4, x_5, x_6, x_7, x_8, 1/x_9, x_{10}, x_{11}, x_{12}, x_{13}, x_{14}) \tag{5.12}$$

式中:x_1 为事故发生率;x_2 为软硬件研制保证等级;x_3 为包容能力;x_4 为防火能力;x_5 为防断轴能力;x_6 为健康管理;x_7 为热端设计寿命;x_8 为冷端设计寿命;x_9 为空中停车率;x_{10} 为控制余度;x_{11} 为吞雨能力;x_{12} 为吞沙能力;x_{13} 为吞鸟能力;x_{14} 为吞冰能力。

根据层次分析法计算原理与过程,对收集的专家层次分析法打分结果进行综合计算,求得安全性、耐久性、使用可靠性与环境适应性相对于可信性的重要度系数,如表5.1 所列。

表5.1 可信性下层指标对可信性的重要度系数 $W1_i$

重要度系数	各专家重要度系数								$W1_i$
安全性	0.300	0.368	0.286	0.310	0.273	0.292	0.290	0.300	0.302
耐久性	0.233	0.263	0.286	0.172	0.212	0.234	0.226	0.200	0.228
使用可靠性	0.267	0.211	0.286	0.241	0.290	0.275	0.258	0.300	0.266
环境适应性	0.200	0.158	0.143	0.276	0.225	0.200	0.226	0.200	0.204

同理,根据专家层次分析打分结果,计算各下属指标对安全性、耐久性、使用可靠性与环境适应性的重要度系数分别见表5.2~表5.5。

表5.2 安全性下属指标对安全性的重要度系数 $W11_i$

重要度系数	各专家重要度系数								$W11_i$
事故发生率 x_1	0.220	0.115	0.364	0.147	0.204	0.205	0.167	0.333	0.219
软硬件研制保证等级 x_2	0.122	0.144	0.091	0.088	0.196	0.205	0.167	0.133	0.143
包容能力 x_3	0.146	0.173	0.182	0.265	0.155	0.159	0.214	0.200	0.187
防火能力 x_4	0.146	0.202	0.182	0.206	0.164	0.159	0.167	0.133	0.170
防断轴能力 x_5	0.195	0.231	0.091	0.118	0.155	0.159	0.167	0.133	0.156
健康管理 x_6	0.171	0.144	0.091	0.176	0.127	0.114	0.119	0.067	0.126

表5.3 耐久性下属指标对耐久性的重要度系数 $W12_i$

重要度系数	各专家重要度系数								$W12_i$
热端设计寿命 x_7	0.529	0.583	0.500	0.545	0.529	0.533	0.500	0.600	0.540
冷端设计寿命 x_8	0.471	0.417	0.500	0.455	0.471	0.467	0.500	0.400	0.460

表5.4 使用可靠性下属指标对使用可靠性的重要度系数 $W13_i$

重要度系数	各专家重要度系数								$W13_i$
空中停车率 x_9	0.529	0.636	0.750	0.667	0.529	0.563	0.500	0.667	0.605
控制余度 x_{10}	0.471	0.364	0.250	0.333	0.471	0.438	0.500	0.333	0.395

表 5.5 环境适应性下属指标对环境适应性的重要度系数 $W14_i$

重要度系数	各专家重要度系数								$W14_i$
吞雨能力 x_{11}	0.290	0.158	0.077	0.241	0.290	0.267	0.321	0.222	0.233
吞沙能力 x_{12}	0.226	0.211	0.154	0.172	0.233	0.233	0.179	0.333	0.218
吞鸟能力 x_{13}	0.258	0.368	0.385	0.276	0.213	0.267	0.250	0.333	0.294
吞冰能力 x_{14}	0.226	0.263	0.385	0.310	0.264	0.233	0.250	0.111	0.255

通过层次分析法的计算得到各层相对于上一层的重要度系数,在此基础上,经过一层一层的综合计算,求得可信性最底层参数指标相对于可信性的重要度系数如表 5.6~表 5.9 所列。

表 5.6 安全性下属指标对可信性的重要度系数

重要度系数	$W11_i$	$W1_1$	W_i
事故发生率 x_1	0.219		0.066
软硬件研制保证等级 x_2	0.143		0.043
包容能力 x_3	0.187	0.302	0.056
防火能力 x_4	0.170		0.051
防断轴能力 x_5	0.156		0.047
健康管理 x_6	0.126		0.038

表 5.7 耐久性下属指标对可信性的重要度系数

重要度系数	$W12_i$	$W1_2$	W_i
热端设计寿命 x_7	0.540	0.228	0.123
冷端设计寿命 x_8	0.460		0.105

表 5.8 使用可靠性下属指标对可信性的重要度系数

重要度系数	$W13_i$	$W1_3$	W_i
空中停车率 x_9	0.605	0.266	0.161
控制余度 x_{10}	0.395		0.105

表 5.9 环境适应性下属指标对可信性的重要度系数

重要度系数	$W14_i$	$W1_4$	W_i
吞雨能力 x_{11}	0.233		0.048
吞沙能力 x_{12}	0.218	0.204	0.045
吞鸟能力 x_{13}	0.294		0.060
吞冰能力 x_{14}	0.255		0.052

在式(5.12)的基础上,考虑各下属指标相对于可信性的重要度系数,得到民用涡轴发动机可信性评估模型如下:

$$a_2 = (1/x_1, x_2, x_3, x_4, x_5, x_6, x_7, x_8, 1/x_9, x_{10}, x_{11}, x_{12}, x_{13}, x_{14}) \cdot$$
$$(0.066, 0.043, 0.056, 0.051, 0.047, 0.038, 0.123, 0.105, 0.161,$$
$$0.105, 0.048, 0.045, 0.060, 0.052)^T \quad (5.13)$$

3）固有能力模型建立

固有能力可用下式表示：

$$a_3 = (x_{15}, 1/x_{16}, x_{17}, 1/x_{18}, 1/x_{19}, 1/x_{20}, 1/x_{21}, x_{22}, x_{23}, 1/x_{24}) \quad (5.14)$$

式中：x_{15} 为起飞功率；x_{16} 为巡航耗油率；x_{17} 为功重比；x_{18} 为外廓尺寸；x_{19} 为污染排放；x_{20} 为噪声指标；x_{21} 为整机振动值；x_{22} 为温度特性；x_{23} 为高度特性；x_{24} 为起动特性。

通过对收集的专家层次分析法打分结果进行综合计算，起飞功率、巡航耗油率、功重比、外廓尺寸、污染排放、噪声指标、整机振动值、温度特性、高度特性、起动特性等性能指标相对固有能力的重要度系数如表5.10所列。

表5.10 计算固有能力下属指标对固有能力的重要度系数

重要度系数	各专家重要度系数								W_i
起飞功率x_{15}	0.103	0.167	0.196	0.132	0.135	0.125	0.081	0.126	0.133
巡航耗油率x_{16}	0.103	0.093	0.196	0.132	0.129	0.111	0.081	0.141	0.123
功重比x_{17}	0.103	0.111	0.065	0.113	0.106	0.111	0.048	0.159	0.102
外廓尺寸x_{18}	0.090	0.074	0.043	0.094	0.105	0.111	0.081	0.110	0.089
污染排放x_{19}	0.090	0.056	0.022	0.151	0.078	0.069	0.113	0.090	0.084
噪声指标x_{20}	0.090	0.093	0.043	0.151	0.078	0.097	0.113	0.056	0.090
整机振动值x_{21}	0.115	0.074	0.022	0.073	0.104	0.097	0.097	0.053	0.079
温度特性x_{22}	0.103	0.130	0.109	0.057	0.088	0.083	0.129	0.106	0.101
高度特性x_{23}	0.103	0.130	0.109	0.057	0.088	0.083	0.129	0.106	0.101
起动特性x_{24}	0.103	0.074	0.196	0.039	0.088	0.111	0.129	0.053	0.099

在式(5.14)的基础上，考虑各下属指标相对于固有能力的重要度系数，得到民用涡轴发动机固有能力评估模型如下：

$$a_3 = (x_8, x_9, 1/x_{10}, x_{11}, x_{12}, 1/x_{13}, x_{14}) \cdot$$
$$(0.097, 0.138, 0.150, 0.136, 0.187, 0.114, 0.179)^T \quad (5.15)$$

由上述计算结果得到了各个性能指标参数相对于第一层指标-系统效能的重要度系数，从另一角度，此系数反映了各性能指标参数对于系统效能的敏感度，在建立系统效能评估模型时，需要在此重要度系数的基础上，考虑到各性能指标参数对于系统效能的影响方向，即正影响或负影响，才能最终确定系统效能评估模型。由分析可知，事故发生率、空中停车率、巡航耗油率、外廓尺寸、污染排放、噪声指标、整机振动值对系统效能为负影响,其他指标参数为正影响。我们将负影响的参数取倒数处理,得到民用涡轴发动机整机效能最终模型。

5.2.1.2 军用涡轴发动机整机效能模型

1. 军用涡轴发动机整机效能指标体系

在国外成熟效能模型的基础上,充分结合国内军用涡轴发动机具体情况,建立了军用涡轴发动机整机效能指标体系,如图 5.15 所示。

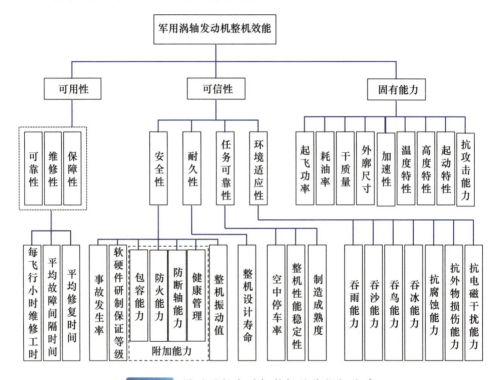

图 5.15 军用涡轴发动机整机效能指标体系

可用性进一步落实到可靠性、维修性与保障性三个质量特性。与民机不同的是,在军用涡轴发动机整机效能指标体系中,由平均故障间隔时间、平均修复时间与每飞行小时维修工时三个指标来最终体现。符合国内军用涡轴发动机研制情况。平均故障间隔时间是发动机在两个相邻故障间隔期内正常工作的平均时间,也成为平均无故障工作时间,是衡量一台发动机的可靠性指标。平均修复时间是描述发动机由故障状态转为工作状态的修理时间的平均值,是衡量发动机维修性的指标。每飞行小时维修工时是指在使用保障期间,平均每飞行小时,就会产生的计划性维修工时数。在该计划维修期间飞机不能正常使用,因此影响了飞机的可用性。这三个参数指标能够反映发动机在可用状态或不可用状态的具体情况,综合三项指标值,能够计算得到发动机处于可用状态的时间比例,代表了发动机的可用性。

可信性同样由安全性、耐久性、使用可靠性与环境适应性来体现。军用涡轴发动机整机将安全性进行进一步的分解,同样通过事故发生率与软硬件研制保证等级来体现。事故发生率体现了能够影响涡轴发动机安全性的相关级别事故的发生率,软硬件研制保证等级是在研制阶段,设计部门进行安全性设计的重要指标。同时增加包容能力、防火能力、防断轴能力与健康管理作为附加项。

耐久性通过整机设计寿命来体现,使用可靠性通过空中停车率、整机性能稳定性、制造成熟度来体现。环境适应性除了通过吞雨能力、吞沙能力、吞鸟能力与吞冰能力来体现之外,还考虑了抗腐蚀能力、抗外物损伤能力与抗电磁干扰能力。

第二层的固有能力指标分解到第三层,分解为起飞功率、耗油率、干质量、加速性、温度特性、高度特性、起动特性与抗攻击能力等指标。上述 8 项性能指标参数从各个方面对军用涡轴发动机的固有能力进行了表述。起飞功率、耗油率与干质量体现了涡轴发动机的动力能力。外廓尺寸反映了发动机的外在形状和体积。加速性、温度特性、高度特性与起飞特性通过具体的加速性能值、温度值、高度值与起飞时间来表示,是反映涡轴发动机稳定工作状态的固有指标。抗攻击能力体现军用涡轴发动机的特殊需求。这 8 项指标全面反映了涡轴发动机的固有能力。

经过上述分析,该军用涡轴发动机整机效能指标体系充分考虑了影响军用涡轴发动机效能的各个方面,在国外效能成熟模型的基础上,充分结合了国内涡轴发动机的研制情况,从实际角度,将指标一步步分解到可以定量的底层参数,使效能指标体系能够全面反映军用涡轴发动机系统效能的同时,更具有评估可操作性。

军用涡轴发动机整机效能评估模型同民用涡轴发动机效能评估模型[式(5.10)]。

1) 可用性模型建立

同样采用固有可用度来表示发动机的可用性,如式(5.11)所示。

与民用涡轴发动机不同的是,针对军用涡轴发动机,更重视使用可用度。发动机效能的使用可用度模型如下所示:

$$a_1 = \frac{1}{1+t} \tag{5.16}$$

式中：t 为发动机每飞行小时维修工时数。

2）可信性模型建立

可信性可用式(5.17)表示。同样采用专家打分的方式对各效能指标进行重要度打分。与民用涡轴发动机不同的是，这里根据算术平均法计算原理与过程，对收集的专家打分结果进行综合计算，求得安全性、耐久性、使用可靠性与环境适应性相对于可信性的重要度系数。

$$a_2 = (1/x_1, x_2, x_3, x_4, x_5, x_6, 1/x_7, x_8, 1/x_9, x_{10}, x_{11}, x_{12}, x_{13}, x_{14}, x_{15}, x_{16}, x_{17}, x_{18})$$

(5.17)

式中：x_1 为事故发生率；x_2 为软硬件研制保证等级；x_3 为包容能力；x_4 为防火能力；x_5 为防断轴能力；x_6 为健康管理；x_7 为整机振动值；x_8 为整机设计寿命；x_9 为空中停车率；x_{10} 为整机性能稳定性；x_{11} 为制造成熟度；x_{12} 为吞雨能力；x_{13} 为吞沙能力；x_{14} 为吞鸟能力；x_{15} 为吞冰能力；x_{16} 为抗腐蚀能力；x_{17} 为抗外物损伤能力；x_{18} 为抗电磁干扰能力。

根据算术平均法计算原理与过程，对收集的专家打分结果进行综合计算，求得安全性、耐久性、使用可靠性与环境适应性相对于可信性的重要度系数，如表5.11所列。

表5.11　可信性下层指标对可信性的重要度系数

重要度系数	各专家重要度系数							$W1_i$
安全性	0.258	0.276	0.257	0.250	0.278	0.281	0.281	0.269
耐久性	0.258	0.241	0.257	0.219	0.222	0.188	0.250	0.234
使用可靠性	0.258	0.276	0.257	0.281	0.250	0.281	0.219	0.260
环境适应性	0.226	0.207	0.229	0.250	0.250	0.250	0.250	0.237

同理，根据算术平均法打分结果，计算各下属指标对安全性、耐久性、使用可靠性与环境适应性的重要度系数分别见表5.12～表5.15。

表5.12　安全性下属指标对安全性的重要度系数

重要度系数	各专家重要度系数							$W11_i$
事故发生率 x_1	0.172	0.145	0.153	0.145	0.147	0.170	0.155	0.155
软硬件研制保证等级 x_2	0.121	0.127	0.136	0.145	0.132	0.170	0.121	0.136
包容能力 x_3	0.138	0.145	0.153	0.164	0.147	0.170	0.138	0.151
防火能力 x_4	0.155	0.164	0.136	0.145	0.147	0.170	0.155	0.153
防断轴能力 x_5	0.155	0.164	0.169	0.145	0.147	0.170	0.155	0.158
健康管理 x_6	0.121	0.127	0.119	0.127	0.132	0.038	0.155	0.115
整机振动值 x_7	0.138	0.127	0.136	0.127	0.147	0.113	0.138	0.132

表5.13　耐久性下属指标对耐久性的重要度系数

重要度系数	各专家重要度系数							$W12_i$
整机设计寿命 x_8	0.211	0.240	0.236	0.249	0.231	0.222	0.250	0.234

表5.14　使用可靠性下属指标对使用可靠性的重要度系数

重要度系数	各专家重要度系数							$W13_i$
空中停车率 x_9	0.400	0.375	0.346	0.375	0.370	0.409	0.333	0.373
整机性能稳定性 x_{10}	0.280	0.292	0.346	0.333	0.333	0.409	0.333	0.332
制造成熟度 x_{11}	0.320	0.333	0.308	0.292	0.296	0.182	0.333	0.295

表5.15　环境适应性下属指标对环境适应性的重要度系数

重要度系数	各专家重要度系数							$W14_i$
吞雨能力 x_{12}	0.135	0.133	0.150	0.151	0.145	0.145	0.143	0.143
吞沙能力 x_{13}	0.154	0.133	0.133	0.151	0.145	0.145	0.143	0.144
吞鸟能力 x_{14}	0.154	0.156	0.150	0.132	0.145	0.145	0.143	0.146
吞冰能力 x_{15}	0.135	0.133	0.133	0.151	0.145	0.145	0.143	0.138
抗腐蚀能力 x_{16}	0.135	0.133	0.133	0.132	0.129	0.127	0.143	0.133
抗外物损伤能力 x_{17}	0.154	0.156	0.150	0.151	0.145	0.145	0.143	0.149
抗电磁干扰能力 x_{18}	0.135	0.156	0.150	0.151	0.145	0.145	0.143	0.146

通过算数平均法的计算我们得到各层相对于上一层的重要度系数，在此基础上，经过一层一层的综合计算，求得可信性最底层参数指标相对于可信性的重要度系数如表5.16～表5.19所列。

表5.16　安全性下属指标对可信性的重要度系数

重要度系数	$W11_i$	$W1_1$	W_i
事故发生率 x_1	0.155		0.042
软硬件研制保证等级 x_2	0.136		0.037
包容能力 x_3	0.151		0.041
防火能力 x_4	0.153	0.269	0.041
防断轴能力 x_5	0.158		0.043
健康管理 x_6	0.115		0.031
整机振动值 x_7	0.132		0.036

表5.17　耐久性下属指标对可信性的重要度系数

重要度系数	$W12_i$	$W1_2$	W_i
整机设计寿命 x_8	1	0.234	0.234

表 5.18　使用可靠性下属指标对可信性的重要度系数

重要度系数	$W13_i$	$W1_3$	W_i
空中停车率 x_9	0.373		0.097
整机性能稳定性 x_{10}	0.332	0.260	0.087
制造成熟度 x_{11}	0.295		0.077

表 5.19　环境适应性下属指标对可信性的重要度系数

重要度系数	$W14_i$	$W1_4$	W_i
吞雨能力 x_{12}	0.143		0.034
吞沙能力 x_{13}	0.144		0.034
吞鸟能力 x_{14}	0.146		0.035
吞冰能力 x_{15}	0.138	0.237	0.033
抗腐蚀能力 x_{16}	0.133		0.032
抗外物损伤能力 x_{17}	0.149		0.035
抗电磁干扰能力 x_{18}	0.146		0.035

在式(5.17)的基础上,考虑各下属指标相对于可信性的重要度系数,得到军用涡轴发动机可信性评估模型如下：

$$a_2 = (1/x_1, x_2, x_3, x_4, x_5, x_6, 1/x_7, x_8, 1/x_9, x_{10}, x_{11}, x_{12}, x_{13}, x_{14}, x_{15}, x_{16}, x_{17}, x_{18}) \cdot$$
$$(0.042, 0.037, 0.041, 0.041, 0.043, 0.031, 0.036, 0.234, 0.097, 0.087,$$
$$0.077, 0.034, 0.034, 0.035, 0.033, 0.032, 0.035, 0.035)^T \quad (5.18)$$

3) 固有能力模型建立

固有能力可用下式表示：

$$a_3 = (x_{19}, 1/x_{20}, 1/x_{21}, 1/x_{22}, x_{23}, x_{24}, x_{25}, 1/x_{26}, x_{27}) \quad (5.19)$$

式中：x_{19} 为起飞功率；x_{20} 为耗油率；x_{21} 为干质量；x_{22} 为外廓尺寸；x_{23} 为加速性；x_{24} 为温度特性；x_{25} 为高度特性；x_{26} 为起动特性；x_{27} 为抗攻击能力。

根据算术平均法计算原理与过程,对收集的专家层次分析法打分结果进行综合计算,求得起飞功率、耗油率、干质量、外廓尺寸、加速性、温度特性、高度特性、起动特性与抗攻击能力等性能指标相对固有能力的重要度系数如表 5.20 所列。

表 5.20 计算固有能力下属指标对固有能力的重要度系数

重要度系数	各专家重要度系数							W_i
起飞功率x_{19}	0.130	0.127	0.114	0.119	0.120	0.121	0.125	0.122
耗油率x_{20}	0.117	0.127	0.114	0.134	0.120	0.086	0.094	0.113
干质量x_{21}	0.117	0.095	0.114	0.090	0.108	0.017	0.078	0.088
外廓尺寸x_{22}	0.104	0.079	0.101	0.075	0.096	0.017	0.094	0.081
加速性x_{23}	0.091	0.111	0.101	0.119	0.108	0.155	0.141	0.118
温度特性x_{24}	0.117	0.111	0.114	0.119	0.108	0.155	0.109	0.119
高度特性x_{25}	0.104	0.111	0.114	0.119	0.108	0.155	0.125	0.120
起动特性x_{26}	0.117	0.095	0.114	0.119	0.120	0.138	0.094	0.114
抗攻击能力x_{27}	0.104	0.143	0.114	0.104	0.108	0.155	0.141	0.124

在式(5.19)的基础上,考虑各下属指标相对于固有能力的重要度系数,得到军用涡轴发动机固有能力评估模型如下:

$$a_3 = (x_{19}, 1/x_{20}, 1/x_{21}, 1/x_{22}, x_{23}, x_{24}, x_{25}, 1/x_{26}, x_{27}) \cdot$$
$$(0.122, 0.113, 0.088, 0.081, 0.118, 0.119, 0.120, 0.114, 0.124)^{\mathrm{T}}$$
(5.20)

由上述计算结果得到了各个性能指标参数相对于第一层指标-系统效能的重要度系数,从另一角度,此系数反映了各性能指标参数对于系统效能的敏感度,在建立系统效能评估模型时,需要在此重要度系数的基础上,考虑到各性能指标参数对于系统效能的影响方向,即正影响或负影响,才能最终确定系统效能评估模型。由分析可知,事故发生率、整机振动值、空中停车率、耗油率、干质量、外廓尺寸、起动特性对系统效能为负影响,其他指标参数为正影响。我们将负影响的参数取倒数处理,得到军用涡轴发动机整机效能最终模型。

5.2.2 费用估算模型

首先采集了大量的国外涡轴发动机价格、性能参数和几何参数等数据,并统一认定批产数量为300台、制造水平达到成熟水平下的数值。其次,根据国内外涡轴发动机价格构成规律和压气机成本、燃烧室成本和涡轮成本占整机比例的平均水平,确定国外涡轴发动机单机成本、压气机成本、燃烧室成本和涡轮成本。然后,根据多元线性回归分析法的原理,针对国外涡轴发动机成本、压气机成本、燃烧室成本、涡轮成本、性能参数和几何参数等数据,进行建模。而后,通过多次建模分析,我们发现成本与影响参数之间的关系不符合多元线性的规律,多元线性拟合后误差较大,我们判定影响参数与成本之间为多元非线性关系。最后,经过多次尝试,将所有性能参数、几何参数和成本等数据取对数,将对数值进行多元线性回归分析,获得的模型误差较小,且满足复测定系数(拟合优度)R^2检验要求。以下是我们分别建立的整机、涡轮、压气机、燃烧室的制造成本估算模型,可用来测算新型涡轴发动机的单机制造成本。

通过性能参数、尺寸参数对成本的敏感性分析以及考虑在实际应用时往往会受到数据获取的限制,最终确定以起飞功率、耗油率、质量、功重比、总增压比、外廓尺寸等 6 个参数为影响参数建立了涡轴发动机单机成本计算模型如式(5.21)所示。采用的数据如表 5.21 所列,则有

涡轴发动机单机成本(实例) =

$$5 \times 0.85 \times 10^{-1.521+0.149 \lg x_1 - 1.434 \lg x_2 + 0.57 \lg x_3 + 0.04 \lg x_4 + 0.19 \lg x_5 - 0.15 \lg x_6} \quad (5.21)$$

式中:x_1 为起飞功率(kW);x_2 为耗油率[kg/(kW·h)];x_3 为质量(kg);x_4 为功重比;x_5 为总增压比;x_6 为外廓尺寸(长×宽×高,mm³)。

表 5.21 涡轴发动机单机成本建模数据

发动机型号	整机价格(百万美元,2019年)取对数	起飞功率(kW)取对数	耗油率取对数/[kg/(kW·h)]	质量(kg)取对数	功重比取对数	总增压比取对数	外廓尺寸(mm³)取对数
发动机1	-0.216	3.003	-0.424	2.140	0.863	1.007	8.596
发动机2	-0.378	2.827	-0.441	2.476	0.350	0.948	9.184
发动机3	-0.328	2.873	-0.402	2.262	0.611	1.079	8.576
发动机4	-0.159	2.981	-0.553	2.228	0.754	1.114	8.512
发动机5	-0.014	3.255	-0.593	2.358	0.897	1.176	8.669
发动机6	0.110	3.549	-0.544	2.535	1.014	1.127	8.718
发动机7	-0.280	2.865	-0.441	2.228	0.636	0.984	8.823
发动机8	-0.506	2.666	-0.480	2.031	0.634	0.908	8.412
发动机9	-0.466	2.629	-0.485	2.042	0.615	0.908	8.412
发动机10	-0.213	3.028	-0.496	2.297	0.657	1.009	8.832
发动机11	-0.423	2.805	-0.425	2.117	0.688	0.954	8.743
发动机12	-0.495	2.747	-0.427	2.061	0.687	0.964	8.484
发动机13	-0.113	3.139	-0.475	2.393	0.746	1.017	8.851
发动机14	-0.078	3.195	-0.450	2.446	0.750	1.041	8.858
发动机15	-0.252	2.904	-0.502	2.223	0.653	1.021	8.823
发动机16	-0.460	2.776	-0.460	2.097	0.679	1.000	8.620

续表

发动机型号	整机价格（百万美元，2019年）取对数	起飞功率（kW）取对数	耗油率取对数/[kg/(kW·h)]	质量(kg)取对数	功重比取对数	总增压比取对数	外廓尺寸（mm³）取对数
发动机17	−0.069	3.048	−0.511	2.531	0.517	0.869	9.012
发动机18	−0.079	2.540	−0.438	2.013	0.528	1.058	8.476
发动机19	−0.353	2.662	−0.458	2.061	0.601	0.364	8.501
发动机20	−0.562	2.571	−0.395	2.024	0.547	0.924	8.558
发动机21	−0.450	2.685	−0.394	2.057	0.628	0.934	8.567
发动机22	−0.137	3.045	−0.438	2.393	0.652	0.845	8.670
发动机23	0.132	3.561	−0.514	2.573	0.989	1.135	8.653
发动机24	0.350	3.539	−0.587	2.644	1.017	1.223	9.073
发动机25	0.163	3.007	−0.548	2.267	0.740	1.146	8.684
发动机26	0.098	3.097	−0.513	2.618	0.636	1.079	8.830
发动机27	0.163	3.094	−0.541	2.332	0.675	1.121	8.713

以空气流量和总增压比为影响参数建立了压气机成本计算模型如式(5.22)所示。采用的数据如表5.22所列，则有

$$涡轴发动机压气机成本 = 10^{1.589 + 0.779\lg x_1 + 0.583\lg x_2} \quad (5.22)$$

式中：x_1 为空气流量(kg/s)；x_2 为总增压比。

表5.22 涡轴发动机压气机制造成本建模数据

发动机型号	压气机制造成本(百万美元,2019年)取对数	空气流量(kg/s)取对数	总增压比取对数
发动机1	−0.512	0.750	1.007
发动机2	−0.455	0.505	1.114
发动机3	−0.310	0.760	1.176
发动机4	−0.186	1.124	1.127
发动机5	−0.577	0.611	0.984
发动机6	−0.509	0.668	1.009
发动机7	−0.719	0.398	0.954
发动机8	−0.791	0.430	0.964
发动机9	−0.409	0.736	1.017
发动机10	−0.374	0.736	1.041
发动机11	−0.548	0.477	1.021
发动机12	−0.756	0.460	1.000
发动机13	−0.366	0.863	0.869

续表

发动机型号	压气机制造成本(百万美元,2019年)取对数	空气流量(kg/s)取对数	总增压比取对数
发动机 14	-0.858	0.301	0.924
发动机 15	-0.746	0.405	0.934
发动机 16	-0.433	0.732	0.845
发动机 17	-0.164	0.960	1.135
发动机 18	0.054	1.207	1.223
发动机 19	-0.198	0.728	1.079

以耗油率为影响参数建立了燃烧室成本计算模型如式(5.23)所示。采用的数据如表 5.23 所列,则有

$$\text{涡轴发动机燃烧室成本} = 10^{-2.168-3.308\lg x_1} \tag{5.23}$$

式中:x_1 为耗油率[kg/(kW·h)]。

表 5.23 涡轴发动机燃烧室制造成本建模数据

发动机型号	燃烧室制造成本(百万美元,2019年)取对数	耗油率[kg/(kW·h)]取对数
发动机 1	-0.61022	-0.42366
发动机 2	-0.77181	-0.44129
发动机 3	-0.72139	-0.4023
发动机 4	-0.55245	-0.55284
发动机 5	-0.2835	-0.54363
发动机 6	-0.67433	-0.44129
发动机 7	-0.89945	-0.48017
发动机 8	-0.86029	-0.48545
发动机 9	-0.60669	-0.49572
发动机 10	-0.81711	-0.42481
发动机 11	-0.88846	-0.42713
发动机 12	-0.50645	-0.47496
发动机 13	-0.47143	-0.44977
发动机 14	-0.646	-0.50169
发动机 15	-0.85351	-0.45995
发动机 16	-0.47252	-0.43771
发动机 17	-0.74736	-0.45842
发动机 18	-0.95541	-0.39469
发动机 19	-0.84426	-0.39362

续表

发动机型号	燃烧室制造成本(百万美元,2019年)取对数	耗油率[kg/(kW·h)]取对数
发动机20	−0.53086	−0.43771
发动机21	−0.26199	−0.51428
发动机22	−0.04394	−0.5867
发动机23	−0.23075	−0.54061

以起飞功率和涡轮进口温度为影响参数建立了涡轮成本计算模型如式(5.24)所示。采用的数据如表5.24所列,则有

$$涡轴发动机涡轮成本 = 10^{-11.879 + 0.555 \lg x_1 + 3.31 \lg x_2} \quad (5.24)$$

式中:x_1为起飞功率(kW);x_2为涡轮进口温度(℃)。

表5.24 涡轴发动机涡轮制造成本建模数据

发动机型号	涡轮制造成本(百万美元,2019年)取对数	起飞功率(kW)取对数	涡轮进口温度(℃)取对数
发动机1	−0.117	3.003	3.050
发动机2	−0.278	2.827	3.037
发动机3	−0.228	2.873	3.060
发动机4	−0.059	2.981	3.061
发动机5	0.210	3.549	3.074
发动机6	−0.181	2.865	3.045
发动机7	−0.406	2.666	3.016
发动机8	−0.367	2.629	3.016
发动机9	−0.113	3.028	3.050
发动机10	−0.324	2.805	3.034
发动机11	−0.395	2.747	3.029
发动机12	−0.013	3.139	3.072
发动机13	0.022	3.195	3.072
发动机14	−0.152	2.904	3.041
发动机15	−0.360	2.776	3.021
发动机16	−0.254	2.662	3.039
发动机17	−0.462	2.571	3.024
发动机18	−0.351	2.685	3.032
发动机19	−0.037	3.045	3.056
发动机20	0.232	3.561	3.076
发动机21	0.450	3.539	3.082

5.2.3 效费权衡模型

效能与费用是相互联系相互影响的。一般情况下,在原有效能目标的基础上,增大效能指标要求,必定会直接影响研制费用、制造费用,并间接影响使用保障费用,因此全寿命周期费用一定会有所变动。同样地,如果一味地降低全寿命周期费用标准,必然会影响相关技术性能指标的实现,从而影响整体的发动机系统效能。效费权衡指标体系是建立在系统效能指标体系与全寿命周期费用指标体系的基础上的,以两者的共有影响因子为基础。效能与费用之间的权衡关系:

$$\begin{cases} \text{MAX}[M(M)] \\ M(M) = \dfrac{M(E)}{M(\text{LCC})} = \dfrac{E/E_{\text{基准}}}{\text{LCC}/\text{LCC}_{\text{基准}}} \\ E = F(\alpha) \\ \text{LCC} = F(\beta) \\ E \geqslant E_{\text{最小值}} \\ \text{LCC} \leqslant \text{LCC}_{\text{最大值}} \end{cases} \quad (5.25)$$

式中:$E_{\text{基准}}$、$\text{LCC}_{\text{基准}}$分别为基准系统效能和基准全寿命周期费用;α、β为发动机相关参数指标组合,α与β中含有相同的参数指标;$F(\alpha)$、$F(\beta)$分别为关于α、β的函数;$E_{\text{最小值}}$为项目允许的系统效能的最小值;$\text{LCC}_{\text{最大值}}$为项目允许的全寿命周期费用的最大值。

在该模型中,式(5.25)中前两项为模型的目标系统,表示权衡模型最终的权衡目标,后四项为模型的条件系统,表示模型中参数需满足的限制条件,规定了可行解的目标区域。

该效费权衡优化模型的关键点在于基准效能与基准费用的选取以及效能评估模型与全寿命周期费用模型的建立。基准效能与基准费用的选取要保证是同一型号的效能和费用,其核心是选择基准型号。该模型的基准型号,首先应是具备对比条件的型号,数据尽量完整。其次该型号应具备一定的对比价值,应是国内或国外,效费水平较好的型号。

效能评估模型的建立需要基于效费权衡对象的具体特点与使用环境,针对性地选择效能评估指标。全寿命周期费用模型的建立根据权衡场景的不同,可以直接建立全寿命周期费用的估算模型,也可以将全寿命周期费用分解为研制费用、生产费用和使用保障费用,分别建立估算模型,进行效能与研制费用、生产费用和使用保障费用的针对性权衡分析。

下面以全寿命周期的效费权衡分析为例,阐述该效费权衡模型的具体应用场景。

1) 类比基准型号求得目标成本限值

根据发动机/大部件效费权衡模型,可根据如下计算思路,选定某一典型型号作为基准型号,通过效费权衡分析模型,计算在满足基准型号效费比水平时,目标型号的成本临界值,从而能够为目标型号成本控制提供依据。

目标型号与基准型号的效费比的比值为

$$M(M_{目标}) = \frac{M(E_{目标})}{M(\text{LCC}_{目标})} = \frac{E_{目标/基准}}{\text{LCC}_{目标}/\text{LCC}_{基准}} \tag{5.26}$$

在前期工作中,我们求得军、民用涡轴发动机整机与发动机大部件(涡轮、压气机、燃烧室)效能评估模型。由建立过程可知,上述效能模型是以专家打分为基础,经过综合计算,最后求得各指标参数对于效能的重要度,并通过实际分析,确定其正负影响规律,获得最终的效能模型。由于模型中各指标参数量度不一致,因此,在权衡分析模型中,$M(E_{目标})$ 的具体计算如下所示:

$$M(E_{目标}) = E_{目标/基准} = \frac{(a_1)_{目标}}{(a_1)_{基准}} \times (a_2)_{目标/基准} \times (a_3)_{目标/基准} \tag{5.27}$$

式中:$\frac{(a_1)_{目标}}{(a_1)_{基准}}$ 为可用性的相对值,根据可用性计算模型,分别求得目标型号和基准型号的可用性值,并求得两值的比值;$(a_2)_{目标/基准}$ 为可信性的相对值,根据可信性计算模型,该相对值的计算方法为,先将目标型号与基准型号相对应的指标值相比,再将比值代入可信性计算模型,求得的值即为可信性的相对值;$(a_3)_{目标/基准}$ 为固有能力的相对值,根据固有能力计算模型,该相对值的计算方法同上,先将目标型号与基准型号相对应的指标值相比,再将比值代入固有能力计算模型,求得的值即为固有能力的相对值。

2) 多方案的效费权衡

将发动机/大部件效费权衡模型进行改进,如式(5.28)所示。当研制阶段存在多个可行的研制方案,需要从中进行最优选择时,可以使用此模型进行方案优选。在优选过程中,选定其中一项方案作为基准,其余各方案与其进行对比求得 $M(M_n)$:

$$M(M_n) = \frac{M(E_n)}{M(\text{LCC}_n)} = \frac{E_{n/基准}}{\text{LCC}_n/\text{LCC}_{基准}} \tag{5.28}$$

$M(M_n)$ 的求解逻辑是将研制方案 A_n 与基准方案的全寿命周期费用 LCC_n 与 $\text{LCC}_{基准}$ 代入公式,求得 $M(\text{LCC}_n)$,最终求得 $M(M_n)$ 的值。

(1) 若 $M(M_n) > 1$,则方案 A_n 比基准方案的效能好,且 $M(M_n)$ 值越大,方案 A_n 的效能越好;

(2) 若 $M(M_n) < 1$，则方案 A_n 比基准方案的效能差，且 $M(M_n)$ 值越小，方案 A_n 的效能越差；

(3) 若 $M(M_n) = 1$，则方案 A_n 与基准方案的效能相同。

3) 单一方案的效费优化

如果研制阶段目前只有单一可行的研制方案，在此方案的基础上，做方案的改进，使得方案在满足项目需求的前提下，能够有更好的效能以及更低的全寿命周期费用。

在该模型中，将已有的可行的研制方案作为基准，理想状态下，我们能够通过条件系统，获得可行解的目标区域，在该区域中，针对目标系统进行最优解的选择和计算。然而在实际工作中，我们无法通过上述条件系统获得可行解的准确目标区域，因此，可以使用创新问题解决理论（TRIZ）等相关理论，激发我们产生更多的可行解。在已获得的可行解中，进行多方案的权衡优化过程，最终完成最优解的选择。

根据发动机/大部件效费权衡模型，按如下计算思路，选定某一典型型号作为基准型号，通过效费权衡分析模型，计算在满足基准型号效费比水平下目标型号的成本临界值，从而能够为目标型号成本控制提供依据。

5.3 保证长寿命、低油耗的可靠性设计

如第 2 章中所述，发动机具有长的使用寿命和低的燃油消耗率是使用经济性设计的重要环节。由环境空域特性设计保证低的燃油消耗率的内容在第 3 章已重点介绍，在此不在赘述。长寿命设计必须与可靠性设计同时进行，它们都与材料、工艺、结构设计有关。同时，维修性也是影响发动机使用经济性的重要因素。因此发动机使用经济性设计，实际上是材料、工艺、结构、发动机的可靠性与维修性等的设计。

5.3.1 发动机可靠性设计

可靠性设计是在保证产品性能指标的前提下以满足用户的可靠性需求为目标，在设计过程中系统考虑各类影响产品可靠性的因素，从而对候选方案进行分析、评价、再设计的方法，是产品设计的有机组成部分。在航空发动机方案设计时给定可靠性指标，采用故障模式、影响分析（FMEA）和故障模式、影响与危害性分析（FMECA），注重零部件的可靠性设计是发动机可靠性设计的关键。

可靠性设计主要包括简化设计、余度设计、容错设计、降额设计、裕度设计、热设计、环境防护设计，以及元器件、零部件和原材料的选择与控制等。

简化设计是指产品在设计过程中,在满足战术技术要求的前提下尽量简化设计方案,尽量减少零部件、元器件等的规格、品种和数量,并在保证性能要求的前提下达到最简化状态,以便于制造、装配、维修的一种设计措施。

余度设计是发动机获得高任务可靠性、高安全性和高生存能力的设计方法之一。其基本思路是以可靠性较低的基础元器件或零部件,构建高可靠性的产品系统,余度设计采用增加多余的资源,获得较高的任务可靠性。

容错设计首先要能自动地实时检测并诊断出系统的故障,然后采取对故障的控制后处理的策略。开展了控制系统的故障模式与对策分析,控制系统设计能进行电子控制器、控制软件、执行机构以及传感器的故障诊断与处理,进行系统级的重构及容错控制,最大限度地发挥数控系统智能、易调整的优越性,提高数控系统的可靠性。

当产品工作应力过大时,很可能引起故障,导致可靠性水平不高。通过提高产品的额定应力或者降低其工作应力,使产品的工作应力与额定应力之间存在一定的安全裕度,可以提高其可靠性水平。其中降额设计指电子产品,余度设计指机械产品。

温度是影响产品可靠性的一个重要环境因素。热设计方面的设计措施如下:

(1) 发动机已安排了热变形分析,各部件对旋转件及承力机匣均通过了强度计算校核,应力低于许用值;

(2) 各部件选材时,已考虑零件工作温度影响;

(3) 为了兼顾发电机本体和过渡减速器的散热,增加了空气滑油散热器,对燃滑油散热器进行优化;

(4) 电子控制器按照 GJB/Z 27—1992 进行热设计、热分析,并进行热测试。

环境条件是指产品从生产、保障、运输、装卸、贮存直至现场的使用与保障阶段,所经历的各类环境载荷的集合。环境载荷是影响产品可靠性的重要因素之一。

在元器件、零部件和原材料的选择与控制工作中,应根据研制产品的特点制定元器件、零部件及原材料的选择和控制要求并形成控制文件。

可以通过减少压气机和涡轮的级数,从而减少发动机的零件数,降低发动机的生产和维修费用,促使发动机寿命期费用的降低。但是高的涡轮前温度和高的压气机、涡轮级负荷设计会导致采用高强度的难以加工的材料和非传统的结构工艺,使得生产发动机的材料和工艺成本费用以及维护费用增加,发动机全寿命周期内的经济可承受性降低。所以设计先进的发动机必须同时考虑性能的先进和经济可承受性。

因此，在满足发动机性能指标的同时具有良好的可靠性，这是发动机具有良好经济可承受性的重要标志之一。

本节主要从结构材料的选择和控制、结构细节设计、转子系统设计三方面介绍保证发动机长寿命的可靠性设计。另外，对影响发动机寿命的工艺细节进行严格控制，加强成附件厂家管理，提高成附件（如轴承、橡胶密封件等）的寿命，也是保证发动机长寿命的重要措施，但这些不是本书的重点，在此不做介绍。

5.3.1.1　结构材料的选择和控制

在对关键寿命件进行设计时了解由材料和工艺给定的材料性能成熟度和寿命件的工作状态非常重要；摸清发动机的流场、力场、温度场是寿命件设计的关键。在发动机全疆域使用任务明确，使用材料性能可靠，流场、力场、温度场可测的情况下，完成的寿命分析应该是可信的。

发动机结构件是否发生疲劳破坏，首先取决于结构件材料本身疲劳和断裂性能的好坏这一内在因素，所以说合理选材在结构抗疲劳设计中占有非常重要的地位。选材的基本原则应要全面满足结构完整性要求，应根据各项设计要求和材料所具有的性能，进行综合权衡。

对材料性能、载荷和环境要做综合权衡。材料的各项性能指标，都是在一定的载荷环境条件下得到的，同一材料对于不同的载荷环境呈现不同的性能。因此，对某一特定零件，应认真分析确定零件所承受的载荷特性和工作环境，并依此进行材料筛选，经综合权衡选定适当的材料；对机体结构综合分析各零件的特定载荷环境和设计要求，使某些材料扬长避短而充分发挥其优良性能于不同零件上，可得到全面满足设计要求的机体结构。

在抗疲劳和损伤容限特性之间也要进行权衡。材料在裂纹萌生阶段和裂纹扩展阶段的表现不一定一致。抗疲劳开裂性能好的材料，其抗裂纹扩展性能不一定也好。因此，为满足零件的寿命和安全要求，应选用抗疲劳开裂和抗裂纹扩展性能均好的材料，或采用恰当的热处理调整这两种性能使之相当。对于耐久性/损伤容限关键件，尤其要注意这两种性能的权衡。

选材要考虑材料的使用经验和继承性，应充分重视材料使用上的继承性、材料来源和供应渠道的稳定性。选用经过实践考验的技术成熟度高的材料，其使用经验、工艺方法、残余应力控制和腐蚀防护措施，以及各项性能指标均较可靠，可直接用于载荷环境相近的新零件设计，大大减小了选材工作量。在材料的选择和控制中，还应考虑原材料成本、工艺成熟度和制造成本等经济性的要求，尽量降低发动机全寿命周期费用。

另外，为满足全疆域设计对海洋环境下寿命的要求，一方面在选材方面选择耐腐蚀材料，并开展腐蚀试验；另一方面，开展了盐雾腐蚀机理研究和腐蚀疲劳强度评估方法研究,提高盐雾腐蚀环境下疲劳寿命分析的精度。

根据目前金属材料在腐蚀环境中力学性能衰退行为的研究,开展了对特定材料在海洋腐蚀工况下性能衰退行为的数值模拟以及试验研究,建立了考虑腐蚀影响的材料性能退化预测手段。具体内容为:

(1) 研究了考虑盐雾腐蚀环境影响下结构疲劳的数值模拟手段。重点研究腐蚀坑生长的物理过程,建立物理模型;将得到的物理模型结合现有数值模拟手段,建立了结构腐蚀疲劳数值模拟技术。

(2) 开展了海洋腐蚀工况下的压气机材料性能退化试验。通过对指定材料在腐蚀环境中的力学性能测试,分析材料在腐蚀影响下的力学性能退化行为,探究性能退化的规律,提出适合海洋腐蚀环境的材料力学性能退化预测方法,为工程设计提供参考。

盐雾腐蚀环境下腐蚀疲劳过程非常复杂,没有一个统一指导原则来评估腐蚀疲劳。结构中的腐蚀疲劳问题主要表现在:表面变得粗糙、形成腐蚀坑、厚度减薄等方面。所有这些表现都会导致应力增加,机制为应力集中和结构承载载荷横截面积减小。这种由腐蚀引入的局部高应力区加剧了相关区域的疲劳现象,进一步缩短疲劳寿命。然而,常规的基于疲劳力学性能评估材料寿命的 $S-N$ 方法中,并未对腐蚀的影响进行考虑。腐蚀导致材料实际工作载荷高于设计载荷,进而导致材料在低于设计寿命的时间段内即发生失效,潜在提升了材料的运行风险。因此,必须对材料在腐蚀条件下的 $S-N$ 曲线进行测定。疲劳 $S-N$ 曲线的测定往往周期漫长,试验成本巨大。而由于腐蚀疲劳 $S-N$ 曲线对环境又提出更严苛的要求,因此腐蚀条件下的 $S-N$ 曲线测定具有很大困难。如果可以在原有的无腐蚀 $S-N$ 曲线上做出修正用以表征腐蚀的影响,从而达到预测腐蚀疲劳 $S-N$ 曲线的目的,那么可以节省大量的时间和物力,对工程领域有较大的应用价值。因此,有必要对修正原有 $S-N$ 曲线进行研究,使获得的新 $S-N$ 曲线可以有效评估材料的腐蚀疲劳寿命。

腐蚀条件的介入可能使实际 $S-N$ 曲线偏离原曲线,这种现象在高周疲劳下尤为明显。试验显示,由于腐蚀时间的差异,腐蚀对低周疲劳下材料或结构强度的影响较小,主要体现在对高周和超高周疲劳区域,如图 5.16 所示。从图中可以看出,随着疲劳周次的提升,腐蚀对材料或结构强度的影响越发明显,寿命缩短情况也越发显现。利用不考虑和考虑腐蚀影响下应力差异线性增长规律,可以在不考虑腐蚀影响应力基础上,获得考虑腐蚀影响后的应力变化规律。利用上述方法,针对高温合金材料开展了快速预测腐蚀环境下材料力学性能。利用上述快速预测手段所获得的考虑腐蚀影响下材料或结构力学性能与试验结果吻合度非常好。在本预测方法中,在原有 $S-N$ 曲线基础上,只需要测量获取腐蚀疲劳强度,可以快速获取对应的考虑腐蚀影响的 $S-N$ 曲线。

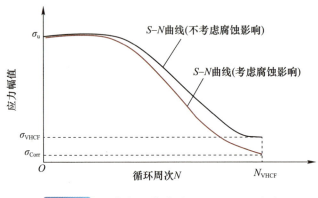

图 5.16 不考虑和考虑腐蚀影响下的差异

5.3.1.2 结构细节设计

发动机结构的寿命,除结构承受的应力水平外,主要取决于结构细节抗疲劳破坏的能力,而这种能力主要通过结构细节的抗疲劳设计予以提高或保证,可以说,结构的可靠性是设计出来的。在工程设计阶段,应确定疲劳关键件,按照抗疲劳设计基本原则,认真地考虑降低应力集中、截面均匀变化、高应力区的合理布局、避免偏心、防腐措施和强化工艺技术的应用等各种设计问题。在这个阶段应进行详细的疲劳分析和关键零、组件的疲劳试验。经过分析和试验进行迭代设计优化。因此,细节部位往往是影响结构件寿命的关键,应特别关注航空发动机细节的结构设计,发动机结构细节设计的一般准则主要有:

(1) 构件应有足够的刚度,防止在重复载荷作用下,因过度变形引起疲劳开裂。

(2) 相互连接零件的刚度及连接刚度应相互匹配,变形协调,以防止牵连变形促使连接部位疲劳开裂。

(3) 支承部位的结构应提供足够的支承刚度,以防被支承结构受载时过度变形而开裂。受高温的结构应有适当的热变形裕度,防止结构因热变形受阻而开裂。

(4) 减小或避免载荷偏心。构件的合理设计是可以避免载荷偏心传递的。

(5) 采用恰当的补偿件,减小热膨胀带来的附加应力。

(6) 避免或减缓零件刚度突变。零件截面大小形状变化缓和,使应力集中降低。

(7) 零件机械加工或制孔后,还须去毛刺、锐边倒圆,并有恰当的表面粗糙度要求。

(8) 轴类零件截面突变区应有足够的过渡区和过渡圆角半径。

(9) 应避免零件上多个应力集中因素相互叠加而引起复合应力集中。

(10) 构件的高应力区应尽量避免开孔或攻螺纹。

对于一些细节结构,可以通过优化设计降低其应力集中部位的应力水平。下面以榫接结构为例说明如何针对细节结构进行优化设计,提升其寿命。榫槽最大应力通常位于齿底圆弧处,并且齿底圆弧的大小对该部位的应力水平影响较大,因此主要对榫槽齿底圆弧的尺寸大小进行了优化。另外,由于燃气涡轮二级叶片伸根部位应力偏大,也对该处进行了优化。

对燃气涡轮一级转子榫槽进行了优化,优化前后设计变量对比见表5.25,约束条件及目标函数优化前后对比见表5.26。燃气涡轮一级转子榫槽优化前后结构对比见图5.17。燃气涡轮一级盘榫槽最大当量应力降低了17.2%,低循环疲劳寿命由6700次增加到大于12000次。

表5.25 燃气涡轮一级转子榫槽优化前后设计变量对比

设计变量	优化前	优化后
Disc1_R1/mm	1.90	1.37
Disc1_R2/mm	1.48	1.81

表5.26 燃气涡轮一级转子榫槽优化前后约束及目标函数对比

约束条件/目标函数	优化前	优化后
冷气流通面积 S/mm^2	11.8	10.6
榫槽低循环疲劳寿命/次	6700	>12000

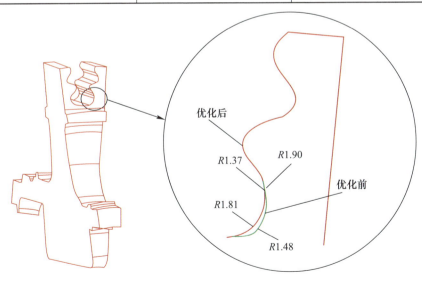

图5.17 燃气涡轮一级转子榫槽优化前后结构对比

对燃气涡轮二级转子榫头、榫槽进行了优化,榫头优化前后设计变量对比见表5.27,榫槽优化前后设计变量对比见表5.28,约束条件及目标函数优化前后对比见表5.29。燃气涡轮二级转子榫头、榫槽优化前后结构对比分别见图5.18和图5.19。优化后燃气涡轮二级工作叶片伸根部位最大当量应力降低了15.7%,低循环疲劳寿命由4500次增加到大于20000次;燃气涡轮二级盘榫槽最大当量应力降低了18.6%,低循环疲劳寿命由5600次增加到大于12000次。

表5.27 燃气涡轮二级转子榫头优化结果

叶片榫头伸根部位	设计变量	
优化前(单段圆弧)	Blade2_R	1.1
优化后(圆弧+短直线+圆弧)	Blade2_R1	1.69
	Blade2_L	0.08
	Blade2_R2	0.84

表5.28 燃气涡轮二级转子榫槽优化结果

设计变量	优化前	优化后
Disc2_R1	1.90	0.83
Disc2_R2	1.48	2.04

表5.29 燃气涡轮二级转子优化前后约束及目标函数对比

约束条件/目标函数	优化前	优化后
叶片危险截面拉弯合应力/MPa	213.2	231.8
前4阶最小振动裕度/%	15.7	10.9
叶片低循环疲劳寿命/次	4500	>20000
轮盘榫槽低循环疲劳寿命/次	5600	>12000

通过对一些危险细节部位(榫头、榫槽、偏心孔等)开展结构优化,降低了细节部位的应力水平,确保零件应力水平处于可接受范围。通过上述措施,提高了发动机的寿命可靠性,并且计算分析结果表明:①主要转子件低循环疲劳寿命满足寿命指标要求;②涡轮叶片可满足翻修间隔期要求;③附件传动齿轮和传动轴的高周疲劳不低于10^7次、低循环疲劳寿命不低于10^5次。

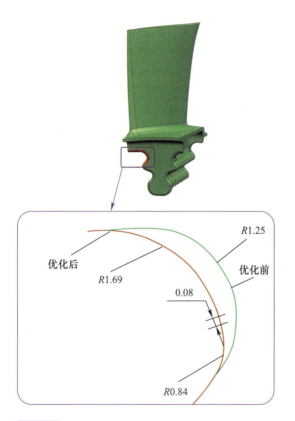

图 5.18 燃气涡轮二级转子优化前后结构对比

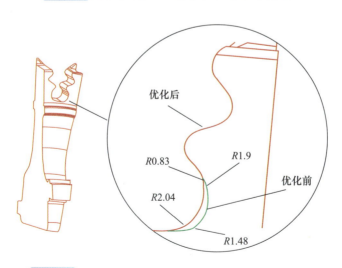

图 5.19 燃气涡轮二级转子轮盘优化前后结构对比

5.3.1.3 转子系统的设计

转子系统是发动机的核心部件,它的工作可靠性直接关系发动机的气动性能、工作寿命和飞行安全,除了保证转子有足够的强度外,转子的机械振动与支承载荷传递控制至关重要。除提高结构设计技术和机械加工精度、平衡精度外,必须合理设计转子系统临界转速、支承阻尼(弹性、油膜阻尼器)、合理选择轴承与配置等,以控制转子振动在允许范围内,保证转子系统稳定工作。

1)临界转速设计

对刚性转子,弯曲振型临界转速置于转子工作转速范围以上,并使两者之间保持20%以上的转速裕度。

对柔性转子,不得不在工作转速范围以下通过转轴弯曲型临界转速,在总体结构方案设计时,通过在合适的支点位置设置弹性支承,选择合适的弹性支承刚度,同时优化转子结构尺寸和支点位置,将必须通过的转子弯曲型临界转速控制在工作转速以下,满足20%的裕度,起动时快速通过,将工作转速以上的转子弯曲型临界转速调整到远高于发动机最大转速,裕度至少20%。

2)转子支承阻尼器设计

弹性支承和挤压油膜有显著的减振效果,挤压油膜阻尼器与支点位置、模态振型密切相关,应匹配分析、综合设计。

3)转子动平衡设计

转子不平衡分布是发动机产生振动的主要激振源,因此,必须对高转速的航空燃气涡轮轴发动机转子进行严格的动平衡。对刚性转子,一般采用低速动平衡。对柔性转子,通常考虑高速动平衡。

4)传力路线设计

发动机工作时,在其转子和静子上,作用有各种载荷,如气动或气动力矩,惯性力或惯性力矩,振动负荷和热应力等。发动机静子上的各种负荷,通过一些机匣和构件传递到安装节;转子上的各种负荷,也由支承通过一些承力构件和机匣传递给安装节。承受和传递这些负荷的机匣和构件组成了发动机静子承力/传力系统。

总体布局应合理布置发动机静子承力/传力系统,应统筹考虑承力构件可靠、合理地承受和传递发动机转、静子上的各种负荷,减小各承力框架、壳体所传递的最大载荷,以提高发动机工作的可靠性。

承力/传力系统结构通常包括机匣、框架、导向器、安装节等。在承力/传力系统结构设计时,应考虑并解决下述几个方面的问题:

(1)结构布局应尽量避免传力路线上构件不连续,尽量减小传力路线拐折;

(2)在满足传递力和力矩的条件下,力求结构简单、重量轻并具有足够的刚性和强度；

（3）承力系统的结构应尽量使发动机及构件的装配、分解与维护工作容易进行；

（4）承力系统的结构应能允许受热不均或各零件产生的热膨胀；

（5）在确保发动机各状态均不发生危害性转/静子摩擦的前提下，使机匣与工作叶片之间的径向间隙最小，以减小漏气损失，提高发动机效率。

对于高转速的航空发动机，采用长跨距设计时，发动机转子往往需要跨临界工作。这极大地增加了发动机的转子动力学设计的难度，一方面，难以使发动机的临界转速裕度满足要求；另一方面，发动机转速在过临界时容易出现振动大的情况，严重影响了发动机的安全，尤其是发动机功率较大的时候。

发动机转子常采用鼠笼弹支来实现发动机的支承刚度设计，为降低发动机振动水平，增加发动机的阻尼，一般会将挤压油膜阻尼器与鼠笼结合使用。以往的设计方法主要是通过调节支承系统的刚度来改变发动机的临界转速，但是未考虑鼠笼-挤压油膜阻尼器的结构参数与发动机模态振型的关系，没有考虑不同模态共振的危害性及鼠笼-挤压油膜阻尼器对发动机转子不同模态减振效果的影响，并且在工作转速范围内均要求不能存在临界转速，临界转速裕度也需要满足一定的要求。

为了提高发动机转子的可靠性，本书提出一种高转速、大功率、长跨距发动机转子动力学设计技术。该技术适用于高转速、大功率、长跨距的超临界发动机的转子动力学设计，通过共振模态危害性评级，实现发动机转子危险模态的识别及鼠笼-挤压油膜阻尼器与发动机转子的刚度匹配设计，解决发动机转子临界转速裕度难以满足要求，以及发动机过临界时振动过大的问题。本技术设计流程如下：

（1）发动机总体布局方案：根据发动机总体设计要求，需要确定发动机的总体布局方案，包括发动机跨距、支承数量、弹性支承方案的选择。对于高转速、大功率、长跨距的发动机转子，采用的是鼠笼—挤压油膜阻尼器的形式，以实现发动机的减振和弹性支承刚度的设计。

（2）鼠笼结构与刚度设计：选择弹支鼠笼的材料和结构参数，主要参数包括：鼠笼材料的弹性模量 E，笼条数目 n，笼条宽度 b，鼠笼长度 l，鼠笼厚度 h。根据以上参数计算得到鼠笼的刚度 K_1：

$$K_1 = \frac{nEb_2h^2}{l^3} \tag{5.29}$$

（3）挤压油膜参数与刚度设计：选择挤压油膜器的参数，主要包括油膜半径间隙 c 和轴颈半径 R，阻尼器长度 L。可计算得到挤压油膜阻尼器的刚度 K_2：

$$K_2 = \frac{\mu R L^3}{c^3} \cdot \frac{2\Omega\varepsilon}{(1-\varepsilon^2)^2} \tag{5.30}$$

式中:μ 为滑油黏度;Ω 为轴颈进动角速度;ε 为偏心率。

(4) 弹支刚度计算:弹性支承的刚度为鼠笼与挤压油膜阻尼器串联系统的耦合刚度,弹性支承刚度 K 可由下式进行计算。

$$K = \frac{K_1 K_2}{K_1 + K_2} \tag{5.31}$$

(5) 发动机转子模态计算:建立发动机转子的有限元模型,并进行转子动力学的计算。弹性支承的刚度由上一个步骤的计算公式确定,包括鼠笼和挤压油膜阻尼器的耦合刚度。转子动力学计算的参数包括发动机工作转速范围附近及以内的临界转速、模态振型和模态应变能分布。

(6) 转子模态危害性评级:高转速、长跨距发动机转子工作转速范围内临界转速较多,因此,本节根据转子过临界的危险性将转子的模态分为 A 类模态和 B 类模态。其中,A 类模态弹支挤压油膜阻尼器的减振效果相对较差,过临界的风险较大。B 类模态弹支挤压油膜阻尼器的减振效果更好,过临界风险较小。A 类与 B 类由发动机转子应变能与弹支应变能(含鼠笼-挤压油膜阻尼器)的比值确定。本节确定的 A 类和 B 类模态的分类方法见表 5.30。

表 5.30　发动机转子模态危险性评级方法

模态分类	判别方法	转子过临界危险性
A 类	$\dfrac{\text{发动机转子应变能}}{\text{鼠笼-挤压油膜阻尼器总应变能}} > \eta$	危险性较大
B 类	$\dfrac{\text{发动机转子应变能}}{\text{鼠笼-挤压油膜阻尼器总应变能}} \leq \eta$	危险性较小

注:η 建议值为 30%。

(7) 转子动力学评估:根据本节确定模态的危害评级方法,A 类的模态过临界危害性较大,临界转速需要高于最大工作转速,且需要满足一定的裕度要求;对于 B 类模态,发动机过临界时危害性相对较小,在工作转速范围内允许存在临界转速。发动机转子临界转速设计要求见表 5.31。

表 5.31　发动机转子临界转速设计要求

模态分类	临界转速要求	裕度要求
A 类	临界转速高于最大工作转速	$\dfrac{\text{临界转速} - \text{最大工作转速}}{\text{最大工作转速}} > 20\%$
B 类	工作转速范围内允许存在临界转速	—

（8）评估结果分析与弹支参数优化：根据以上步骤的转子动力学评估结果，确定临界是否满足要求，若不满足要求，则根据步骤（2）~（7）进一步优化鼠笼-挤压油膜阻尼器的参数，直至满足表5.31的设计要求。

本技术考虑了弹性支承的减振作用，对高转速、长跨距的超临界发动机转子进行了模态共振危害性的评级，允许在发动机工作转速范围内存在部分危害性较小的模态，将危害性较大的转子模态设计在最大工作转速之上，并且将鼠笼-挤压油膜阻尼器的刚度匹配设计与发动机转子共振模态危害性分析结合起来进行。

5.3.2 发动机维修性设计

维修性设计主要是根据系统的工作要求，确定系统维修性的定量和定性要求，建立维修性要求和将规定的约束条件转换成详细的硬件和软件设计，参加系统设计过程并从事维修性方面的协调工作，对设计的系统进行维修性评审与验证，发现系统的不良维修区，并作出必要的设计更改。

维修性设计包括可达性、可检测性、通用性、更换性、标记性、人素工程（包括简易性、舒适性、防错性、安全性等）、冗余设计等方面的内容。本节主要介绍与发动机使用经济性密切相关的维修可达性与更换性。

为有效提高发动机维修可达性与更换性，发动机采用单元体结构设计。在GJB 3817《航空燃气涡轮航空发动机单元体设计要求》中定义：

（1）单元体：一组作为航空发动机组成部分的组合件、零件，由结构和工艺保证，按照一定设计要求，组成性能和结构相对独立的单元。换装时不需进行调整、平衡和试车。

（2）基础单元体：用于航空发动机装配和分解基础的单元体。

（3）维修单元体：单元体内具有自身独立的尺寸链以保证获得其特殊的封闭尺寸和性能要求（如轴向间隙、啮合间隙等），并可在尺寸链中设置调整原件的单元体。

单元体间的界面应清晰，以免在拆卸单元体时，误将单元体本身分解，单元体间连接结构应简单，以保证其装拆时所用工时和器材最少。同一编号的单元体必须是可以互换的，可安装在同一型号或同一系列的航空发动机上。每一个单元体均能更换，更换的单元体无论是新的或修理好的均不影响航空发动机的完整性、转子的平衡和航空发动机的性能，且不需要在台架上进行试车调整。单元体内还可以分若干个基础单元体，还可以进一步分为若干个维修单元体，在各小的维修单元体或大的单元体内部，通过逐级控制一些关键尺寸，来满足单元体本身的互换性要求，同时满足航空发动机总体结构设计的要求，这也是单元体航空发动机设计和装配中需重点关注的问题。通过尺寸链的分配和必要时在内部设置调整环，使单元体内部的这些关键的总体结构特征尺寸达到一定的精度要求，贯穿至航空发动机总体结构设计和装配的各环节中，使航空发动机总体结构尺寸如转、静子轴向间隙等更加合理可靠，既避免发生干涉等问题，又能保证航空发动机性能的一致性。

总体结构特征尺寸是指封闭在单元体内部（包括大的基础单元体和小的维修单元体）对整个航空发动机的一些关键的总体结构特征参数有重要影响的尺寸。主要指影响航空发动机转静子轴向间隙、径向间隙，特殊部位的静子间隙以及滚棒轴承错位度的封闭环、影响锥齿轮啮合间隙和着色印痕检查的航空发动机重要尺寸。它可以在设计时由航空发动机总体确定，并作为部件结构设计的依据；同时在装配环节中必须进行保证，在装配时通过对单元体内部进行尺寸检查，以确保其处于"配合与间隙"所规定的极限和公差范围之内。

某涡轴发动机主要由燃气发生器单元体、动力涡轮单元体和减速器单元体组成。为更好地控制航空发动机轴向和径向间隙，本书给出了单元体、基础单元体和维修单元体划分实例，对接口尺寸及形位公差进行逐层逐级控制。同时，为提高装备生产加工效率，提高装备战时生存力，充分利用全国涡轴发动机优势生产能力，发动机主要部件采用哈尔滨、成都、南京、西安和株洲等多地的生产模式，总装采用株洲和南京双流水模式。为此，将燃气发生器单元体进一步细分为进气与附件传动组件、压气机部件、燃烧室部件、燃气涡轮部件等（基础）单元体，遵照加工难度基本相当的原则，为实现某一特定目标利用尺寸链分配功能并对其尺寸和形位公差进行了控制，解决多点承制状态一致性差的问题，实现性能分散度不超过1.3%。其中发动机配套附件均为单元体，其接口和形位公差不在本书讨论之列。

另外，为实现更紧凑的整体结构和外场优良的维护性，采用功率后输出动力单元体是一个不错的选择，功率后输出动力涡轮较功率前输出动力涡轮可作为一个完整动力涡轮单元体进行管理，不需过多考虑与燃气发生器之间的支承、封严、油路、气流等方面问题，仅通过与燃烧室机匣之间螺栓的拆装即可实现快速换装。在实现上述各项优点的同时，也存在动力涡轮轴测扭难的问题。

功率后输出涡轮由于动力涡轮轴支点跨距短，轴外径通常较粗，在发动机输出功率范围内难以实现一个大的扭转角，从而造成测扭误差较大，最终造成无法在动力涡轮内部实现测扭。目前后输出发动机常用的测扭方法主要有两种：①将测扭传感器布置在减速器传扭轴外围，传感器会直接与外界接触，容易造成传感器探头被油污包裹、外界杂质腐蚀，影响测扭精度；②在减速器内部通过斜齿轮轴向力反映到液压测扭机构上进行测扭,这种测扭方法由于要经过扭矩到轴向力再到液压压力的变化,传递较多,测扭精度也不高。

要解决后输出动力涡轮测扭功能,首要任务是解决轴抗弯刚度与抗扭刚度跟随的问题。对于传统圆柱截面涡轮轴,要实现一个大的扭转角,轴的外径必须足够细,这样就会造成轴自身弯曲刚度不足以支撑转子顺利通过临界转速。短跨距的涡轮轴要实现测扭,必须在具备足够抗弯刚度的同时有一个较小的抗扭刚度,传统圆柱截面涡轮轴无法同时实现两种要求。图 5.20 给出了一种新型的花瓣式涡轮轴结构。花瓣式涡轮轴将轴外围结构设计成不连续的均布加强筋结构,内部仍为圆柱结构。由于加强筋具有良好的抗弯性能,但加强筋结构使得轴外围结构不再连续,使得外围结构基本不承受扭矩,主要靠内部圆柱结构区域承受扭矩,从而实现一个大的扭转角。

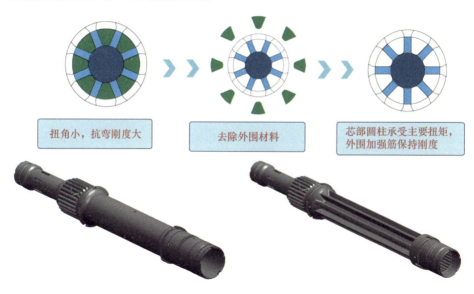

图 5.20　花瓣式涡轮轴结构示意图

为便于比较,计算了花瓣轴对轴弯曲刚度和扭转刚度的影响。从图 5.21 可以看出在仅改变花瓣轴内部圆柱直径而不改变加强筋外径前提下,可以较好地保持轴的抗弯刚度;从图 5.22 可以看出在仅改变花瓣轴内部圆柱直径而不改变加强筋外径前提下,花瓣轴可以实现与圆周截面轴一样的扭转角度。

目前花瓣式涡轮轴已在发动机上实现整机验证,通过花瓣式动力涡轮轴可以实现涡轴发动机功率后输出动力涡轮的测扭功能,从而进一步缩短发动机长度,一定程度上提升了发动机功重比,提升了发动机的外场维护性及测扭机构的可靠性。

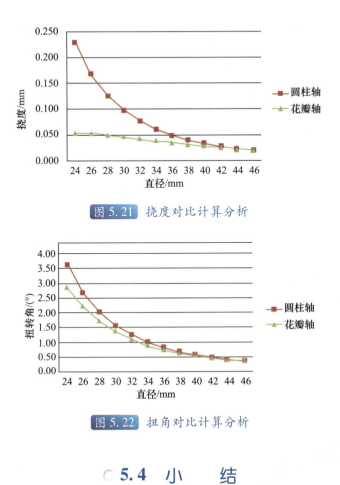

图 5.21　挠度对比计算分析

图 5.22　扭角对比计算分析

5.4　小　　结

本章从限价设计、效费权衡设计和保证长寿命、低油耗的可靠性设计三个方面对航空发动机使用经济性进行了阐述,回答了如何立足国内现有成熟材料和工艺水平,研制出性能先进的航空发动机,并具备良好的使用经济性。得到结论如下:

(1) 针对航空发动机限价设计,基于系统工程解决问题的思路,从三个维度对限价设计流程框架进行分析。对应发动机设计的三个不同阶段,分别制订了成本估算模型,形成了发动机限价设计实施方案,并从材料、工艺、结构、生产组织模式等方面开展了降成本的分析工作,实现了发动机采购成本降低的目标。

(2) 通过使用层次分析法与算术平均法等综合计算方法,建立了涡轴发动机整机效能评估模型。以大量的国外涡轴发动机费用数据与费用指标数据为基础,建立了费用估算模型。在此基础上,建立了效费权衡分析模型,为型号目标成本控制提供决策依据。

（3）从材料、工艺、结构设计等方面分析了发动机可靠性设计，从维修可达性与更换性两个方面分析了发动机维修性设计，介绍了可靠性设计和维修性设计在全疆域设计中的具体应用，并阐述了与发动机使用经济性的关系。

参考文献

[1] 张宝诚,刘孝安. 航空发动机可靠性和经济性[M]. 北京:国防工业出版社,1998.
[2] 张银锋,常文兵,肖依永,等. 基于 PCA – BPNN 的航空发动机使用经济性模型[J]. 火力与指挥控制,2011,36(4):60 – 63.
[3] 黄兆东,刘锦,吴静敏. 民用航空发动机使用经济性研究[J]. 航空发动机,2015,4(2):99 – 102.
[4] 李华文,梁春华. 航空发动机研制降低费用、缩短周期技术综述[J]. 航空发动机,2006,32(4):54 – 58.
[5] 常文兵,肖依永,黄兆东. 航空装备经济可承受性设计与管理[J]. 飞机设计,2009,29(5):46 – 49.
[6] 尹峰. 航空发动机研制费用测算方法分析[J]. 航空发动机,2013,39(3):89 – 94.
[7] 张镜洋,郑峰婴,谢业平. 轴功提取与引气一体化管控对航空发动机燃油经济性的影响分析[J]. 航空发动机,2019,45(6):9 – 14.
[8] 陈杰,周丽萍,夏商周. 航空发动机燃油与控制系统余度设计要求[J]. 设计与研究,2020,3:77 – 78.
[9] 姜彩虹. 航空发动机双余度控制规律设计方法[J]. 航空动力学报,2011,26(10):2364 – 2370.
[10] 傅强,樊丁,彭凯. 航空发动机主供油计量活门故障主动容错控制器设计[J]. 航空动力学报,2014,29(4):973 – 979.
[11] STRICKER J M. Turbine Engine Affordability[C]. AIAA,2002 – 3619,Los Angeles,2002.
[12] FISCHER J,TROHRA B,PHOENIX H,et al. Affordability Development Approach of Advanced Gas Turbine Engines for UAV Applications[C]. AIAA,2003 – 6526,San Diego,2003.
[13] SKIRA C A. Reducing Military Aircraft Engine Development Cost through Modeling and Simulation[R]. RTO – MP – 089,Paris,2002.
[14] SKIRA C A. Cost Reduction of Advanced Turbine Engines[C]. AIAA,1995 – 3024,San Diego,1995.
[15] CHARLES A. Skira. Reducing the Cost of Advanced Technology Engines[C]. AIAA,1997 – 3156.
[16] JONES M J,BRADBROOK S J,NURNEY K. A Preliminary Engine Design Process for An affordable Capability[R]. Rolls – Royce,Orlando,2002.
[17] YOUNGHANS J L,DONALDSON R M,WALLACE D R,et al. Preliminary Design of Low Cost Propusion Systems Using Next Generation Cost Modeling Techniques[J]. Journal of engineering for Gas Turbines and Power,1999,121(1):1 – 5.
[18] BAILEY M,OVERTON K. Automated Aircraft Engine Costing Using Artificial Intelligence[C]. AIAA,1990 – 1887,Seattle,1990.
[19] Paul P M,JERRY W E,ARTHUR L L. Determining the Affordability of Advanced Propulsion Systems[R]. American Technology & Services,99 – GT – 393,Indianaplis,1999.
[20] MITCHELL S,LACHAPELLE D,UFKES R,et al. Benefits of Using Cost Models to Guide Composite Frame

Designs[R]. GE,Ufkes Engineering,2015.

[21] VENTRESCA C,QUAGLIERI R. An analysis process for affordability and the relationship to cost[C]. AIAA,2002-1767,Denver,2002.

[22] 王绪智,宋太亮. 美军重视武器装备发展经济可承受性研究[R]. 北京:总装备部科技信息研究中心,2008.

[23] 胡军. 航空发动机研制成本分析[R]. 北京:中国航空工业发展研究中心,2007.

[24] 赵玉莲,高其法. 试论武器装备经济可承受性采办[J]. 军事经济研究,2002,23(4):33-35.

[25] 张耀文,刘丽. 试论美国经济可承受性采办战略及启示[J]. 指挥学报,2006,(9):33-35.

[26] 董海林,张桦. 美军装备寿命周期费用管理对我军的启示[J]. 南京政治学院学报,2007(4)58-61.

[27] 王卓健,周宜斌,刘晓东. 可承受性-控制寿命周期费用的革命[J]. 航空计算技术,2003(1):129-132.

[28] 梁春华. 战斗机发动机发展模式和研制途径分析[J]. 航空科学技术,2007(1):19-23.

[29] 李文华,梁春华. 航空发动机研制降低费用、缩短周期技术综述[J]. 航空发动机,2006,32(4):54-58.

[30] 胡晓煜. 高性能、低成本、新技术-未来军用航空发动机展望[J]. 国际航空,2005,5(5):54-56.

[31] 吴静敏. 经济可承受性——军用航空发动机发展的一项重要指标[J]. 国际航空,2010(9):47-49.

[32] 吴静敏,姚珊珊. TRIZ 理论及其在航空领域的应用[J]. 航空科学技术,2010(5):15-18.

[33] 吴静敏. 航空发动机研究和发展投资规律探讨[J]. 工程技术研究,2017(12):251-252.

[34] 吴静敏,陈治国. 新型民用飞机单机生产成本目标管控策略研究[J]. 航空财会,2020,5(4):25-29.

[35] 吴静敏,罗荣轩,刘芳. 目标价格管理在航空发动机产品中的应用研究[C]//中国航空学会第十二次发动机软科学学术会议论文集,2013:196-203.

[36] 谭云涛,郭波. 基于 CAIV 的航空发动机性能与费用的综合权衡模型框架[J]. 航空动力学报,2007,22(8):1309-1314.

[37] 过超强,李军,徐凯军. 航空发动机出厂费用的多元线性回归估算模型[J]. 工业技术创新,2021,8(1):130-135.

[38] 刘锦,张海涛. 航空发动机研制费估算工作的现状与展望[J]. 航空发动机,2014,44(1):75-78.

[39] 乔楠,吴静敏. 无人机系统按费用设计体系顶层框架研究[J]. 航空财会,2020,2(6):22-29.

[40] 彭慧兰,舒杰,葛宁. 涡桨发动机总体性能优化设计[J]. 航空发动机,2018,44(5):31-36.

[41] 于宏军,刘启国,唐伟,等. 用完整性规范我国民用航空发动机研制[J]. 航空标准化与质量,2019(2):3-7.

[42] 张宝诚. 航空发动机可靠性和经济性[M]. 北京:国防工业出版社,1998.

[43] 金向明,高德平,赵艳云,等. 基于可靠性增长预测模型的航空发动机可靠性评估[J]. 航空动力学报,2010,25(6):1335-1339.

[44] 洪杰,王大伟,马艳红. 航空发动机可靠性评估中故障样本时效性分析[J]. 北京航空航天大学学报 2009(12):1464-1467.

[45] 王华伟,高军,吴海桥. 基于贝叶斯模型平均的航空发动机可靠性分析[J]. 航空动力学报,2014,29(2):305-313.

[46] 刘魁,刘婷,魏杰,等. 数字孪生在航空发动机可靠性领域的应用探索[J]. 航空动力,2019(4):61-61.

[47] 孙见忠,易杨,文洪,等. 航空发动机寿命维修概率建模与仿真[J]. 航空动力学报,2022,37(3):573-588.

[48] 余索远,包幼林,行峰涛,等. 一种具测扭功能的紧凑型涡轮轴结构:20210491445[P]. 2021-07-23.

[49] 余索远,包幼林,曾飞,等. 一种燃气涡轮单元体结构:202110945097[P]. 2021-11-16.
[50] 包幼林,李平君,张立章. 一种发动机转子动力学设计方法:202111561258[P]. 2021-05-03.
[51] 李丹,李景山,徐鸣,等. 航空发动机可靠性综述[J]. 电子产品可靠性与环境试验,2021(1):117-122.
[52] 孙博,王东,吕春光,等. 提高发动机总体结构稳健性技术研究[J]. 航空动力,2018(2):24-26.
[53] 车畅畅,王华伟,刘伟. 基于深度信念网络的航空发动机维修等级决策[J]. 2018,33(6):1528-1536.
[54] 蔡景,左洪福,王华伟. 基于成本的民用航空发动机维修方案优化研究[J]. 2007,26(2):1-5.
[55] 张智华. 民用航空发动机大修成本优化研究[D]. 天津:国民航大学,2016.
[56] 徐小芳,高雅娟,武红姣. 基于试飞数据的航空发动机维修性分析优化技术研究[J]. 2020(8):60-63.
[57] 向巧. 航空发动机维修工程管理[M]. 北京:机械工业出版社,2013.
[58] 陈志英,陈光. 航空发动机维修性工程[M]. 北京:北京航空航天大学出版社,2013.

第 6 章
全疆域设计试验验证与展望

前几章介绍了全疆域设计的内涵、必要性及三维度设计方法,解决了全疆域航空发动机如何设计的问题。本章对全疆域设计试验验证情况进行了总结,证明了方法的有效性和先进性,最后对全疆域设计技术的应用前景和发展方向进行了展望。

6.1 全疆域设计试验验证

以某涡轴发动机为集成验证平台,从环境空域特性、环境使用功能、使用经济性三个维度,通过整机或零部件试验,验证了发动机典型工况性能,在高原高寒环境下发动机起动可靠性,在沙尘环境下发动机依靠自主防沙系统满意工作的能力,在结冰环境下发动机依靠高效防冰系统的综合性能,在强电磁干扰环境下发动机的抗战能力,在海洋环境下发动机的腐蚀防护能力;通过建立数学分析模型,分析了发动机的成本和效费比水平,验证了发动机的使用经济性。验证结果证明了发动机具备全空域性能保持能力、全天候环境适应能力、全寿命经济承受能力。全疆域设计试验验证情况如图 6.1 所示。

6.1.1 环境空域特性设计验证

在某涡轴发动机设计过程中,充分考虑了装机对象在典型平原、高原、海洋、舰载环境下的作战任务需求,选取了海平面、静止、最大状态,典型高原高温环境下 ($H = 4500\text{m}, \text{ISA} + 25℃$) 最大状态及海平面、35℃的高温天和满足防沙要求作为多设计点。通过采用"同步多点设计、两点工况验证、一条共同工作线修正"的总体性能设计技术,并结合宽广高效区域压气机设计、宽广空域燃烧室设计、高性能高温无冷却燃气涡轮设计和宽广高效区域动力涡轮设计,有效保证了发动机典型工况点的性能,解决了多约束条件下发动机的平原性能、高温性能和高原高温性能等综合设计难题,避免了出现"平原型发动机""高原型发动机"和"海洋型发动机"。

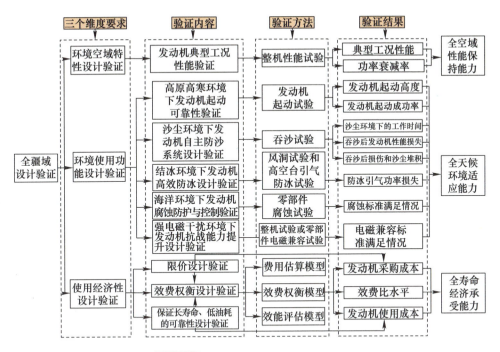

图 6.1　全疆域设计试验验证情况

该发动机整机性能试验结果表明,发动机典型工况性能均满足指标要求且达到世界先进水平。与某第四代涡轴发动机相比,该发动机地面台架耗油率低 1.1 个百分点,典型高原高温环境下耗油率低 5.6 个百分点。此外,该发动机典型高原高温环境下功率衰减率仅为 39% 左右,远低于国内外先进涡轴发动机相同参数数据,破解了吸气式发动机随着海拔和温度增加功率衰减过快的设计技术难题。

6.1.2　环境使用功能设计验证

1. 高原高寒环境下发动机起动可靠性设计验证

采用"双油路离心燃油喷嘴匹配旋流杯式涡流器"的燃油雾化技术及全尺寸回流区技术,最大限度拓宽回流燃烧室的点火边界;基于多目标优化算法对发动机转子进行综合优化,优化后转子质量减轻 15%,转动惯量降低 12%,提高了全疆域环境下发动机起动的可靠性。通过发动机起动与再起动、海平面高低温起动和高原起动试验对起动可靠性进行验证,试验结果表明空中再起动高度达到 10000m,且 -40℃ 条件下点火成功率 100%,证明了发动机良好的起动性能,大幅提升了直升机野外作战生存力,起动曲线如图 6.2 和图 6.3 所示。

同时,针对转子轻量化设计后的强度、寿命可靠性问题,通过结构完整性试

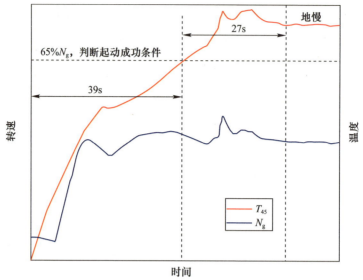

N_g—燃气发生器转速；T_{45}—燃气涡轮出口温度。

图 6.2　10000m、-40℃条件下,起动曲线

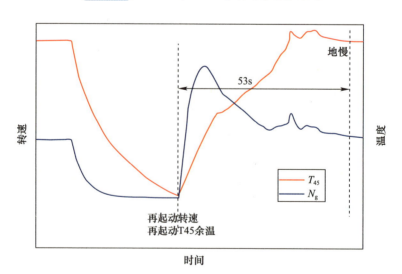

图 6.3　10000m、-40℃条件下,再起动曲线

验和整机试验进行考核。发动机各转子均通过了超转、破裂以及低循环疲劳试验考核,发动机整机已完成150h持久试验、1000h首翻期寿命试验和整机2000次低循环疲劳试验,充分验证了发动机结构强度设计合理性及极限条件下的工作可靠性。

2. 沙尘环境下发动机自主防沙系统设计验证

综合采用压气机自主防沙叶片设计、燃烧室沙尘收集腔设计、适应重沙尘环境的燃气涡轮设计以及空气系统设计,实现了不带粒子分离器的发动机能够在沙尘环境下自主防沙。为了验证发动机自主防沙系统设计的有效性,发动机按GJB 242A要求完成了吞粗沙和吞细沙试验,通过沙尘环境下的工作时间、吞沙后性能损失程度、及吞沙后零部件损伤程度和沙尘堆积情况进行有效性综合分析。

吞沙试验中,沙尘的沙粒夹杂物由石英砂组成,具体粒度构成分别见表6.1和表6.2。发动机无粒子分离器,试验用沙尘的浓度为0.053g/m^3。当发动机的进气沙尘浓度为0.053g/m^3时,吞沙设备的沙尘流量理论值为1001.66g/h。通过调试吞沙设备,使得吞沙设备以1020g/h的投沙速度进行连续均匀投沙,误差为±1.8%。调试完毕后,安装喷沙环至发动机进气口。

表6.1 粗沙颗粒尺寸分布表

颗粒尺寸/μm	质量百分比
900~1000	1~2
600~900	2~5
400~600	11
200~400	36
125~200	28
75~125	15
0~75	3~7

表6.2 细沙颗粒尺寸分布表

颗粒尺寸/μm	质量百分比
40~80	9±3
20~40	18±3
10~20	16±3
5~10	18±3
0~5	39±2

从沙尘环境下工作时间和吞沙后的性能损失来看,发动机先后完成了5h吞粗沙和11h吞细沙试验。发动机不带粒子分离器工作,沙尘粒子浓度是带粒子分离器发动机的10倍。尽管吞沙后发动机性能有一定的损失,但是发动机及其附件在规定条件的最大连续功率状态下能够继续工作,吞咽粗沙和细沙后其功率损失和耗油率增加均低于规定值,并且不影响功率瞬变的能力。相比国外先进的GE38发动机,其在重度沙尘环境下,仅工作21min就失去工作能力,说明

本发动机的防沙能力要显著好于 GE38 发动机。

同时,从吞沙后零部件损伤程度和沙尘堆积情况来看,吞细沙未造成涡轮叶片烧蚀,也未产生沙尘进入轴承腔、污染滑油、磨蚀轴承的情况出现,也未发现沙尘熔化于燃烧室排出的燃气中并沉积在第一级涡轮导叶上。吞沙后压气机一级叶片盘前缘有沙粒冲蚀引起的损伤,尤其是叶尖部分,尽管压气机一级叶片盘前缘进行了防沙尘冲蚀设计,仍不可避免地有损伤。但相对于其他发动机,该处的损伤程度已相对较小,从图 6.4 中对比情况来看,本发动机和某带粒子分离器的发动机在相同时间的吞沙试验后,压气机一级叶片盘损伤程度相当。吞沙试验后燃烧室头部挡板内有一层沙尘堆积,燃烧室挡板内积沙情况如图 6.5 所示,验证了燃烧室的自主防沙设计的有效性。吞沙试验后燃气涡轮一级导叶前缘有起皮现象,但无烧蚀、裂纹和掉块现象。某带粒子分离器发动机在相同的吞沙时间内,可以看出其表面有较多集沙,且有堵塞冷却孔的情况,燃气涡轮一级导向器损伤对比情况如图 6.6 所示。

(a) 本发动机

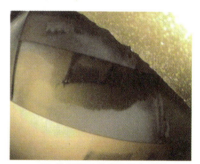
(b) 某带粒子分离器的发动机

图 6.4 吞沙试验后压气机一级叶片损伤对比

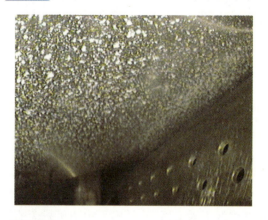

图 6.5 吞沙试验后燃烧室挡板内积沙情况

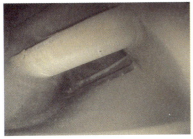
(a) 本发动机

(b) 某带粒子分离器的发动机

图 6.6 吞沙试验后燃气涡轮一级导向器损伤情况

吞沙试验后分解检查表明,发动机无即将破坏的迹象。试验表明发动机包括所有附件在内,在空气中含沙尘浓度为 0.053g/m^3 的地面环境条件下,具备在整个工作范围内满意工作的能力。

3. 结冰环境下发动机高效防冰设计验证

采用紧凑高效双流路掺混引气防冰系统设计,解决了小功率状态时引气温度偏低导致防冰能力不足、大功率状态时引气温度偏高而影响进气装置选材的问题,较好地兼顾了各功率状态的防冰需求热量与供给热量平衡。

通过风洞试验和高空台引气防冰试验对发动机高效防冰设计进行验证。防冰活门的混合气流实测温度范围为 66~209℃,同时兼顾热气防冰能力与轻质铝合金材料承温能力的要求。常温风洞加热试验件如图 6.7 所示,结果表明,计算数据与试验数据较为吻合,后续将进一步开展防冰风洞验证。在高空台完成了防冰引气试验,打开防冰,发动机气动性能稳定,工作正常。防冰引气导致的功率损失如图 6.8 所示,图中 B 点的功率相对于 A 点损失为 3.6%,远小于国军标规定的值。

(a) 紧凑的双流路掺混防冰活门

(b) 进气装置常温风洞加热试验件

图 6.7 常温风洞验证试验件

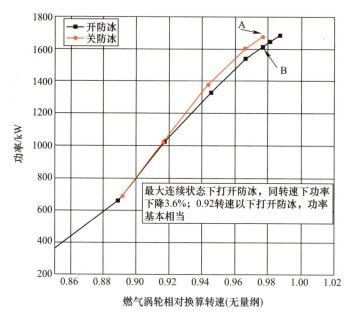

图 6.8 开防冰引起对功率的影响

4. 海洋环境下发动机腐蚀防护与控制验证

从材料选用和结构防腐设计两方面对发动机进行腐蚀防护和控制,通过零部件腐蚀试验对其有效性进行验证。共完成了 7 万多小时零部件腐蚀与防护控制试验,包括 12 种金属材料酸性烟雾试验,16 种金属材料酸性大气试验,1 种金属材料及 10 种非金属材料霉菌试验,6 种金属材料及 10 种非金属材料湿热试验,4 种金属材料涂盐热腐蚀试验,23 种连接件酸性烟雾、酸性大气及湿热试验。试验项目及要求见表 6.3。

表 6.3 腐蚀防护与控制试验项目及要求

序号	试验名称	参考标准	试验方法	适用考核对象	试验时间
1	盐雾试验	GJB 150.11A—2009《军用装备环境试验方法盐雾试验》	(1) 盐雾沉降率:1~3mL/(80cm²·h); (2) 试验周期:4 个循环(24h 喷雾+24h 干燥,为 1 个循环); (3) 溶液 PH 值:3.5±0.5	外露件、冷端流道件的零件和典型连接件	4 个循环(192h)

续表

序号	试验名称	参考标准	试验方法	适用考核对象	试验时间
2	湿热试验	GJB 150.9A—2009《军用装备环境试验方法湿热试验》	(1) 试验以 24h 为一个周期，试验温度为 60℃ (8h)、30℃ (8h)，相对湿度>95%； (2) 试验时间:15 个循环	外露件、冷端流道件的零件和典型连接件	15 个循环(360h)
3	霉菌试验	GJB 150.10A—2009《军用装配实验室环境试验方法霉菌试验》	(1) 周期: 28 天； (2) 试验温度: (30±1)℃； (3) 相对湿度:95%±5%； (4) 菌种：GJB 150.10A—2009 中菌种	外露件、冷端流道件的非金属和有机涂层的零件	28 天
4	酸性大气试验	GJB 150.28—2009《军用装备实验室环境试验方法第 28 部分:酸性大气试验》	(1) 喷雾时间:2h； (2) pH 值:3.5±0.5； (3) 贮存时间:22h； (4) 循环次数:3 次	外露件、冷端流道件的零件和典型连接件	3 个循环(72h)
5	燃气热腐蚀	HB 7740—2004 燃气热腐蚀试验方法	(1) 试验温度选择热腐蚀敏感温度区（如 740~980℃）或使用温度； (2) 采用冷热交变方式即保温 55min、冷却 5min，人造海水浓度为 20μL/L、流量为 0.2L/h	热端部件的零件级试样	100h
6	涂盐热腐蚀试验	HB 20401—2016 涂盐热腐蚀试验方法	(1) 试验所用盐由 5% NaCl +95% Na_2SO_4 组成，沉积量为(30±5)g/m^2； (2) 试验温度为使用温度或材料的高温腐蚀敏感温度区间(500~980℃)； (3) 将试样在试验温度中保温 20h 后取出冷却，水洗去除表面盐，干燥后称量，然后重新涂盐进行下一个试验周期，共 5 个周期	热端部件的零件级试样	100h

试验结果满足 GJB 150.11A—2009《军用装备环境试验方法盐雾试验》、HB 7740—2004《燃气热腐蚀试验方法》及 HB 20401—2016《涂盐热腐蚀试验方

法》相应要求,结果表明材料及涂层均具有所要求的抗腐蚀能力。后续将进行整机的抗腐蚀性试验,验证发动机在盐雾空气条件下工作,或在盐雾空气中暴露后,具备满意工作的能力,并不损害其耐久性及使用寿命。图 6.9 为一典型腐蚀试验的试验情况,由于腐蚀试验较多,限于篇幅,在此不列出所有腐蚀试验的试验情况。

图 6.9　腐蚀试验

5. 强电磁干扰环境下发动机抗战能力提升设计验证

采用带机械液压备份功能的全权限数控系统满足强电磁干扰军事对抗需求;采用双步进电机控制,实现燃油流量精确控制和压气机导叶精细调节,提升控制品质,增强系统抗燃油污染能力;电子控制器采用双数控通道 + 独立超转保护模块,在产品箱体材料和结构、电路设计等方面重点考虑了耐海洋环境和抗复杂电磁环境干扰问题。

在整机上进行了验证,模拟在强电磁干扰导致数控系统失效的情况下,发动机能够自动转换到机械液压备份工作,保证装备安全使用。同时,模拟在发动机发生故障时,验证了采用步进电机控制进行导叶位移锁定和燃油流量锁定的功能。

另外,在电磁兼容性试验方面,对发动机电子控制器、燃油泵调节器、燃油分配装置、监控电缆等多个附件组成系统开展了动态运行状态下的电源线传导发射测试、磁场辐射发射测试、电场辐射发射测试等多项试验。

在电磁兼容性试验前,数控系统各个部件按 GJB 358 要求分别通过搭铁线、导电胶带或金属安装支架搭接至测试桌面。根据电磁兼容性试验特性,系统电磁兼容性试验分为发射类测试试验和敏感度类测试试验两大类。

在开环模式下开展 CE101、CE102、CE107、RE101 和 RE102 等发射类试验项目,在闭环模式下开展 CS101、CS106、CS112、CS114、CS115、CS116、RS101 和 RS103 等敏感度类试验项目。根据不同的测试项目系统运行于不同的工作模式。

按试验要求完成了规定的电磁兼容性试验项目,试验结果全部满足 GJB 151B 指标要求。在装机后全机电磁兼容检查中进一步检验发动机的电磁兼容能力。

6.1.3 使用经济性设计验证

通过制定成本估算模型,形成了发动机限价设计实施方案。采用成熟材料、成熟工艺和成熟成附件技术的研制思路,成熟材料的冶炼工艺成熟、性能稳定性好、力学性能的可靠性高,可以节省材料研制费用,降低材料采购成本;采用成熟工艺,能够降低废品率,零件合格率高,可以降低加工和装配成本;成附件 60% 以上采用成熟产品,其余也是在原有的基础上进行改型,具有良好的继承性,降低了成附件研发成本,并且成附件的可靠性高,缩短了研制周期和试验费用。另外,采取零部件结构简化设计降低加工成本,成附件竞争择优采购,发动机生产双总承模式,进一步降低了发动机采购成本。通过上述措施开展了发动机限价设计,实现了采购成本降低 20% 的目标。

依次建立了整机效能评估模型、费用估算模型、效费权衡分析模型,选取效费水平较好的型号作为基准型号,进行效能与研制费用、生产费用和使用保障费用的针对性权衡分析,得到目标型号的成本临界值,在此基础上,为型号目标成本控制提供决策依据,从而确定了发动机合理的目标成本。

从材料、工艺和结构设计等方面采取措施,合理地进行选材,综合权衡材料性能、载荷和使用环境,摸清材料性能成熟度和寿命件的工作状态,结构上注重细节设计,认真地考虑降低应力集中、截面均匀变化、高应力区的合理布局、避免偏心等各种设计问题,实现发动机的保证长寿命的可靠性设计,同时通过环境空域特性实现发动机低油耗设计。在满足发动机性能指标的同时,通过单元体设计提高发动机的维修可达性与更换性。发动机的可靠性高、维护性好,从而降低了发动机的使用成本,提高了发动机的使用经济性。

6.2 全疆域设计展望

航空发动机全疆域设计方法和相关技术还在不断地发展中,其内涵也必将随着技术日新月异的发展得到极大丰富。本书主要从深度和广度两方面对全疆域设计进行了展望。深度方面主要是针对前面提到的全疆域设计技术如何做得更好、更深入、更完善。广度方面主要是如何将全疆域设计在更多类型发动机上进行推广。

6.2.1 深度方面展望

前面提到的全疆域设计技术可以在应用中进一步得到完善。另外,随着需求的提高和技术的发展,新的技术也可以补充到全疆域设计方法中。下面主要从环境空域特性设计、环境使用功能设计和使用经济性设计三个方面对全疆域设计深度方面展望进行阐述。

1. 环境空域特性设计方面

针对环境空域特性设计,在第 3 章中介绍了全疆域设计的相关技术,主要包括"同步多点设计、两点工况验证、一条共同工作线修正"的总体性能设计技术、宽广高效区域压气机设计技术、宽广空域燃烧室设计技术、高性能高温无冷却燃气涡轮设计技术以及宽广高效区域动力涡轮设计技术。下面主要针对这些相关技术,分析其不足之处,提出进一步改进的措施,并指明后续的发展方向。

在总体性能设计方面,随着设计工况、设计状态要求数量的增加,多设计点组成的非线性方程组求解收敛变得更加困难,对复杂构型或设计点需求较多的发动机循环参数寻优计算,需进一步解决多设计点非线性方程组收敛性的问题。同时,实际发动机循环参数设计是一个复杂的迭代过程,考虑的使用需求越全面,设计规则越完整,越能真正快速地得到符合实际情况的最优循环参数组合。这就需要将部件相关设计规则、试验结果与设计参数的关系进行总结归纳,建立完整全面的设计数据库或经验关系式,将这些设计规则作为循环参数设计的约束方程,求解的循环参数才能更加符合设计需求。

在压气机设计方面,随着未来全疆域航空发动机热力循环参数和设计要求的不断提高,为有效提升发动机在全疆域环境下的性能,压气机部件不仅需要具有宽广高效率区域,同时还要关注部件尺寸重量、稳定工作裕度等指标,即压气机将朝着更高负荷、更高效率、更宽裕度方向发展。在高负荷设计前提下,为提高压气机效率,还可以采用的先进技术有:基于智能优化算法的不同维度(一维/二维/三维)优化设计、间隙精细化设计、全三维反设计、复合弯掠设计、轮毂修型、串列叶片等;为拓宽压气机稳定工作范围,还可以采用的先进技术有:先进机匣处理设计、可转导/静叶调节规律精细化设计、级间匹配优化设计等。此外,在沙尘环境下,压气机尤其是进口级会由于叶片磨损导致性能剧烈衰减,为进一步改善压气机自主防沙能力,除了提升压气机进口级抗外物损伤能力之外,还可开展考虑外物损伤的压气机进口级性能保持设计技术研究。

在燃烧室设计方面,针对防积炭设计技术,随着航空发动机热力循环参数和设计要求的不断提高,要求燃油喷嘴在更高进气温度和更长工作时间内能够可靠工作,不产生危害燃烧室正常工作的积炭和结焦。一方面,可借助增材制造等先进工艺实现燃油喷嘴内部复杂的热防护结构设计,优化隔热间隙,进一步提高燃油喷嘴的热防护能力;另一方面,在燃油喷嘴内部采取喷涂隔热涂层、填充隔热材料以及采用液体吸热冷却等也是进行燃油喷嘴热防护设计的重要方向。针对贫油熄火边界拓宽技术,随着燃烧室温升和设计要求的不断提高,要求燃烧室能够在更宽广的范围内稳定工作。拓宽燃烧室稳定工作范围的主要方向是改进燃烧室头部的燃烧组织方式,如可以采取多级旋流燃烧、分区供油燃烧、分级分区燃烧等燃烧室方案等来拓宽火焰稳定边界。针对火焰筒冷却设计技术,未来主要从火焰筒冷却结构、火焰筒材料和火焰筒涂层三个方向进行发展。在火焰筒冷结构上,随着增材制造技术的成熟使得成型孔冷却等各种复杂冷却结构成为可能;在火焰筒材料上,能够耐更高工作温度的氮化物强化合金和陶瓷基复合材料是火焰筒材料的发展方向;在热防护涂层方面,组合氧化钇稳定氧化锆(YSZ)是目前应用最广泛的热障涂层材料,但这种材料在1250℃以上长期使用会发生相变和烧结,为进一步提高涂层的耐温能力,多元稀土氧化物掺杂ZrO_2、$A_2B_2O_7$型烧绿石和萤石结构化合物、磁铅石型结构化合物和石榴石型化合物等是有前景的热障涂层陶瓷层候选材料。

在涡轮设计方面,为满足发动机成本、工艺性以及后续功率拓展的需求,全疆域涡轮设计技术选取的技术指标仍有提高的余地:①在满足重沙尘环境使用条件下热力循环参数仍有一定的提升空间;②涡轮部件仍有较多的新技术、新材料未能验证。首先,燃气涡轮工作叶片通过改为多腔径向回流冷却设计,同时采用热障涂层、石墨烯涂层等先进涂层技术,发动机涡轮前温度仍可提高100~150K,进一步降低发动机的耗油率、提高功重比;其次,涡轮非轴对称端壁设计、一体化过渡段设计等技术在国际先进发动机中已得到了应用,全疆域涡轮设计中也开展了大量的研究,但受限于进度仍未进行相关试验验证。其中,燃气涡轮采用非轴对称端壁后可提高约0.3%的涡轮效率,涡轮部件采用一体化过渡段后可缩短15~25mm的轴向长度;再次,钛铝合金叶片、陶瓷基外环等先进材料在涡轴发动机中已得到了部分验证,也可用于全疆域涡轮设计。在后续的研究中,通过开展冷却叶片、热障涂层、一体化过渡段等相关试验验证以及钛铝合金叶片、陶瓷基外环等研究,全疆域涡轮设计技术成熟度将得到进一步的提升,应用该技术的涡轮将具有更高的效率及更低的质量。

2. 环境使用功能设计方面

针对全疆域环境下对发动机起动可靠性的要求,在第4章中介绍了发动机起动与燃烧室点火匹配设计的方法以及拓宽燃烧室点火边界的方法,从而提高了发动机的起动可靠性。燃烧室点火是一个非常复杂的过程,它不仅受到燃烧室本身气动性能和结构的影响,还受外界各种因素的影响和制约,改善燃烧室的点火性能应该从燃烧室本身的气动设计、点火装置参数、点火装置类型以及点火装置的位置等方面综合考虑。未来发动机需适应更高速域和更宽空域的使用场景，要求燃烧室能够在更低环境温度、更低环境压力和更高进口气流速度的条件下实现可靠点火。一方面，可以借助先进的光学诊断方法进一步优化燃油喷嘴和涡流器局部细节结构，提高燃油雾化性能，优化火焰筒内流场结构和油雾分布，进而改善燃烧室点火性能；另一方面，采用新型点火方式也是提高燃烧室点火可靠性的重要发展方向，如激光点火和等离子点火等。激光点火不受安装位置的影响，能够实现火焰筒内任意位置点火，从而允许在主燃区中最有利于点火的位置准确定位点火。有研究结果表明与传统点火方式相比，激光点火的点火边界要宽很多。等离子体点火是指利用等离子体的高温、射流及带有活性粒子等特性对燃料点火，相比常规点火，其点火能量显著提高，能够拓宽燃烧室的点火边界，缩短点火时间。

针对全疆域环境下对发动机起动可靠性的要求，在第4章中采用基于多目标优化算法的发动机转子综合优化方法减轻转子重量，从而提高了发动机的起动可靠性。在优化设计中，当设计变量较多时，提高寻优效率对于找到可行的优化解是很重要的。提高寻优效率的措施主要有两种：①采用高效的优化算法；②采用降维或代理模型缩短高精度仿真计算的时间。智能优化算法有很多种，比较常见的有遗传算法、模拟退火算法、粒子群算法、禁忌搜索算法、蚁群算法等。近年来，智能算法层出不穷，新的算法或已有算法的改进形式不断出现，但是每种算法都有其适用范围，因此需要找到适合航空发动机转子优化的算法。降维和代理模型也有很多种，降维可分为线性降维和非线性降维两类，代理模型有基于试验设计的代理模型和基于加点策略的代理模型两类，并且针对特定的工程问题，有许多改进形式或组合方法。后续主要针对航空发动机转子优化的特点，进一步完善相关的优化算法、降维方法、代理模型等技术，从而更高效地得到优化解。除了采用优化的方法减轻质量外，还可以采用一些轻质的材料，包括钛铝合金、复合材料等。钛铝合金的比强度、比刚度和比弹性模量都很高，不仅能够满足严苛的力学性能要求，还能进一步降低发动机的重量。目前，钛铝合金材料的温度做不到太高，一方面，需要通过新的冶金技术，发现新的配方，提高钛铝合金的耐热性能；另一方面，开发在钛铝合金材料表面涂耐高温涂层的技术，来解决耐热的难题。采用钛铝合金材料，可实现涡轮叶片和涡轮盘的大幅减重。复合材料在比强度和比刚度上具有优势，采用复合材料代替传统的金属材料是减轻发动机重量的有效方法和手段。其中，陶瓷基复合材料具备重量轻、硬度高、耐高温、抗腐蚀等特性，可以应用于高压压气机叶片、高压和低压涡轮盘及叶片等热端部件。陶瓷基复合材料构件质量通常为镍基高温合金构件质量的

1/4~1/3，可显著降低核心机转子的重量。随着钛铝合金材料和复合材料技术的成熟，有望大幅降低核心机转子的重量，显著提升发动机起动可靠性。

针对全疆域环境下对发动机防沙的要求，在第4章中通过自主防沙设计实现了不带粒子分离器的涡轴发动机在沙尘环境下满意工作。在压气机设计中采用了强韧性叶片前缘设计，并集成采用了喷丸、激光强化、抗冲蚀涂层等技术。目前，喷丸强化的主要缺点是由弹丸高速撞击及飞溅导致的工件表面粗糙度偏高，形成非均匀的表面残余压应力，同时易引起表面塑性变形从而带来性能的衰减；激光强化存在的不足是非连续激光冲击作用导致的表面粗糙度高，冲击搭接区域存在应力集中，狭窄受限空间难达，加工成本较高且工艺控制难度大；抗冲蚀涂层目前成熟度偏低，有待进一步应用验证。后续的发展方向是，一方面继续通过工艺攻关、试验验证以减少上述不足带来的影响；另一方面采用一些国内新兴的技术，如水射流强化技术(waterjet peening，WJP)。WJP具有强化后叶片表面粗糙度低、受限空间可达性高、无热影响区、操作简便及绿色环保等诸多优势，在一定领域内逐渐成为可替代喷丸、激光冲击的表面强化技术。采用该技术有望进一步提升压气机叶片抗沙尘冲蚀能力。在燃烧室设计中介绍了燃烧室内的沙尘分布特点和利用沙尘惯性气动分离并收集沙尘的方法。为进一步提高燃烧室防沙尘的能力，后续的发展方向是，一方面继续开发沙尘分离新结构，如在燃烧室内设计沙尘分离环，火焰筒气膜孔采取逆向进气设计以及采取防沙尘堵塞气膜孔型和孔径设计等；另一方面需要开发燃烧室复杂环境条件下细微颗粒堵塞和沉积的高置信度、高效的仿真计算方法。另外，开发能够阻止沙尘在火焰筒表面及气膜小孔表面黏附的涂层也有助于缓解沙尘对燃烧室的不利影响。涡轮防沙主要关注因沙尘堵塞内部冷却通道而导致的热端部件冷却失效，该问题对发动机的安全性危害直接、巨大。涡轮的防沙设计主要从防积沙、防堵孔等方面开展。燃气涡轮工作叶片采用实心叶片加叶尖减重槽结构形式，避免了堵孔。燃气涡轮导向器采取冲击加尾缘劈缝的冷却方式，重点考虑尾缘劈缝开口的设计，便于沙尘顺利排出，并在燃气涡轮导向器内腔对应位置，开设通气孔，防止沙尘在叶片内腔的堆积问题。后续将继续优化尾缘劈缝的开口形式及导向器内腔通气孔的布置，在涡轮盘的盘腔结构设计过程中，对容易积沙的位置进行优化设计，如对挡板篦齿处结构进行重点考虑，防止出现内凹结构，通过上述措施有效防止导向器及涡轮盘腔内部的积沙问题。针对沙尘堵塞内部冷却通道的问题，当前主要采取清洁空气系统引气、适当增大冷却通道尺寸等措施，并取得了较佳效果，但缺乏对沙尘运动轨迹的精确分析。随着多相流(CFD)技术的发展以及高性能计算机资源的普及，有望开展整机层级的沙尘在主气流、空气系统的运动轨迹分析，获取详细的沙尘流动特性规律，从而进一步提升发动机的防/除沙设计水平。近年来,航空发动机尤其涡轴发动机的涡轮工作叶片外表面沙尘沉积而导致的熔盐热腐蚀问题也引发关注,其导致涡轮工作叶片外表面逐渐剥落,进而导致发动机性能衰减。该问题与沙尘颗粒直径、沙尘盐碱含量、燃气温度、叶片涂层材料、离心力等因素有关,作用机制极其复杂,仍有待进一步解决。此外,国外先进航空发动机公司如 GE 公司最新的 T901 发动机也包含多种防沙设计特性,如改进的防侵蚀技术,提高压气机抗打伤能力,采用先进的进口粒子分离器和冷却孔成型技术,在进行航空发动机全疆域设计时也可以借鉴这些先进的技术。

针对全疆域环境下对发动机防冰的要求,在第 4 章中提出了紧凑高效双流路掺混引气防冰系统设计技术。航空发动机的服役环境十分复杂,这对发动机内部主流道表面的防冰设计提出了较高的要求。传统的热气加热方式虽然可以有效地去除发动机内部主流道表面的结冰,但也存在能耗大的问题,对航空发动机的输出功率产生一定的负面影响,因此降低能耗是防冰技术的重要方向。一方面,发展智能化防冰技术,通过采用结冰探测器对主流道易结冰区域进行实时监控和采用微型温度传感器对防冰关键区域进行温度监控,控制系统根据获取的结冰情况自动判断防冰系统是否需要热气供给,以及获取的温度数据来调节防冰活门开度,实现对发动机内部主流道防冰恰到好处的精准控制,避免发动机过度防冰或者防冰能力不足的问题;另一方面,受荷叶超疏水特性启发,以及针对航空发动机恶劣的服役环境,探索兼具热气防冰与疏水除冰的复合防除冰技术,通过对疏水表面进行结构优化和适当提高疏水表面温度,使得附着在疏水表面的小气囊不被破坏并保持表面低黏附状态,从而有效提升疏水涂层的使用寿命。

针对全疆域环境下对发动机防腐的要求,在第 4 章介绍了材料选材、结构设计等防腐设计及防护措施。由于发动机面临的服役环境愈加恶劣,发动机的使用环境和保障条件都将面临较大程度的改变,亟需针对发动机预期服役地区环境特点,开展相应的试验方法研究工作。目前,国内发动机环境试验与研究工作多采用单项标准试验的方法,缺乏对工况环境下多因素交互/耦合损伤效应的充分认识,尤其是在一些恶劣复杂环境下,如热带海洋性高温、高湿、高盐雾、强太阳辐射环境,其环境损伤影响效应更为严酷,无论对于发动机服役安全还是经济使用,都需要有针对性地结合使用实际工况环境特点来开展相应的环境试验工作,对环境条件进行适当剪裁,综合利用自然环境试验、实验室环境试验、使用环境试验开展发动机的环境试验工作,完善现有发动机环境试验考核体系,形成系列的试验评价方法、规范、标准。围绕新时代装备"高可靠、长寿命、多域部署、快速迭代及高质量发展"的需要,亟需结合我国装备在论证、研制、生产、使用、维护等不同阶段需求特点,开展符合新时代要求的腐蚀防护全链条技术、方法、硬件、软件及标准的研究工作,加强体系化解决问题的能力。未来针对航空发动机环境适应性问题,围绕环境因素及装备环境效应原位实时感知评估,开发以传感分布为核心,以视觉及无损检测为辅助,以数据分析及仿真软件应用为抓手的全链条技术,为装备环境适应性设计、防护策略制定、检查预警、维护维修、寿命评估等工作提供数据、方法和工具指导。

针对全疆域环境下对发动机抗电磁干扰的要求,在第 4 章中采用了机械液压式备份控制、双步进电机电控调节、抗电磁干扰控制器设计等技术。由于电子对抗技术的不断发展,未来战场上针对飞行器及其航空发动机的电磁干扰武器能量越来越高、频带越来越宽,对航空发动机而言,使其关键的控制系统直接失效,是电子对抗的重要目的。因此,航空发动机控制系统需进一步提高抗电磁干扰能力。机械液压式备份控制方式可以完全对电磁干扰技术免疫,因此设置机械液压式备份控制系统可以极大地提高航空发动机的安全性。但是,相对于数字电子控制方式来说,重量偏大、控制灵活性偏低。在以数字电子控制方式为主的情况下,未来在机械液压式备份控制技术发展上,主要的努力方向为如何进一步提高集成度、减轻重量。同时,随着数字电子控制技术的进一步革新,基于光电等技术的发展,关键的控制传感器采用如光纤传导等完全抗电磁干扰的信号传输和处理手段,发展基于分布式控制技术的双节点或多节点控制技术,增强系统冗余备份能力,能够极大地提高任务可靠性。

全疆域发动机要求能在各种复杂自然环境和恶劣天气下安全可靠工作,具有起动可靠、防沙、防冰、防腐和抗强电磁干扰等工作能力。除了这些环境使用功能以外,随着技术的发展和航空发动机环境适应能力要求的提高,智能发动机主动控制技术、健康管理技术、发动机隐身技术、减排和降噪技术等有望也包含到环境使用功能设计中,进一步拓展其内涵。

智能发动机主动控制技术和健康管理技术旨在进一步提高发动机环境适应能力和生存能力,依靠传感器数据和专家模型全面掌握发动机或部件的工作环境和发动机状态,实现发动机性能和状态的主动和自我管理,为发动机提供状态监控、故障诊断、趋势预测、寿命管理及决策支持等功能的重要系统,是保持发动机完好率、可用率,提高维修保障效率,降低使用保障成本,提高发动机使用经济性的重要支撑。

隐身性(即低可探测性)是先进战斗机的重要特点,其中雷达隐身和红外隐身是两个重要的方面。涡扇发动机是作战飞机的主要动力,其进/排气系统是重要的雷达散射源和红外辐射源。发动机实现隐身,即降低进/排气系统的红外和雷达特征,是战斗机实现隐身的重要前提。未来推进系统设计中,除了要通过发动机、进气道和排气装置高度一体化设计以减少信号辐射。发动机加力工作时,红外信号将急剧增加,未来在无加力状态下如何获得更高单位推力将成为未来隐身发展的重要措施。为满足未来作战需求,发动机隐身性能是航空发动机环境使用功能设计需要考虑的。

另外,由于全球变暖和臭氧消耗已成为当前急需解决的重要环境问题,飞机噪声以直接或间接的形式影响地面居民的日常生活,因此日益严苛的排放和噪声标准对民用发动机提出了更高要求。为进一步改善环保特性,研制在整个寿命期内对生态环境和与其有关人员的健康与安全影响较小的"绿色"发动机,降低噪声和降低排放技术得到重视。对于民用发动机而言,未来航空发动机环境使用功能设计需要包含低噪声和低排放设计。

3. 使用经济性设计方面

针对全疆域设计中的使用经济性设计,第 5 章介绍了基于国内现有的成熟材料和工艺水平如何保证发动机具备良好的使用经济性。航空发动机的发展趋势是追求效能和寿命周期费用要求的最佳方案,因此使用经济性设计的研究将越来越受到重视。本书介绍了如何采用限价设计进行航空发动机的研制,后续将继续完善相关方法,建立面向市场需求,研制高质量航空发动机的限价设计方法。建立了效能评价模型、寿命周期评估模型及效能权衡模型,这些模型借鉴了国外成熟模型,后续将完善相关模型参数或发展新的改进模型,建立符合中国实际需求的使用经济性模型,提高模型的精度。从长寿命、低油耗方面介绍了发动机可靠性设计,后续将继续推动航空发动机可靠性设计,充分发挥其在效费权衡中的作用。同时,随着技术的进步,一些先进的技术将逐步变得成熟,如数字发动机技术、数字制造技术、增材制造技术及复合材料技术等。这些新技术的应用将进一步降低发动机成本,提高发动机的使用经济性。

1) 数字发动机技术

数字发动机以数字孪生技术为支撑,以数字孪生体为载体的一种能够反映发动机全生命周期(设计、制造、试验和维护)实时状态的虚拟数字模型。数字发动机能够连接现实-虚实信息数据的动态交互,并借助数据融合与分析技术,实现基于数字模型的诊断、预测、控制和优化。

在全疆域设计中,采用数字发动机技术,能够全面反映发动机功能、性能、结构、可靠性等各方面特性。在模拟环境下,对发动机的气动性能、结构强度等开展评估,诊断可能发生的故障及其产生机理,为设计优化迭代提供依据。在制造阶段,通过在线数据监测,建立数字发动机,并实现加工过程的数字化与实时虚拟可视化。通过在线监测技术实现加工品质的快速评定,进行智能加工控制与加工设备的动态集成。在试验阶段,通过将采集的试验数据(温度、压力、应力、振动等)和外部数据(环境温度、湿度、压力等)进行分析,修正数字发动机模型、虚拟环境模型和设备模型,不断提高数字发动机的预测精度,实现基于数字孪生的高精度预测。在运维阶段,数字发动机可以对发动机的运行环境和发动机建模,形成数字运行环境和数字运行本体,全面监测和评估发动机性能,结合运行环境信息优化发动机控制,实现早期故障预警和性能退化预测。以上综合手段的使用,将有效提升全疆域发动机在各阶段的研发效率,提高经济性。

2) 数字制造技术

随着新一代信息通信技术、计算机网络技术、数据库、高性能数控机床及控制系统等应用的不断深入,推动了航空发动机产品数字化制造技术的发展,改变了其系统的工艺设计和制造模式,使之成为提高航空发动机研制能力的重要手段。包括数字化工艺设计、数控加工、虚拟制造、智能控制、企业资源数据管理及产品协同设计制造等。

数字化制造技术能够缩短产品研制周期、降低研制成本、提高产品质量,是提高设计、制造和管理水平,保障型号研制进度,促进航空发动机行业跨越式发展的重要保障。在全疆域设计中,数字制造技术有助于提升航空发动机的使用经济性。

3) 增材制造技术

增材制造是一种以数字模型文件为基础,运用粉末状金属或塑料等可黏合材料,通过逐层打印的方式来构造物体的新兴制造技术。增材制造技术颠覆了传统制造技术难以制造复杂零件的局限,彻底改变了传统金属零件,特别是构型复杂的高性能金属零件的加工模式,极大地提升了零件设计的自由度,拓宽了设计空间,为新型结构及材料的制备提供了强大的工具。

对于传统制造方式,产品形状越复杂,制造成本越高。增材制造技术能够成型传统工艺制造难度大的零件,解决当前难加工构件的制造难题,并且不会因为产品形状的复杂程度提高而消耗更多的时间或成本。针对航空发动机为追求性能而呈现的大量形状复杂零件的制造问题,增材制造技术能够明显地减少研发、生产和领先使用时间,降低生产成本,提高航空发动机使用经济性。

4) 复合材料技术

随着航空燃气涡轮发动机推重比的不断提高,对燃烧室、涡轮与加力燃烧室等热端部件的耐高温性要求也越来越高。因此,要发展更高推重比的航空燃气涡轮发动机,必须开展新型耐高温、抗腐蚀和抗氧化材料的研究,同时还要开展轻质、长寿命材料的研究。陶瓷基复合材料是航空工业领域一种非常具有发展前途的新型结构材料,特别是在航空发动机制造应用中。

陶瓷基复合材料因其低密度、高强度、耐冲击、抗氧化等优点,不仅可以减轻重量，还可以通过提高构件的工作温度，适用于燃气涡轮发动机热端部件，能在较高的涡轮进口温度和较少的冷却空气下运行，发动机效率和耗油率明显改善，从而提高燃油经济性，实现发动机使用经济性的提高。

6.2.2 广度方面展望

全疆域设计技术具有广阔的应用前景，不仅适用于涡轴发动机，同样适用于涡桨、涡喷、涡扇发动机。面对绿色航空的发展趋势，在碳达峰、碳中和、净零碳目标的推动下，可以结合新概念发动机的提出，通过创新设计燃气涡轮发动机结构、应用先进的材料和制造技术等措施，进一步提高发动机性能。同时，随着可持续航空燃料、氢能源、混合电推进等新能源动力的应用和发展，进一步拓展全疆域设计的应用范围。

1. 自适应变循环发动机

超声速巡航对于远程打击攻击机的及时攻击和生存性是非常重要的，但同时为了投放快速响应，长的航程和续航或待机时间同样重要，这就要求发动机要具有基本的两个工作点：高速大推力状态和低油耗的经济工作状态。自适应变循环技术就是为了同时满足这两种状态而提出的。

自适应变循环发动机既可以满足高速飞行的需要，也可以满足低速待机长续航时间或远程持久飞行和经济性要求，使发动机可同时具备大推力与低油耗特性，从而使得发动机在各种飞行和工作状态下均具备良好的性能。这一点与环境空域特性设计中的多点同步设计方法有相似之处。同时，自适应变循环发动机要具备智能调节能力，能够根据环境变化智能调节发动机的状态，实现更实用和高效的飞行，且自适应变循环发动机的一些新的设计也可提高战机的红外隐身性能和整机热控能力，这些都可以利用环境使用功能设计的思想进行设计。另外，自适应变循环发动机的燃油效率明显提高，耗油率降低，使用经济性更好。因此，自适应变循环发动机符合全疆域三维度设计方法，可在设计中推广应用全疆域设计技术。

2. 齿轮传动式发动机

齿轮传动式涡扇发动机通过在风扇和低压压气机之间引入一个齿轮系统，使风扇转速和低压转速隔离开，实现风扇在低速下运行，而低压压气机、低压涡轮在高速下运行，以取得最大发动机效率和最低的噪声。

齿轮传动式涡扇发动机使风扇、低压压气机和低压涡轮都在最佳转速下运行，可以提升低压轴负载能力并有效减少级数，有效提高推进器效率，降低燃油消耗率。同时，齿轮传动式发动机有效降低噪声和排放也有利于进一步拓展环境使用功能设计。另外，齿轮传动式发动机降低了耗油率，扩大了发动机的经济和环境效益。因此,齿轮传动发动机也具备全疆域三维度设计的特征,可在设计中推广应用全疆域设计技术。

3. 可持续航空燃料发动机

可持续航空燃料(SAF)是通过可持续方式由可替代、可再生能源合成而来的飞机煤油型燃料,无需改装发动机,可与传统航空煤油混合使用。原材料包括植物油、藻类、油脂、动物脂肪、废水、酒精、糖衍生物和二氧化碳,最终转换成相同的烃类混合物——煤油。

可持续航空燃料在其完整的生产与使用周期内,植物生长过程中吸收的二氧化碳和作为可持续航空燃油燃烧后排放的二氧化碳大致相等,所以在其生命周期内大致实现碳中和。以当前的技术水平使用 100% SAF 可实现净生命周期二氧化碳排放量至少比常规航空煤油减少 75%。于此同时,常规石油资源的稀缺和快速消耗进一步推动了可持续航空燃料的研究。就替代燃料而言,其可用性和经济性是率先考虑的因素。随着航空发动机对排放要求越来越严格,可持续航空燃料技术有望进一步拓展航空发动机的环境使用功能设计和使用经济性设计,因此也可以应用全疆域设计技术。

4. 氢能源发动机

氢能源动力主要有两种实现方式:①电能推进路径,氢燃料电池和风扇/螺旋桨/旋翼等推进器组成氢燃料电池动力;②氢燃料路径,涡轮发动机直接燃烧氢燃料,以此替代传统航空燃料,形成氢涡轮动力。氢涡轮推进系统的结构与现役航空涡轮发动机基本相同,氢燃料在燃烧室内燃烧,然后推动涡轮产生推力或者轴功。氢燃料电池推进系统是一种与现有航空涡轮发动机完全不同的动力装置,氢燃料电池系统包括电堆、空压机、氢喷射器、氢气循环泵、冷却泵等,氢在电堆中通过电化学反应直接产生电并排出水,电机带动风扇或者螺旋桨产生推力。

氢燃料电池内部氢与氧的化学反应环境纯净,在实现二氧化碳零排放的同时极少产生水蒸气凝结核,能够大大削弱尾迹云的形成,使飞行过程对气候的影响降低 75%~90%。氢涡轮动力同样可实现二氧化碳零排放,不产生一氧化碳、硫化物等温室气体和烟尘等污染物,仅有水蒸气和部分氮氧化物,能够将飞行过程对气候的影响降低 50%~75%。与传统航空发动机相比,氢燃料发动机在油耗低、比推力/功率高、排放低、起动性能好等方面具有明显优势,是提高传统发动机性能的有效途径,有助于进一步拓展航空发动机环境使用功能设计和使用经济性设计,应用并发展全疆域设计方法和相关技术。

5. 混合电推进发动机

以航空发动机为基础,为其配置高效高功率电机,由航空发动机带动电机发电,并与高比能高倍率电池耦合输出电力,共同为推进器提供能量并驱动其产生推力,构成航空混合电推进系统。

混合电推进系统结合了传统燃气轮机的优势和电推进系统的优势,可显著降低油耗减少排放,此外,突破了传统动力的安装限制,满足飞行器平台对于分布式推进需求,最后,可满足飞行器对大功率供给的能量需求,支撑飞行器性能的提升和功能的拓展,混合电推进发动机进一步拓展了航空发动机的环境使用功能设计,可以应用并发展全疆域设计方法和相关技术。

参考文献

[1] 方昌德. 航空发动机百年回顾[J]. 燃气轮机试验与研究,2003(4):1-5.
[2] 肖蔓. AATE和ITEP计划下的涡轴发动机分阶段研发综述[J]. 航空发动机,2016,42(2):98-102.
[3] 梁琴琴. 美国典型航空发动机发展计划及对技术创新的影响[J]. 全球经济瞭望,2015(7):68-76.
[4] 王巍巍. 航空发动机领域军民融合发展的思考[J]. 航空动力,2018(3):51-54.
[5] 邹望之,郑新前. 航空涡轴发动机发展趋势[J]. 航空动力学报,2019,34(12):2577-2588.
[6] 葛宁. 涡轴发动机发展与技术趋势[J]. 南京航空航天大学学报,2018,50(2):145-156.
[7] 蔡建兵,吴施志. 涡轴发动机技术发展[J]. 航空动力,2018(5):37-39.
[8] 李建华,蔡建兵,申余兵. 涡轴发动机发展展望[J]. 国际航空,2013(9):75-77.
[9] 常小榕. 美国陆军涡轴发动机项目稳步推进[J]. 国际航空,2017(6):56-58.
[10] 刘翠玉. 俄罗斯涡轴发动机的创新发展[J]. 航空动力 2021(5):19-22.
[11] 彭友梅. 苏联/俄罗斯/乌克兰航空发动机的发展[M]. 北京:航空工业出版社,2015.
[12] 金伟. 世界航空发动机发展趋势及经验[J]. 中国工业评论,2016(11):36-44.
[13] 田涛,何鹏,程文旺. 国外航空发动机发展动向回顾与展望[J]. 国际航空,2022(1):59-65.
[14] 蔡建兵. 我国通用航空发动机发展思考[J]. 航空动力,2019(6):12-16.
[15] 王强,郑日恒,陈懋章. 航空发动机科学技术的发展与创新[J]. 科技导报,2021(3):59-70.
[16] 刘道新. 材料的腐蚀与防护[M]. 西安:西北工业大学出版社,2016.
[17] 吴红光,董洪远,齐强,等. 舰载武器装备海洋环境适应性研究[J]. 海军航空工程学报,2007,22(1):161-165.
[18] 林琳. 机载电子产品的环境适应性研究[J]. 可靠性与环境试验技术及评价,2006,24(4):34-37.